Claudia Lauer

Untersuchungen zur Erzeugung von organischen Nanopartikeln mittels einer Flüssigkeitsring-Vakuumpumpe

Untersuchungen zur Erzeugung von organischen Nanopartikeln mittels einer Flüssigkeitsring-Vakuumpumpe

von
Claudia Lauer

universitätsverlag karlsruhe

Dissertation, Universität Karlsruhe (TH)
Fakultät für Chemieingenieurwesen und Verfahrenstechnik, 2008

Impressum

Universitätsverlag Karlsruhe
c/o Universitätsbibliothek
Straße am Forum 2
D-76131 Karlsruhe
www.uvka.de

Universitätsverlag Karlsruhe 2009
Print on Demand

ISBN: 978-3-86644-349-5

Untersuchungen zur Erzeugung von organischen Nanopartikeln mittels einer Flüssigkeitsring-Vakuumpumpe

zur Erlangung des akademischen Grades eines
DOKTORS DER INGENIEURWISSENSCHAFTEN (Dr.-Ing.)
der Fakultät für Chemieingenieurwesen und Verfahrenstechnik
der Universität Fridericiana Karlsruhe (TH)
genehmigte

DISSERTATION

von

Dipl.-Ing. Claudia Lauer

aus Lahr/Schwarzwald

Referent:	Prof. Dr.-Ing. K. Schaber
Korreferentin:	Prof. Dr.-Ing. H.P. Schuchmann
Tag der mündlichen Prüfung:	07.11.2008

Meiner lieben Mama in Erinnerung gewidmet.

Danksagung

Diese Arbeit entstand während meiner Tätigkeit als Doktorandin in der Abteilung Process Development der Firma Cognis GmbH. Ich möchte mich ganz herzlich bei allen bedanken, die mich bei dieser Arbeit unterstützt haben und somit zu ihrem Gelingen beigetragen haben.

Besonders hervorheben möchte ich meinen Doktorvater Herrn Prof. Dr.-Ing. Schaber, der diese Arbeit angeregt hat und sich bereit erklärt hat, mich als externe Doktorandin bei der Bearbeitung dieser interessanten Aufgabenstellung zu betreuen. Für die Möglichkeit, einen Großteil der Untersuchungen am Institut für Technische Thermodynamik und Kältetechnik der Universität Karlsruhe (TH) durchführen zu können und für das mir entgegengebrachte Vertrauen möchte ich mich herzlich bedanken.

Ebenso gilt mein Dank Herrn Dr.-Ing. Gutsche und Herrn Dr.-Ing. Schwarzer von der Firma Cognis für ihre Unterstützung, Diskussionsbereitschaft und die Freiheit bei der Gestaltung meiner Arbeit. Dass ich die Arbeit in ihrer Abteilung durchführen konnte war für mich ein großer Gewinn.

Frau Prof. Dr.-Ing. Schuchmann vom Institut für Lebensmittelverfahrenstechnik der Universität Karlsruhe (TH) danke ich ganz herzlich dafür, dass sie das Korreferat für diese Arbeit übernommen hat.

Sehr viel Freude hat mir die Zusammenarbeit mit den Mitarbeitern der Werkstatt am Institut in Karlsruhe gemacht, die mich beim Aufbau der Pilotanlage tatkräftig unterstützt haben. Gleiches gilt für die Mitarbeiter in Werkstatt, Labor und Technikum bei der Firma Cognis in Düsseldorf, deren Hilfsbereitschaft und Rat immer sehr wertvoll für mich war.

Besonders gefreut hat mich, während meiner Zeit als Doktorandin sowohl in Karlsruhe als auch in Düsseldorf mit vielen netten Kollegen zusammengearbeitet zu haben. Wegen ihnen werde ich mich besonders gerne an diese Zeit zurückerinnern.

Eine große Motivation war für mich immer die Begeisterung, mit der meine Familie meine Arbeit verfolgt hat. Meinen Eltern und meinem Bruder deshalb einen ganz besonderen Dank an dieser Stelle. Meinem Freund Olli möchte ich außerdem sagen, wie schön es ist, dass er immer für mich da ist.

Düsseldorf, Januar 2009 — Claudia Lauer

Inhaltsverzeichnis

Symbolverzeichnis

Lateinische Symbole

A	%	Abscheidegrad
A	m^2	Fläche
A	-	Konstante
a	m^2/m^3	spezifische Grenzfläche
a_e	m^2/m^3	spezifische effektive Austauschfläche
b	m	Kanalbreite
B	-	Konstante
b	m	Schaufelbreite
C	-	Konstante
c	g/g	Konzentration
$\bar{c}_1$	m/s	mittlere thermische Teilchengeschwindigkeit
C_c	-	Cunningham-Korrektur
$c_{lös}$	g/l	Löslichkeit
c_N	$1/m^3$	Aerosolkonzentration
c_p	$kJ/(kg \cdot K)$	spezifische Wärmekapazität
c_v	-	Volumenkonzentration
D	m^2/s	Diffusionskoeffizient
d	m	Durchmesser
D	m	Durchmesser
d	m	Mittelpunktsabstand
d_h	m	hydraulischer Durchmesser
DQ	-	Dispersionskoeffizient
E	J	Energie
e	m	Exzentrizität
f	-	Faktor
F	N	Kraft
F	$Pa^{0,5}$	F-Faktor
Fo	-	Fourier-Zahl
F_x	-	Responsefaktor
g	-	Korrelationsfunktion
ΔG	J	freie Enthalpie
ΔG_S	J	freie Oberflächenenthalpie
ΔG_V	J	freie Volumenenthalpie
Δg_V	J/m^3	volumenspezifische freie Enthalpie
H	J	Enthalpie

h	m	Kanalhöhe
Δh_v	kJ/kg	Verdampfungsenthalpie
h_l	-	Flüssigkeitsinhalt
I	W/m²	Intensität
i	-	Molekülzahl
J	1/(m³·s)	Keimbildungsrate
k	J/k	*Boltzmann*-Konstante
K	1/(m³·s)	Frequenzfaktor
k	-	Imaginärteil des Brechungsindex
k_G	m/s	Stoffübergangskoeffizient
K_k	m²/s	Koagulationskoeffizient
Kn	-	Knudsen-Zahl
L	m	Länge
l	m	Kanallänge
Le	-	Lewis-Zahl
m	-	Brechungsindex
m	kg	Masse
M	g/mol	Molmasse
$\dot{m}$	kg/s	Massenstrom
n	1/min	Drehzahl
N	mol	Molmenge
n	-	Realteil des Brechungsindex
$\dot{N}$	mol/s	Molstrom
n_l	1/m³	Teilchendichte
O	m²	Oberfläche
p	Pa; mbar	Druck
P	-	Durchlassgrad
p_i	Pa; mbar	Partialdruck
q	1/m	anzahlgewichtete Häufigkeitsverteilung
q	W/m²	spezifischer Wärmestrom
Q_3	-	volumengewichtete Summenverteilung
q_3	1/m	volumengewichtete Häufigkeitsverteilung
Q_{ext}	-	Extinktionskoeffizient
r	m	Radius
R	kJ/(mol·K)	universelle Gaskonstante
R	m	Radius
Re	-	Reynolds-Zahl
R_i	kJ/(kg·K)	spezifische Gaskonstant
s	m	Kanallänge
S	-	Sättigung

$\dot{S}$	1/s	Sättigungsrate
Sc	-	Schmidt-Zahl
Sh	-	Sherwood-Zahl
St	-	Stokes-Zahl
T	K; °C	Temperatur
t	s	Zeit
u	m/s	Geschwindigkeit
V	m^3	Volumen
V	J	Wechselwirkungsenergie
$\dot{V}$	m^3/s	Volumenstrom
V_N	m^3/mol	Molvolumen bei Normalbedingungen
x	m	Durchmesser
x	m	Strecke
$\bar{x}$	m	mittlere Wegstrecke
Y	kg/kg	Beladung
y	-	Molenbruch
z	-	Schaufelzahl
Z	-	Zeldovich-Faktor
Z	-	kritischer Realfaktor

Griechische Symbole

α	°	Neigungswinkel
α	$W/(m^2 \cdot K)$	Wärmeübergangskoeffizient
α	°	Strömungswinkel
α_c	-	Kondensationskoeffizient
β	m^2/s	Stoffübergangskoeffizient
β_w	1/s	Verlustkoeffizient
Γ	1/s	Abklingkonstante
γ	N/m	Grenzflächenspannung
δ	m	Schichtdicke
ε	-	Porosität
η	Pa·s	Viskosität
θ	°	Kontaktwinkel
Θ	°	Streuwinkel
Θ	-	Temperatur-Korrekturkoeffizient
κ		Temperaturleitfähigkeit
κ^{-1}	m	Debey-Länge
Λ	m	mittlere freie Weglänge

λ	W/(m·K)	Wärmeleitfähigkeit
λ	m	Wellenlänge
μ	-	Koeffizient
ξ	-	Reibungskoeffizient
ρ	kg/m³	Dichte
σ	-	Standardabweichung
σ	N/m	Grenzflächenspannung
τ_{VZ}	s	Verweilzeit
υ	m³/mol	Molvolumen
υ	-	Diffusionsvolumen
υ_1	m³	Volumen eines Dampfmoleküls
φ	°	Drehwinkel
φ	-	Flüssigkeitsanteil
Ω	-	Lochanteil

Indizes

*	kritische Keimbildungsgröße
0	Ausgangsbedingung bei t=0
∞	in der Bulkphase
a	Außen
A	Fläche
aus	Austrittsbedingungen
BW	Betriebswasser
c	kritische Größen
D	Dampf
disp	disperse Tröpfchenphase
e	effektiv
ein	Eintrittsbedingungen
G	Gasphase
g	Gehäuse
GG	Gleichgewicht
i	Innen
i	Komponente, Stoff
K	Kolonne
L	Flüssigphase
lam	laminar
m	Mischung
n	Nass
N	Normalbedingungen

P	Partikel
Pe	Packungselement
Ph	Phasengrenzfläche
Rota	Rotameter
S	Sättigungszustand
S	Schaufel
Sch	Schaum
Schmp	Schmelzpunkt
Sdp	Siedepunkt
tr	Trocken
turb	turbulent
V	Sattdampf
V	Volumen
w	Wasserring
Zelle	Schaufelradzelle

Abkürzungen

3 WEM	Drei-Wellenlängen-Extinktionsmessung
BSTFA	Bis-(trimethylsilyl)-trifluoracetamid
CutCP	Cutina®CP
DGF	Deutsche Gesellschaft für Fettwissenschaft
EdC16	Edenor®C16
EutG	Eutanol®G
FID	Flammenionisationsdetektor
GC	Gaschromatographie
HTU	Height of Transfer Units
IS	Interner Standard
L16	Lanette®16
L18	Lanette®18
LM	Lichtmikroskopie
M318	Myritol®318
MSTFA	N-Methyl-N- trimethylsilyl-trifluoracetamid
NTU	Number of Transfer Units
PCS	Photonenkorrelationsspektroskopie
REM	Rasterelektronenmikroskopie
ST	Stammlösung
US	Ultraschall
Vs	Versuch

1 Einleitung

Es gibt zahlreiche Forschungsarbeiten, die belegen, dass sich nanopartikuläre Formulierungen von Aktiv- oder Wirkstoffen durch besondere technologische Leistung auszeichnen bzw. hervorragende physiologische Wirkung aufweisen. Grund dafür sind die speziellen Eigenschaften von Nanopartikeln, wie beispielsweise die große spezifische Oberfläche, ein starkes Adhäsionsvermögen und besondere Wechselwirkungseigenschaften.
Das Interesse an überzeugenden Verfahren zur Nanopartikelerzeugung ist dementsprechend groß. Problematisch ist, dass die organischen Aktiv- und Wirkstoffe oft schlecht wasserlöslich und temperaturempfindlich sind. Neben energieaufwändigen Zerkleinerungsverfahren existieren Fällungsverfahren, die den Einsatz kritischer Lösungsmittel oder speziell abgestimmter Stoffsysteme erfordern. Es gibt weiterhin Verfahrensvarianten bei denen unter erheblichem apparatetechnischem Aufwand überkritische Fluide oder Tieftemperaturfluide eingesetzt werden, so dass diese nur für hochpreisige pharmazeutische Wirkstoffe wirtschaftlich erscheinen.

In dieser Arbeit wurde eine neue Verfahrensidee zur aerosolbasierten Nanopartikelerzeugung untersucht. Obwohl die Partikelerzeugung in der Gasphase Vorteile wie eine hohe Reinheit und enge Partikelgrößenverteilung bei leicht zu steuernden Parametern verspricht, gibt es auf diesem Gebiet nur wenige Bemühungen. Bei den bekannten Verfahren sind meist nur geringe Partikelausbeuten zu erwarten. Das hier untersuchte Verfahren beruht auf der homogenen Keimbildung in der Gasphase. Ein Inertgas wird mit dem Dampf des umzusetzenden organischen Stoffes beladen. Um eine ausreichende Stoffmenge in die Gasphase zu verdampfen, erfolgt dieser Schritt im Vakuum bei erhöhten, aber für den Stoff unkritischen Temperaturen. Das heiße Gas-Dampfgemisch wird dann durch eine möglichst schnelle Zustandsänderung übersättigt, so dass sich entsprechend der klassischen Theorie der Keimbildung sehr viele, extrem kleine Keime bilden, die zu submikronen Aerosolpartikeln aufwachsen. Die schnelle Zustandsänderung kann mit einer Flüssigkeitsring-Vakuumpumpe realisiert werden. Aufgrund ihrer Bauweise kann diese Pumpe das heiße Gemisch innerhalb von wenigen Millisekunden auf Umgebungsdruck komprimieren und gleichzeitig auf Umgebungstemperatur abkühlen. Der intensive Kontakt des heißen Gases mit dem Betriebswasser der Pumpe führt zu einem Quencheffekt. Für typische organische Stoffe können somit theoretische Übersättigungsraten von bis zu 10^8 s^{-1} erreicht werden.

Zielsetzung dieser Arbeit war es, die Möglichkeiten des Verfahrens experimentell auszuloten und mit theoretischen Ansätzen zu erschließen. Dazu wurden zwei Anlagen, eine im Pilotmaßstab, eine andere im Technikumsmaßstab entwickelt, in denen das neue Verfahrenskonzept umgesetzt wurde und die eine Partikelerzeugung bei einfach zu regelnden und reproduzierbaren Betriebsparametern erlauben. Verschiedene Messtechniken wurden erprobt, um zunächst die Frage zu klären, ob tatsächlich Nanopartikeln erzeugt werden, und danach zu untersuchen, inwieweit die Partikelerzeugung durch Parameter wie Eintrittsdruck und -temperatur auf der Saugseite der Pumpe beeinflusst werden können.

Als Versuchsstoffe wurden wachs- und ölartige Feststoffe bzw. Flüssigkeiten, wie Fettalkohole, Triglyceride und Fettsäureester eingesetzt. Sie werden üblicherweise unter Einsatz von Dispergierhilfsmitteln bei hohen Temperaturen oder unter hohem Energieeintrag in disperse Basisformulierungen eingearbeitet. Ein alternativer Verfahrensweg, der eine Erzeugung von dispersen Partikeln gewünschter Größe unabhängig von der späteren Formulierung erlaubt, ist für diese Stoffgruppen interessant.

Mit Beginn der experimentellen Untersuchungen eröffnete sich eine weitere besonders interessante Perspektive: Es zeigte sich, dass die in den Schaufelradzellen der Flüssigkeitsring-Vakuumpumpe erzeugten Partikeln zu einem großen Teil im umlaufenden Betriebswasser abgeschieden werden. Das Verfahren ermöglicht somit nicht nur die Erzeugung von Partikeln sondern gleichzeitig ihre Überführung in eine flüssige Phase. Besonders bei Nanopartikeln, die sonst nur mit großem Aufwand aus der Gasphase abzuscheiden sind ist dieser Aspekt interessant. Daher wurden auch die Möglichkeiten zur Herstellung einer Nanosuspension bzw. -emulsion experimentell geprüft. Da sich bei Abscheidung von Feststoffpartikeln eine feststoffreiche Schaumschicht im Abscheider ansammelt wurde untersucht, inwieweit diese Partikeln in wässrigen Formulierungen weiterverarbeitet werden können.

Zum besseren Verständnis des Prozesses und um zukünftig das Potential für Anwendungen der Flüssigkeitsring-Vakuumpumpe bei der Partikelerzeugung abschätzen zu können, wurde der Prozess auch theoretisch betrachtet. Obwohl die Flüssigkeitsring-Vakuumpumpe weit verbreitet ist, existieren keine theoretischen Modelle, die die Zustandsänderung der Gasphase, insbesondere bei hohen Eintrittstemperaturen beschreiben. Mit möglichst einfachen Modellansätzen wurden deshalb der Quenchprozess und der Aufbau der Übersättigung nachgebildet. Auf Grundlage dieser Modellierung konnte eine Aussage über die Anwendbarkeit der klassischen Keimbildungstheorie getroffen werden sowie theoretische Betrachtung der Agglomerations- und Abscheidevorgänge durchgeführt werden. Anhand experimenteller Ergebnisse wurden die theoretischen Ansätze diskutiert.

2 Grundlagen und Stand des Wissens

2.1 Theoretische Grundlagen der Partikelbildung

Das im Rahmen dieser Arbeit untersuchte Verfahren zur Erzeugung von organischen Nanopartikeln beruht auf den thermodynamischen Prinzipien der Partikelbildung. Die Kenntnis dieser grundlegenden Zusammenhänge ist insofern von großer Bedeutung, als dass sie es ermöglicht steuernd in den Entstehungsprozess eines partikulären Systems einzugreifen.

Die in den Lehrbüchern dargestellte klassische Theorie der homogenen Keimbildung [40, 112, 120] ist Grundlage aller heute in der Technik angewandten Theorien. Sowohl die Bildung von Feststoffpartikeln oder Bläschen in einem flüssigen Medium als auch die spontane Kondensation aus der Gasphase können mit diesem klassischen Gleichgewichtsmodell beschrieben werden, das in diesem Kapitel näher erläutert wird.

Ein einphasiges Mehrkomponenten-System erfährt eine Zustandsänderung, z.B. durch die Änderung von Druck oder Temperatur, eine chemische Reaktion oder eine Vermischung mit weiteren Komponenten. Daraufhin ändert sich die freie Enthalpie des Systems derart, dass der phasenseparierte Zustand energetisch begünstigt ist. Das thermodynamische Gleichgewicht kann nur durch einen spontanen Phasenübergang wiederhergestellt werden. Dieser Vorgang wird im Folgenden beispielhaft für die spontane Kondensation aus der Gasphase beschrieben. Erfährt ein Gas-Dampf-Gemisch eine Zustandsänderung, bei der die Taulinie der Dampfkomponente überschritten wird, befindet sich das System zunächst in einem sog. metastabilen Zustand. Aufgrund von statistischen Fluktuationen können sich Atome oder Molekülen der auskondensierenden Komponente zu Keimen zusammenlagern. Im Gegensatz zur Desublimation oder Kondensation an technischen Oberflächen findet der spontane Phasenübergang im Kern der Phase (Bulk) statt und wird durch homogene oder heterogene Keimbildung initiiert. Hierbei muss Keimbildungsarbeit aufgebracht werden, die der Änderung der freien Enthalpie ΔG entspricht. Diese ist für die Bildung eines sphärischen Keims mit dem Radius r nach Gleichung (2.1) die Summe der aufzubringenden Oberflächenenthalpie ΔG_S und der freiwerdenden Volumenenthalpie ΔG_V.

$$\Delta G = \Delta G_S + \Delta G_V = 4\pi r^2 \gamma + \tfrac{4}{3}\pi r^3 \Delta g_V \qquad (2.1)$$

Die Indizes V und S kennzeichnen Volumen- bzw. Oberflächengrößen, γ ist die Grenzflächenspannung zwischen Gasphase und kondensierter Phase und Δg_V die Differenz der volumenspezifischen freien Enthalpie beider Phasen (mit $\Delta g_V < 0$ bei Kondensation). Der Verlauf der freien Bildungsenthalpie als Funktion des Keimradius r ist in Abbildung 2.1 dargestellt und zeigt, dass ein kritischer Keimradius r* existiert, bei dem die Enthalpiebarriere zur Keimbildung maximal ist (ΔG^*).

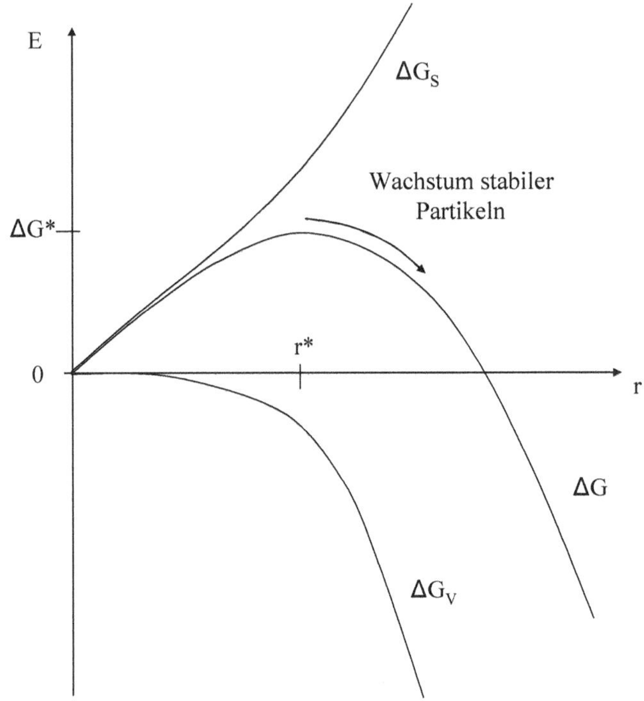

Abbildung 2.1: Änderung der freien Enthalpie ΔG eines Keimes mit seiner Größe r. Ab einem kritischen Keimradius r sind Keime stabil und wachstumsfähig.*

Keime mit einem Radius r* stehen in einem labilen Gleichgewicht mit dem umgebenden Dampf. Molekülaggregate mit einem Radius kleiner r*, sog. Cluster, sind instabil und zerfallen. Aggregate deren Radius größer ist als r* können wachsen, da bei jeder weiteren Anlagerung eines Atoms bzw. Moleküls die freie Enthalpie abnimmt.

Wie groß die Wahrscheinlichkeit ist, dass ein wachstumsfähiger Keim spontan gebildet wird, hängt von der Übersättigung des Systems ab. Ein metastabiles Gas-Dampf-Gemisch bezeichnet man als übersättigt, da mehr Materie in dampfförmigem Zustand vorliegt, als es im thermodynamischen Gleichgewicht der Fall wäre. Die Sättigung S bezogen auf die Komponente i kann bei idealem Gasverhalten definiert werden als:

$$S = \frac{p_i}{p_{i,s}(T)} \tag{2.2}$$

Je nach System ist es zweckmäßig die Sättigung über Molanteile, Massenanteile oder Konzentrationen zu definieren. Für übersättigte Gas-Dampf-Gemische ist p_i der Partialdruck der Dampfkomponente i im metastabilen Zustand und $p_{i,s}$ der Dampfdruck der Komponente i bei entsprechender Systemtemperatur T. Im thermodynamischen Gleichgewicht ist S=1. Ist S größer als 1 spricht man von einer Übersättigung.

Die formale, thermodynamische Beschreibung zeigt, welche Bedeutung die Übersättigung für den Partikelbildungsprozess hat. Die Differenz der volumenspezifischen freien Enthalpie von gasförmiger und kondensierter Phase aus Gleichung (2.1) kann bei Annahme einer idealen Gasphase und durch Anwendung der Gleichgewichtsbedingung (= Gleichheit der chemischen Potentiale) nach folgender Gleichung berechnet werden:

$$\Delta g_V = -\frac{kT}{\upsilon_1} \cdot \ln\left(\frac{p_i}{p_{i,s}}\right) = -\frac{kT}{\upsilon_1} \cdot \ln(S) \tag{2.3}$$

k ist die *Boltzmann*-Konstante, T die Systemtemperatur der Gasphase und υ_1 das Volumen eines Dampfmoleküls. Eine umfassende Herleitung dazu findet sich u.a. bei *Zettlemoyer* [120]. Differentiation von Gleichung (2.1) und Bestimmung des Maximums liefert mit Gleichung (2.3) die kritischen Größen in Abhängigkeit der Übersättigung S.

$$r^* = \frac{2\gamma\, \upsilon_l}{kT_G \cdot ln(S)} \tag{2.4}$$

$$\Delta G^* = \frac{4}{3}\pi\gamma r^{*2} = \frac{16}{3}\pi\frac{\gamma^3 \upsilon_l^2}{(kT_G\, ln S)^2} \tag{2.5}$$

$$i^* = \frac{4}{3}\pi\frac{r^{*3}}{\upsilon_l} \tag{2.6}$$

In Gleichung (2.6) ist i* die Anzahl der Moleküle in einem Keim kritischer Größe. Gleichung (2.4) ist in allgemeiner Form auch als *Gibbs-Thomson*-Gleichung bekannt. Die beiden Gleichung (2.4) und (2.5) belegen den starken Einfluss der Übersättigung auf den homogenen Keimbildungsprozess. Je höher die Übersättigung, desto geringer sind die zu überwindende Energiebarriere und der kritische Keimradius. In Abbildung 2.2 sind diese Zusammenhänge an einem Beispiel graphisch dargestellt.

Die Wahrscheinlichkeit, dass sich aufgrund lokaler Fluktuationen ein wachstumsfähiger Keim bilden kann, wird mit zunehmender Übersättigung größer. Wie viele Keime pro Zeit- und Volumeneinheit bei entsprechender Übersättigung gebildet werden, wird durch die Keimbildungsrate J beschrieben. Nach der klassischen Theorie erhält man bei Verwendung eines *Arrhenius*-Ansatzes folgende fundamentale Formel [120]:

$$J = K \cdot exp\left(-\frac{\Delta G^*}{kT}\right) \tag{2.7}$$

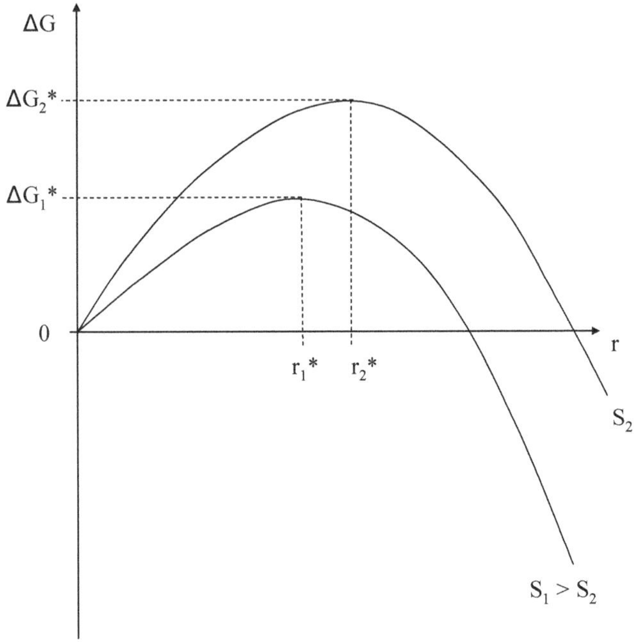

Abbildung 2.2: Maximale freie Bildungsenthalpie ΔG eines Keims mit kritischem Radius r* bei hoher (S1) und niedriger Übersättigung (S2).*

Der Exponentialterm kann als Wahrscheinlichkeit zur Bildung eines wachstumsfähigen Keims interpretiert werden. Der Faktor K entspricht der Stoßfrequenz. Alle bekannten Modifikationen der klassischen Theorie unterscheiden sich in der Definition des Frequenzfaktors. Mit Gleichung (2.7) kann bei isothermen Bedingungen und bekannter kritischer Übersättigung berechnet werden, welche Anzahldichte an Keimen innerhalb einer gewissen Zeitspanne (z.B. Apparateverweilzeit) erreicht wird.

Nach ihrer Entstehung können die Keime durch Kondensation solange weiter aufwachsen, bis die Sättigung der umgebenden Gasphase auf den Gleichgewichtswert abgefallen ist. Durch Aufkondensieren von Molekülen auf die vorhandenen Tröpfchen können sich die Tropfen durch freiwerdende Kondensationsenthalpie erwärmen. Bei unzureichender Wärmeabfuhr an die Umgebung kann die Tropfentemperatur soweit ansteigen, dass der Tropfen wieder verdampft. Bei stabilen Tropfen muss sich deshalb ein Gleichgewicht zwischen Tropfen- und Umgebungstemperatur einstellen, in dem die durch Kondensation freigesetzte Wärme der an die Umgebung abgeführten Wärme entspricht. Die Erwärmung der Gasphase hat wiederum einen Abbau der Übersättigung zur Folge. Die gekoppelten Wärme- und Stofftransportvorgänge finden sowohl im molekularkinetischen Bereich als auch im Kontinuumsbereich statt (siehe dazu Kapitel 2.2.1). Ist der Tropfen zu Beginn des Wachstums noch sehr klein, können die Transportmechanismen durch die kinetische Gastheorie beschrieben werden. Für größere Tropfen sind makroskopische Transportvorgänge wie Wärmeleitung und Diffusion ausschlaggebend. Unter diesen Voraussetzungen kann für Idealgasbedingungen eine Näherungsgleichung zur Beschreibung des Tropfenwachstums abgeleitet werden [22].

$$\frac{dr}{dt} = \frac{1}{\rho_L} \cdot \frac{1 - \frac{r^*}{r}}{r + 1{,}59 \cdot \Lambda} \cdot \frac{ln(S)}{\frac{\Delta h_v^2}{\lambda \cdot R_D \cdot T_\infty^2} + \frac{p_\infty - p_s(T_\infty)}{p_\infty} \cdot \frac{R_D \cdot T_\infty}{p_s(T_\infty) \cdot D}} \tag{2.8}$$

mit

r	Tropfenradius
t	Zeit
ρ_L	Flüssigkeitsdichte
Λ	mittlere freie Weglänge
Δh_v	Verdampfungsenthalpie
λ	Wärmeleitfähigkeit des Gas-Dampf-Gemischs
D	Diffusionskoeffizient des Dampfes im Gas
R_D	spezifische Gaskonstante des Dampfes
p_s	Dampfdruck der kondensierbaren Komponente

Die Wachstumsgeschwindigkeit dr/dt beschreibt die zeitliche Zunahme des Tropfenradius. Der Index ∞ kennzeichnet den Systemzustand der Bulkphase in einiger Entfernung vom Tropfen. Eine Herleitung von Gleichung (2.8) findet sich in der Literatur [73, 33].

Geht man davon aus, dass in der Wachstumsphase keine neuen Keime hinzukommen und dass ohne gegenseitige Beeinflussung das Wachstum für alle Tropfen nahezu gleich schnell verläuft, so liegt nach Abbau der Übersättigung ein monodisperses System vor [58]. Anzahldichte und mittlere Partikelgröße eines Aerosols können jedoch durch andere Einflüsse verändert werden. Zum einen kann es bei hohen Anzahldichten leicht zu einer Agglomeration der Partikeln kommen, zum anderen können die Partikeln aufgrund verschiedener Transportmechanismen auf Systemoberflächen abgeschieden werden (siehe Kapitel 2.2.1).

Die Teilschritte der Partikelbildung sind in Abbildung 2.3 am Beispiel der spontanen Kondensation in der Gasphase dargestellt. Diese Darstellung verdeutlicht, welche Konsequenzen sich für eine gezielte Nanopartikelerzeugung aus den genannten Zusammenhängen ergeben. Die Herausforderung liegt darin, in einem ersten Schritt extrem hohe Übersättigungen zu erzeugen. Bei der dann einsetzenden Keimbildung im zweiten Schritt werden aufgrund sehr hoher Keimbildungsraten so viele Keime erzeugt, dass diese im dritten Schritt nur noch wenig aufwachsen. Der Vorrat an kondensierbaren Molekülen verteilt sich so auf eine möglichst große Anzahl an Keimen und geht zur Neige, solange die Partikeln noch die gewünschte Dimension haben.

I **Übersättigung eines Gas-Dampf-Gemischs**	II **homogene Keimbildung, Phasenübergang**	III **Wachstum, Wechselwirkung**
$S = \frac{p_i}{p_{i,s}} > 1$ schnelle Zustands-änderung, z.B. Änderung von - Druck - Temperatur - Konzentration	$S = S^*$ $\dot{S} \uparrow \Rightarrow S \uparrow \Rightarrow J \uparrow$ Zusammenlagerung von Molekülen zu wachstumsfähigen Keimen	Mechanismen: ▪ Kondensation ▪ Agglomeration ▪ Deposition

Abbildung 2.3: Teilschritte der Partikelbildung bei der spontanen Kondensation in der Gasphase.

Die Schwierigkeit im technischen Prozess ist folglich die Realisierung dieser hohen Übersättigungen. Erforderlich ist dazu vor allem eine hohe Übersättigungsrate $\dot{S}$. D.h. die Zeit, die zum Aufbau der Übersättigung benötigt wird, muss kurz sein im Vergleich zur Keimbildungszeit. Die Umsetzung dieser thermodynamischen Prinzipien bei der Entwicklung des neuen Verfahrens ist in Kapitel 3 beschrieben.

Auch wenn die klassische Keimbildungstheorie als Grundlage von Partikelbildungsprozessen entscheidende Struktur-Wirkungs-Beziehungen erklärt, so gibt es doch komplexe Einflüsse, die durch sie nicht erfasst werden. Insbesondere wird diskutiert, inwieweit die Struktur der Keime überhaupt durch die Eigenschaften der Bulkphase beschrieben werden kann. Viele Arbeiten, besonders im Bereich der organischen Partikeln, beruhen daher auf einer phänomenologischen Vorgehensweise bei der a posteriori von der Struktur der gebildeten Partikeln auf die Einflüsse und Mechanismen geschlossen wird [41]. Dabei wird die klassische Theorie oft durch geeignete Wahl entsprechender Koeffizienten an experimentelle Ergebnisse angepasst. Entsprechend groß ist die Anzahl von Modifikationen, die in der Literatur existieren.

Im Bereich der Atmosphärenphysik wurden die ersten Ansätze zur Modellierung von Keimbildung und –wachstum entwickelt. Auch bei technischen Anwendungen ist die Modellierung dieser Vorgänge von großem Interesse. So können mittels Simulationen z.B. Vorhersagen über die unerwünschte Aerosolbildung in Gas/Flüssigkeits-Kontaktapparaten gemacht werden [84]. Eine numerische Lösung des Problems ist jedoch mit erheblichem Aufwand verbunden. Sie erfordert die Anwendung eines hoch entwickelten Computercodes, der in der Lage ist, große lineare Gleichungssysteme effizient und schnell zu lösen.

2.2 Wechselwirkungen und Vorgänge in Partikelsystemen

Ein Partikelkollektiv, das im technischen Prozess als Produkt ausgeschleust wird oder an einer bestimmten Stelle im Prozess einer Messung unterzogen wird, hat seit seiner Entstehung eine Reihe von Veränderungen erfahren. Dieser Tatsache muss man sich bewusst sein, wenn man aus den untersuchten Eigenschaften der gewonnenen Partikeln auf deren Entstehungsprozess schließen möchte. Die wichtigsten Zusammenhänge, von der Koagulation in der Gasphase, der Abscheidung an der Phasengrenzfläche bis hin zur Koagulation in der Flüssigphase werden im Folgenden diskutiert. Alle diese Einflüsse sind stark abhängig von der Partikelgröße und verdienen deshalb im Fall von nanoskaligen Partikeln besondere Aufmerksamkeit.

2.2.1 Partikeln in der Gasphase

Partikeln in der Gasphase können sich relativ zueinander bewegen, zusammenstoßen und aufgrund von Wechselwirkungskräften aneinander haften bleiben. Diesen Vorgang nennt man Koagulation oder auch Agglomeration. Die beiden Begriffe werden in dieser Arbeit gleichbedeutend verwendet. Primärpartikeln, wie sie z.B. nach der homogenen Keimbildung vorliegen, schließen sich dabei zu größeren, sekundären Partikelstrukturen zusammen. Die Anzahlkonzentration des Aerosols verringert sich dadurch. Die Relativbewegung der Partikeln kann durch thermische Molekularbewegung oder durch äußere Kräfte (z.B. Gravitation oder Strömungskräfte) verursacht werden. Ersteres ist Ursache der sog. thermischen Koagulation. Dieser Mechanismus ist dominierend bei Aerosolen mit kleinen Partikeln und hoher Anzahldichte. Der Transportmechanismus, auch „Brown'sche Bewegung" genannt, beruht darauf, dass sich Partikeln aufgrund von Selbstdiffusion mit einem für die Partikelgröße spezifischen Diffusionskoeffizienten bewegen. Der Diffusionskoeffizient ist durch die *Stokes-Einstein*-Gleichung gegeben [15, 40]:

$$D = \frac{kT}{6\pi\eta r} \cdot C_C \qquad (2.9)$$

mit

k	Boltzmann-Konstante
T	Temperatur
η	Viskosität des umgebenden Fluids
r	Partikelradius
C_C	Cunningham-Faktor

Gleichung (2.9) enthält den sog. *Cunnigham*-Korrekturfaktor. Dieser wird nach der folgenden, empirischen Gleichung berechnet [22]:

$$C_C = 1 + Kn \cdot \left[A + B \cdot e^{\left(-\frac{C}{Kn}\right)} \right] \qquad (2.10)$$

mit

A = 1,257
B = 0,4
C = 1,1.

In der Literatur werden auch leicht abweichende Werte für A, B und C angegeben, die jedoch meist ähnliche Ergebnisse liefern [4, 12 ,15].

Mit dem *Cunnigham*-Faktor kann die Gleichung für den Diffusionskoeffizienten, die aus der kinetischen Gastheorie stammt, für Partikeln angepasst werden, die dem so genannten Übergangsbereich zuzuordnen sind. Das bedeutet, diese Partikeln sind nicht so klein, dass ihr Verhalten allein durch die Wechselwirkung mit einzelnen Gasmolekülen bestimmt wird und somit durch die Gleichungen der Molekularkinetik beschrieben werden kann (molekularkinetischer Bereich). Sie sind aber auch nicht so groß, dass sie sich nach den Gesetzen der Fluiddynamik in einer kontinuierlichen Gasphase bewegen (Kontinuumsbereich). Für die Festlegung der Größenordnung ist eine Unterscheidung anhand der *Knudsen*-Zahl erforderlich. Diese Kennzahl ist definiert als Verhältnis aus mittlerer freier Weglänge Λ und Partikelradius r [40].

$$Kn = \frac{\Lambda}{r} \qquad (2.11)$$

Je nach Wert der *Knudsen*-Zahl unterscheidet man

- Kontinuumsbereich (slip flow regime) Kn « 1
- Übergangsbereich (transition regime) Kn ≈ 1
- molekularkinetischer Bereich (free molecular regime) Kn » 1

Für Luft bei Normalbedingungen beträgt die mittlere freie Weglänge der Gasmoleküle $\Lambda_N = 0{,}0664$ µm. Partikeln in einer Größenordnung von $0{,}4 \cdot \Lambda_N$ bis $20 \cdot \Lambda_N$ sind üblicherweise dem Übergangsbereich zuzuordnen. Bei anderen Bedingungen lässt sich die mittlere freie Weglänge für Luft nach folgender Gleichung umrechnen [4]:

$$\Lambda = \Lambda_N \cdot \left(\frac{1{,}013 \cdot 10^5 \, Pa}{p} \right) \cdot \left(\frac{T}{293K} \right) \cdot \left(\frac{1 + 110K/293K}{1 + 110K/T} \right) \qquad (2.12)$$

Die mittlere Wegstrecke $\bar{x}$, die ein Partikel durch Diffusion in einer Zeit t zurücklegen kann ist durch Gleichung (2.13) gegeben. Auch wenn kein Konzentrationsgradient existiert, legen die einzelnen Partikeln in der Zeit t diese Strecke zurück. Insgesamt tritt dann aber kein gerichteter Massenstrom auf.

$$\bar{x} = \sqrt{2 \cdot D \cdot t} \tag{2.13}$$

Nach *Smoluchowski* ergibt sich die Kollisionsrate von Partikeln aus der Diffusionsstromdichte nach dem ersten *Fick'schen* Gesetz bezogen auf die Kollisionsoberfläche einer kugelförmigen Partikel. Unter der Annahme, dass bei jeder Kollision die Anzahldichte um eins pro Volumeneinheit reduziert wird, kann die Abnahme der Partikelkonzentration eines Aerosols durch folgenden Zusammenhang beschrieben werden [40]:

$$\frac{dc_N}{dt} = -K_k \cdot c_N^2 \tag{2.14}$$

Hierin ist K_k der Koagulationskoeffizient mit der Einheit m²/s. Dieser hängt sowohl vom Zustand der Gasphase als auch von der Partikelgröße ab und ist somit streng genommen eine Funktion der Zeit. Eine analytische Lösung von Gleichung (2.14) ist somit nur eingeschränkt mit entsprechenden Vereinfachungen möglich.

Nicht nur die Oberflächen anderer Partikeln, auch Systemoberflächen können als Partikelsenke wirksam werden, wenn Partikeln auf sie auftreffen und abgeschieden werden. Die Folge ist, dass sich ein Diffusionsstrom in Richtung der Oberfläche ausbildet. Die Abnahme der Partikelkonzentration aufgrund von diffusiver Abscheidung an Oberflächen wird in der Literatur meist mit folgendem Ansatz beschrieben [14, 76]:

$$\frac{dc_N}{dt} = -\beta_W \cdot c_N \tag{2.15}$$

In dieser allgemeinen Form kann durch geeignete Wahl des Koeffizienten β (engl.: wall-loss coefficient) die diffusive Abscheidung und/oder die Sedimentation in einem geschlossenen System mit ruhendem Aerosol beschrieben werden [14]. Auch wenn für besonders kleine Partikeln die Sedimentation als Abscheidemechanismus vernachlässigt werden kann, bleibt β in komplexer Weise abhängig von Verweilzeit, Partikelgröße und der Geometrie des umgebenden Raums. Auch hier sind zahlreiche Vereinfachungen notwendig, um zu einer analytischen Lösung zu gelangen.

Neben der Diffusion in ruhendem Medium können Aerosolpartikeln auch aus einem strömenden Gas abgeschieden werden. Das ist beispielsweise der Fall wenn Partikeln aus einer Rohrströmung an die Rohrwand diffundieren. Dieser Vorgang wird konvektive Diffusion genannt und durch den Durchlassgrad P (engl.: penetration) beschrieben. Er ist definiert als Quotient der Partikelkonzentrationen im aus- bzw. eintretenden Aerosolstrom [40].

$$P = \frac{c_{N,aus}}{c_{N,ein}} \tag{2.16}$$

Für den einfachen Fall laminarer Strömung durch ein Rohr mit Kreisquerschnitt empfiehlt *Hinds* folgende Gleichung mit Fallunterscheidung [40]:

$$P = 1 - 5{,}50 \cdot \mu^{2/3} + 3{,}77 \cdot \mu \qquad \text{für } \mu < 0{,}007 \tag{2.17}$$

$$P = 0{,}819 \cdot e^{(-11{,}5 \cdot \mu)} + 0{,}0975 \cdot e^{(-70{,}1 \cdot \mu)} + 0{,}0325 \cdot e^{(-179 \cdot \mu)} \qquad \text{für } \mu > 0{,}007 \tag{2.18}$$

Der dimensionslose Abscheideparameter μ ist wie folgt definiert:

$$\mu = \frac{D \cdot L}{\dot{V}} \tag{2.19}$$

$\dot{V}$ ist darin der Volumenstrom durch das Rohr und L die Rohrlänge.

Die Diffusionsabscheidung spielt eine wichtige Rolle bei der Abscheidung von Partikeln im technischen Prozess. Diesen Abscheidemechanismus nutzt man beim Einsatz von Tiefenfiltern zur Abscheidung besonders kleiner Partikeln. Strömt ein Aerosol zwischen den Fasern eines Tiefenfilters hindurch, können die Partikeln wie oben beschrieben auf Faseroberflächen auftreffen, anhaften und abgeschieden werden. Die Faseroberfläche ist somit eine Senke für Partikeln. Es bildet sich ein Konzentrationsgradient aus, der einen Diffusionsstrom in Richtung Faseroberfläche bewirkt [61].
Neben der Diffusionsabscheidung existiert ein zweiter Mechanismus: die Trägheitsabscheidung. Dieser Mechanismus ist besonders bei größeren Partikeln wirksam. Der zunehmende Einfluss von Volumenkräften mit steigender Partikelgröße ($\sim r^3$) ermöglicht eine Abscheidung mit üblichen Trennapparaten wie z.B. Nassabscheidern oder Zyklonen. Größere Partikeln können durch Umlenkung der Strömung gezwungen werden, von der Stromlinie abzuweichen und auf Oberflächen aufzutreffen. Sehr kleine Aerosolpartikeln folgen trägheitslos der Gasströmung und können mit diesen Apparaten nur schwer abgeschieden werden [61]. Neben dem Tiefenfilter können sie auch durch Anwendung äußerer Kräfte, wie z.B. elektrostatischer Kräfte, abgeschieden werden. Deren Einfluss nimmt proportional zur Partikeloberfläche ($\sim r^2$) zu und ist auch über eine lange Reichweite wirksam. Eine weitere Möglichkeit besteht in der künstlichen Vergrößerung der Partikeln bis zu dem Bereich, in dem die Gewichtskraft wieder überwiegt. Dies kann z.B. durch Aufkondensieren eines Dampfs und Einschluss der Aerosolpartikeln in ein Tröpfchen erreicht werden [37].

Die Existenz zweier unterschiedlicher Abscheidmechanismen hat zur Folge, dass je nach Partikelmaterial in einer bestimmte Größenklasse ein Abscheideminimum auftritt. Wie in Abbildung 2.4 dargestellt, sind typische Aerosolpartikeln in einem Größenbereich von 200 - 700 nm besonders schwer abzuscheiden. [13].

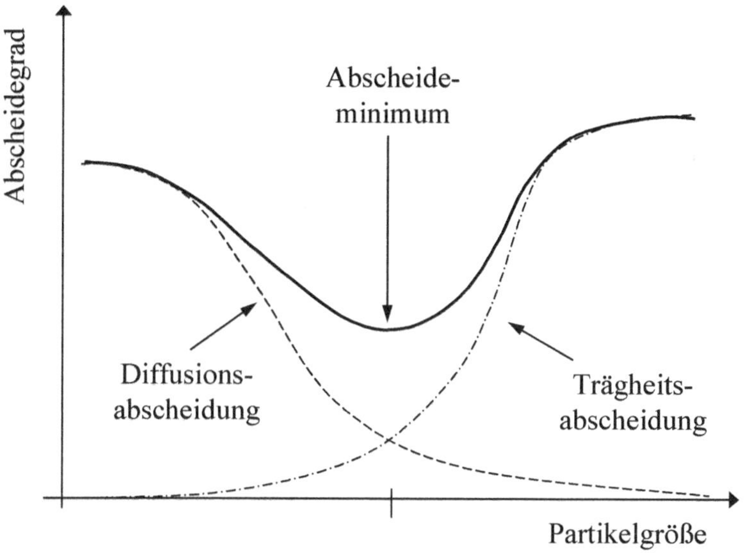

Abbildung 2.4: Schematische Darstellung des Abscheidegrads als Funktion der Partikelgröße für unterschiedliche Abscheidemechanismen.

Neben der Selbstdiffusion existieren zwei weitere Mechanismen, die das Verhalten von Nanopartikeln in der Gasphase beeinflussen können. Als Thermophorese bezeichnet man die Bewegung von Partikeln aufgrund eines Temperaturgradienten, d.h. Partikeln bewegen sich im stationären Zustand mit konstanter Geschwindigkeit zu kälteren Bereichen der Gasphase. Diffusophorese tritt dann auf, wenn sich Partikeln in einem binären, isothermen Gasgemisch befinden, in dem Gasmoleküle aufgrund eines Konzentrationsgradienten wandern. Die Partikeln bewegen sich dann in die Richtung der schwereren Gasmoleküle mit [15]. Diese beiden Effekte sind besonders dann interessant, wenn ein Aerosol mit Wasserdampf in Kontakt kommt. Aus vielen industriellen Prozessen ist bekannt, dass das Auskondensieren von Wasserdampf an kalten Flächen gleichzeitig eine effektive Abscheidung von Partikeln aus der Gasphase zur Folge hat. Hier addieren sich thermophoretische und diffusophoretische Kräfte auf und bewirken einen Transport der Partikeln zur gekühlten Fläche hin.

Die diffusophoretische Geschwindigkeit v_{DP} von Partikeln, die dem molekularkinetischen oder Übergangsbereich zuzuordnen sind, ist nach der *Waldmann*-Theorie [15]:

$$v_{DP} = -\frac{\sqrt{M_D}}{y_D\sqrt{M_D} + (1-y_D)\sqrt{M_G}} \cdot \frac{D_{DG}}{(1-y_D)} \cdot \frac{dy_D}{dx} \tag{2.20}$$

Gleichung (2.20) gilt für die stationäre Diffusion einer Dampfkomponente (D) in einem Inertgas (G). Dabei sind y der Molanteile, M die Molmasse und D_{DG} der Diffusionskoeffizient der Dampfkomponente im Gas.
Trotz zahlreicher experimenteller Untersuchungen mangelt es immer noch an zuverlässigen Daten und Berechnungsansätzen. Problematisch ist, dass sich die beiden Effekte meist überlagern und nicht getrennt voneinander gemessen werden können. *Goldsmith* und *May* schildern eindrucksvoll, wie in einem einfachen Kondensatorsystem ein partikelbeladener Luftstrom durch Wasserdampfkondensation gereinigt werden kann. Die Kondensation von 0,1 g Wasser pro 1 g Luft reichte aus um einen Abscheidegrad von über 90% zu erreichen. Die Experimente zeigen auch, dass die vereinfachte, theoretische Beschreibung nur unzureichende Ergebnisse liefert [15].

Bewegen sich Partikeln aufgrund unterschiedlicher diffusophoretischer Geschwindigkeit relative zueinander, so können sie auch ohne den Einfluss der Brown'schen Molekularbewegung aufeinander stoßen und koagulieren. Diesen Mechanismus bezeichnet man als kinematische oder orthokinetische Koagulation. Auch bei Partikeln mit unterschiedlicher Sedimentations- oder Auftriebsgeschwindigkeit tritt dieser Effekt auf. Die Koagulation kann auch scherinduziert sein: Zwei Partikeln in einer Strömung bewegen sich auf Stromlinien dicht nebeneinander. Aufgrund eines Geschwindigkeitsgradienten sind sie unterschiedlich schnell und eine Partikel prallt beim „Überholen“ auf die andere auf. Weiter Koagulationsmechanismen, die nicht auf Brown'scher Bewegung beruhen sind die turbulente Koagulation in Strömungswirbeln und akustische Koagulation unter dem Einfluss von Ultraschallwellen [4, 40]. Diese Vorgänge sind so komplex, dass sie nicht durch einfache Gleichungen beschreiben werden können. Im Rahmen dieser Arbeit wird bezüglich des Einflusses der Koagulation davon ausgegangen, dass die thermische Koagulation der dominierende Mechanismus bei besonders kleinen Partikeln ist.

2.2.2 Partikeln in der Flüssigphase

Besonders im Fall organischer Nanopartikeln bietet es sich an, die in der Gasphase erzeugten Partikeln, in eine wässrige Phase zu überführen. Es gibt dafür im Wesentlichen zwei Gründe: Auf diese Weise erhält man einerseits eine Formulierung, die einfaches Handling bei Applikation oder Weiterverarbeitung ermöglicht. Andererseits kann durch eine Stabilisierung in der Flüssigphase der dauerhafte Erhalt der nanopartikulären Eigenschaften gewährleistet werden.
Unter der Stabilität einer Suspension versteht man in erster Linie physikalische, mikrobielle und chemische Stabilität. Bei Nanosuspensionen ist insbesondere die physikalische Stabilität von Interesse. Der disperse Zustand der Suspension, gekennzeichnet durch mittlere Partikelgröße und Anzahldichte, soll über einen möglichst langen Zeitraum, idealerweise länger als eine gewünschte Lagerdauer, unverändert bleiben. Die Stabilität soll auch bei äußeren Einflüssen wie Temperaturschwankungen oder mechanischer Beanspruchung gewährleistet sein

[52, 65, 100]. Es existieren mehrere Mechanismen, die die physikalische Stabilität einer Suspension beeinträchtigen können. Diese werden im Folgenden diskutiert.

Aufgrund ihrer gekrümmten Oberfläche haben kleine Partikeln einen höheren Lösedruck als große Partikeln. Als *Ostwald*-Reifung bezeichnet man den Vorgang, bei dem sich aufgrund dieses höheren Lösungsdrucks ein Konzentrationsgradient ausbildet, der einen Stofftransport zur Einstellung des thermodynamischen Gleichgewichts bewirkt. Es lösen sich dabei kleine Partikeln zugunsten der großen auf. Die *Ostwald*-Reifung kann nie ganz vermieden sondern nur kinetisch gehemmt werden [52]. Die Reifung muss so langsam ablaufen, dass die Vergrößerung des mittleren Partikeldurchmessers sowie Abnahme der Anzahldichte im betrachteten Zeitraum nicht relevant sind und das System scheinbar stabil ist. Eine solche Hemmung kann erreicht werden durch Herstellung einer nahezu monodispersen Suspension, durch Zugabe von grenzflächenaktiven Additiven oder durch Zugabe einer zweiten dispersen Phase (z.B. Öl) mit geringerer Löslichkeit [100].

Eine große Herausforderung bei der Herstellung einer stabilen Suspension besteht darin zu verhindern, dass die Partikeln koagulieren. Dabei wirken im Prinzip die gleichen Mechanismen, die in Kapitel 2.2.1 für Partikeln in der Gasphase beschrieben werden. Bei Nanosuspensionen ist dieser Vorgang besonders unerwünscht, weil dann zusätzlich Destabilisierungsmechanismen auftreten, die ansonsten gar nicht wirksam wären. Aus Primärpartikeln gebildete Agglomerate erfahren z.B. aufgrund ihrer Masse einen größeren Einfluss der Gewichtskräfte, was zu einer Sedimentation oder „Aufrahmen" der Partikeln führen kann. Es ist daher wichtig, das Verhalten der Partikeln in Flüssigphase zu kennen um Koagulation vermeiden zu können.
Die DLVO-Theorie (*Derjaguin, Landau, Verwey und Overbeek*) beschreibt die Wechselwirkungen zwischen suspendierten Partikeln anhand der Überlagerung von Anziehungs- und Abstoßungskräften, die zwischen zwei Partikeln wirken [57, 65]. Nach dieser Theorie berechnet sich die Gesamtwechselwirkungsenergie V_{tot} zweier Partikeln als Summe der abstoßenden und anziehenden Energien:

$$V_{tot} = V_a + V_r + V_B \tag{2.21}$$

Partikeln in wässriger Umgebung tragen als Folge selektiver Ionenadsorption oder durch Dissoziation von Oberflächenmolekülen eine Oberflächenladung. Die geladene Partikeloberfläche wird von Gegenionen umhüllt, so dass in einem gewissen Abstand von der Oberfläche Elektroneutralität herrscht. Man bezeichnet diese diffuse Ionenschicht als elektrische Doppelschicht. Modelle zur Beschreibung der Doppelschicht wurden von *Helmholtz*, *Gouy-Chapman* und *Stern* entwickelt [57]. Ausdehnung und „Stärke" der Doppelschicht sind durch die so genannte *Debey*-Länge bzw. das Potential der Doppelschicht charakterisiert. Bei Annäherung und Durchdringung der Doppelschicht stoßen sich Partikeln elektrostatisch ab. Für kugelförmige Partikeln mit dem Radius r ergibt sich die elektrostatische Abstoßungsenergie V_r in vereinfachter Form als [65]:

$$V_r = \exp(-\kappa d) \tag{2.22}$$

mit

κ^{-1}	Debey-Länge
d	Mittelpunktsabstand der Partikeln (d > 2r)

Zu den abstoßenden Kräften gehört außerdem die *Born'sche* Abstoßung V_B, die daherrührt, dass sich die beiden Festkörper nicht durchdringen können. Ihre Wirkung ist nur auf eine sehr kurze Reichweite beschränkt. Zwischen den Partikeln herrschen auch anziehende Wechselwirkungskräfte (siehe Kapitel 2.3.2) Die Energie der *Van der Waals*-Anziehung V_a kann näherungsweise mit folgender Gleichung berechnet werden:

$$V_a = -\frac{A \cdot r}{12 \cdot (d - 2r)} \tag{2.23}$$

Die *Hamaker*-Konstante A ist eine Materialkonstante, die die Stoffeigenschaften der dispersen und der kontinuierlichen Phase sowie der adsorbierten Moleküle, z.B. Tenside, berücksichtigt.

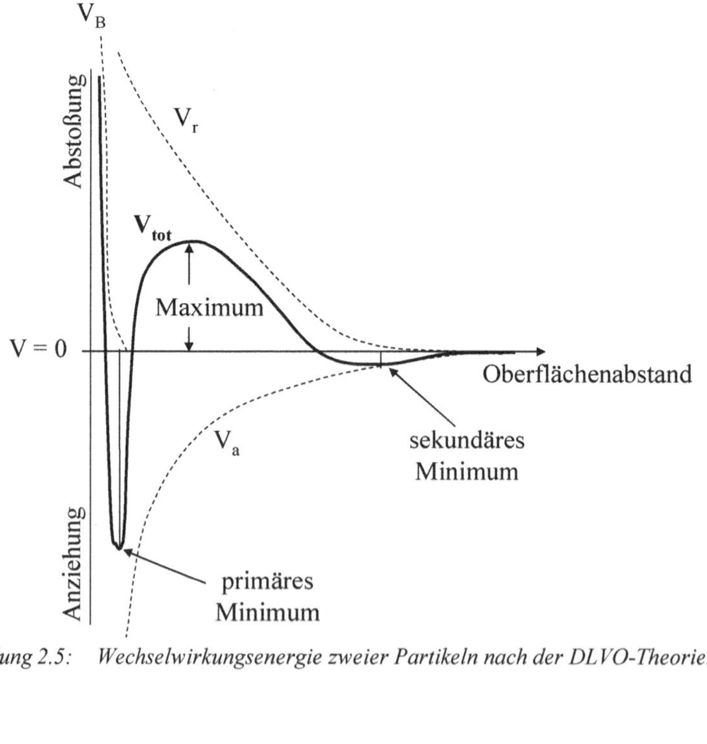

Abbildung 2.5: Wechselwirkungsenergie zweier Partikeln nach der DLVO-Theorie.

In Abbildung 2.5 sind schematisch die einzelnen Potentialenergiekurven sowie die daraus resultierende Wechselwirkungsenergie V_{tot} zweier Partikeln über dem Oberflächenabstand (= d - $2r$) aufgetragen.

Befinden sich die Oberflächen zweier Partikeln in einem Abstand, der dem primären Minimum entspricht, bilden sie ein stabiles Agglomerat. Dazu müssen sie bei der Annährung eine Potentialbarriere, das Maximum der Gesamtwechselwirkungsenergie, überwinden. Wenn das Potentialmaximum im Vergleich zur thermischen Energie groß ist (> $25kT$), können die Partikeln allein aufgrund Brown'scher Bewegung nicht agglomerieren. Das System kann dann als kinetisch stabil bezeichnet werden. Es kann aber durch den Einfluss äußerer Kräfte (z.B. hydrodynamischer Scherkräfte) zur Agglomeration kommen. Auch bei Abständen, die dem sekundären Minimum entsprechen können Partikeln agglomerieren. Diese Agglomerate sind jedoch nur lockere Strukturen (Flocken), die leicht wieder zerstört werden können.

Um Partikel vor Agglomeration zu schützen muss eine Annährung bis zum Gleichgewichtsabstand beim primären Minimum verhindert werden. Dazu existieren zwei mögliche Mechanismen: die elektrostatische und die sterische Stabilisierung (siehe Abbildung 2.6). Beide Stabilisierungsmechanismen können auch gleichzeitig auftreten.

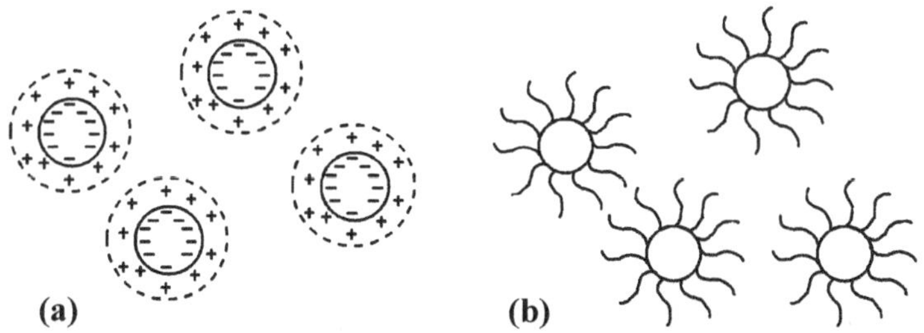

Abbildung 2.6: Stabilisierungsmechanismen: (a) elektrostatisch, (b) sterisch

Partikeln in einer wässrigen Phase können elektrostatisch stabilisiert werden, indem das Maximum der Potentialbarriere erhöht wird. Durch Zugabe von Salzen oder Veränderung des pH-Wertes kann die Doppelschicht entweder aufgebläht oder komprimiert werden und das Oberflächenpotential entweder erhöht oder reduziert werden. In einem Fall führt das zur Stabilisierung der Suspension, im anderen Fall zur Destabilisierung. Dieser Effekt wird z.B. gezielt bei der Abscheidung von Partikeln durch Flockung und Flotation genutzt.
Eine Erhöhung der Potentialbarriere kann außerdem durch Zugabe von ionischen Tensiden erreicht werden. Durch Ionenaustausch, Ionenpaar- oder Wasserstoffbrückenbindungen können Tensidmoleküle an den Partikeloberflächen adsorbieren und deren elektrische Ladung beeinflussen. Eine erfolgreiche elektrostatische Stabilisierung erfordert die genau Kenntnis der Ladungsverhältnisse und exakte Dosierung der grenzflächenaktiven Additive [65]. Verwendet man ionische Tensidmoleküle, die außerdem langkettige, hydrophobe Gruppen (z.B.

Kohlenwasserstoffketten) besitzen, die im adsorbierten Zustand weit in das umgebende Medium hineinragen, kann die elektrostatische mit einer sterischen Stabilisierung kombiniert werden. Als anionische Tenside werden meist Natriumsalze der Fettsäuren, Fettalkoholsulfate oder Alkylsulfonate verwendet. Kationische Tenside sind Moleküle von der Struktur eines Alkyltrimethylammoniumchlorids.

Bei der sterischen Stabilisierung adsorbieren an der Oberfläche der Partikeln langkettige Moleküle oder Polymere. Bei der Annäherung zweier Partikeln durchdringen sich die Molekülketten oder -segmente, die in die Suspension ragen, und werden gestaucht. Dabei tritt eine Reduzierung der Entropie auf und eine weitere Annährung der beiden Partikeln wird verhindert. Diese Art der Stabilisierung wird deshalb auch „entropische Stabilisierung" genannt [57]. Die zur Stabilisierung eingesetzten, grenzflächenaktiven Stoffe bezeichnet man auch als Schutzkolloide.
Zur rein sterischen Stabilisierung werden nicht-ionische Tenside oder Polymere eingesetzt, deren Moleküle aus zwei Komponenten A und B bestehen, die in den Konformationen A-B, A-B-A oder BA_n vorliegen. Die Komponente A hat eine starke Affinität zur Partikeloberfläche, die Komponente B ist gut im umgebenden, wässrigen Medium löslich. Die Tenside gehören meist zur Gruppe der Alkoholethoxylate, die aus einer Alkylkette (B) und einer Polyethylenoxidgruppe PEO (A) bestehen [100]. Entsprechend der DLVO-Theorie für die elektrostatische Stabilisierung existiert zur Beschreibung der sterischen Stabilisierung die so genannte HVO-Theorie (*Hesselink, Vrij und Overbeek*) [65].

2.2.3 Partikeln an der Gas/Flüssiggrenzfläche

Für das hier untersuchte Verfahren ist neben dem Verhalten von Partikeln in einer kontinuierlichen Phase ganz besonders das Verhalten von Feststoffpartikeln an der Gas/Flüssig-Grenzfläche von Interesse. Bei der Abscheidung von Feststoffpartikeln aus der Gasphase kommen die Partikeln zwangsläufig mit einer flüssigkeitsbenetzten Systemoberfläche in Kontakt. Dabei können Effekte wie beispielsweise eine intensive Schaumbildung auftreten, die auf besondere Grenzflächenphänomene im Drei-Phasen-System zurückzuführen sind.
Bereits 1907 beschrieb *Pickering* das Phänomen, dass disperse Tröpfchen in einer Flüssigkeit durch Feststoffpartikeln stabilisiert werden können. *Binks* fasst in seinem Übersichtsartikel zusammen, was heute über die Ursache des Stabilisierungseffekts, der dem von Tensidmolekülen ähnelt, bekannt ist [7]: Feststoffpartikeln sind in der Lage mehr oder weniger stark an Phasengrenzflächen zu adsorbieren. Je nach Kontaktwinkel θ lagern sie sich wie in Abbildung 2.7 gezeigt an der Grenzfläche einer hydrophilen und hydrophoben Phase an.

In dispersen Systemen existieren gekrümmte Oberflächen, die wie in Abbildung 2.8 dargestellt von Partikeln belegt werden. Aus dem Kontaktwinkel und dem Platzbedarf der Partikeln kann abgeleitet werden, dass für $\theta < 90°$ disperse hydrophobe Phasen, beispielsweise in

Schäumen oder O/W-Emulsionen, besonders gut stabilisiert werden. Umgekehrt können Partikeln mit θ > 90° sehr gut W/O-Emulsionen stabilisieren.

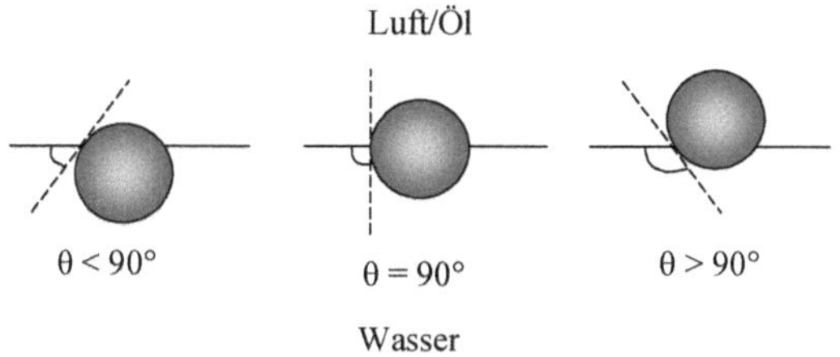

Abbildung 2.7: *Die Position kleiner, kugelförmiger Feststoffpartikeln an einer ebenen Phasengrenzfläche wird durch den Kontaktwinkel θ vorgegeben (nach [7]).*

Bemerkenswert ist, dass für eine Partikel in wässriger Phase mit einem Kontaktwinkel von 90° und einer Größe im Mikrometerbereich die Adsorptionsenergie über das Tausendfache der thermischen Energie kT betragen kann. Die Adsorption ist dann nahezu irreversibel. Haben sich Partikeln erst einmal an die gekrümmt Grenzfläche einer dispersen Phase angelagert, bleibt das System stabil gegenüber Veränderungen, die ein Entfernen der Partikeln von der Phasengrenzfläche und somit das Aufbringen der Adsorptionsenergie erforderlich machen.

Abbildung 2.8: *An gekrümmte Grenzflächen können Feststoffpartikeln sowohl disperse hydrophobe Phasen (links) oder disperse hydrophile Phasen (rechts) stabilisieren (nach [7]).*

Handelt es sich bei dem dispersen System um einen Schaum, der aus Luftblasen in Flüssigkeit besteht, so kann dieser auf verschiedene Weise instabil werden. Ursache dafür können Flüssigkeitsdrainage, Koaleszenz und Disproportionierung sein [23, 70, 93]. Eine Drainage in den Flüssigkeitslamellen kann aufgrund von Gravitation oder Kapillardruckdifferenzen auftreten. Mit Austritt der Flüssigkeit aus dem Film zwischen zwei Blasen wird dieser dünner und reißt, so dass die beiden Blasen koaleszieren. Bei der Disproportionierung tritt wie bei der oben beschriebenen *Ostwald*-Reifung ein Diffusionsstrom von kleineren zu größeren Blasen auf. Kleine Blasen schrumpfen und verschwinden vollständig zugunsten der größeren.
Durch die Anlagerung von Partikeln an der Blasenoberfläche wird ein Schrumpfen oder Koaleszenz der Blasen verhindert [7]. Es wird sogar vermutet, dass die Krafteinwirkung an der Grenzfläche so groß sein kann, dass Partikeln sintern und größere Agglomerate oder sogar

eine feste Hülle um eine Blase bilden können [21, 70]. Einen weiteren Beitrag zur Stabilisierung des dispersen Systems liefern vermutlich Netz- und Kettenstrukturen agglomerierter Partikeln, die sich in der kontinuierlichen Phase ausbilden [99].
Verschiedene Untersuchungen haben gezeigt, dass O/W-Emulsionen und Schäume besonders gut durch Partikeln mit einem Kontaktwinkel von 20-85° stabilisiert werden. Für W/O-Emulsionen eignen sich Partikeln mit Kontaktwinkeln von 94-160°. Allgemein zeigen stäbchen- und plättchenförmige Partikeln ein besonders gutes Stabilisierungsvermögen. Je größer die Partikeln sind, desto schwerer sind sie auch wieder von der Grenzfläche zu entfernen. Bei den in der Literatur untersuchten Systemen lag die Partikelgröße meist im Bereich von 100 nm bis 5 μm. Transport zur Grenzfläche und Adsorption laufen bei großen Partikeln jedoch deutlich langsamer. Weitere experimentelle und theoretische Untersuchungen zur Klärung der Adsorptionkinetik sind hier noch notwendig [7, 99].

Ein anderes Phänomen, das auf den ersten Blick einen Widerspruch zu dem geschilderten Stabilisierungseffekt darstellt, ist schon seit Längerem bekannt: Feststoffpartikeln können auch gezielt zur Schaumbekämpfung eingesetzt werden. Besonders gut eignen sich dafür Partikeln aus stark hydrophobem Material ($\theta > 90°$), die eine ebenmäßige Kugelform mit einer Größe von mehreren Mikrometern aufweisen [47, 93]. Die Entnetzung an der Oberfläche von Partikeln, die sich in den Schaumlamellen befinden, bewirkt eine Brückenbildung zwischen Luftblasen. Diese koaleszieren und der Schaum kollabiert. Bei stark schäumenden Tensidlösungen kann durch Zugabe solcher Partikeln Schaum zerstört werden oder von vornherein Schaumbildung verhindert werden [1]. Für den Einsatz von Fettalkoholpartikeln als Anti-Schaummittel konnten *Joshi* et al. nachweisen, dass dieses Grenzflächenphänomen sehr wohl bei festen, nicht aber bei flüssigen Partikeln des gleichen Materials nach Überschreiten des Schmelzpunktes auftritt [47]. Da für technische Anwendungen meist das Entschäumen von wässrigen Lösungen, die grenzflächenaktive Stoffen enthalten, interessant ist, wurde das Schaumverhalten reiner Partikeln-Luft-Wasser-Systeme bisher kaum untersucht.

Auch wenn die Anlagerung von Partikeln an Gasblasen bereits aus dem Gebiet der Flotation bekannt ist, gibt es intensive Forschungsbemühungen, diese Grenzflächenphänomene und das Verhalten von Partikeln in komplexen Mehrphasensystemen genauer aufzuklären. In der Lebensmittelindustrie können die Erkenntnisse beispielsweise für die Stabilisierung von Schäumen wie Eiscreme, Soufflés oder Dessertzubereitungen angewandt werden [23].
Aber auch die Herstellung neuer Materialien mit einzigartigen Eigenschaften durch kontrollierte Anordnung und Agglomeration von Partikeln in einer Schaummatrix ist ein erklärtes Forschungsziel [99]. Der Kontaktwinkel, der sich bei Benetzung von Partikeln mit einer Flüssigkeit einstellt, ist in hohem Maß abhängig von der Oberflächenchemie, Hydrophobizität, Rauhigkeit, Verunreinigungen und Aggregatzustand des Partikelmaterials, aber auch Form und Größe der Partikeln [99]. Sogar die Vorgeschichte der Benetzung hat einen Einfluss [47]. Somit kann für ein und dasselbe Partikelmaterial der Benetzungswinkel beim Kontakt mit Wasser um mehrere 10° variieren. *Studart* et al. sehen darin die Möglichkeit, über einen maßgeschneiderten Kontaktwinkel, der z.B. durch Oberflächenmodifikation oder Formgebung angepasst wird, gezielt dreidimensionale poröse Strukturen herzustellen [99].

2.3 Organische Nanopartikeln

2.3.1 Verfahren zur Herstellung

Der erste Vorstoß ins Forschungsgebiet der Nanotechnologie erfolgte bereits Anfang des 19. Jahrhunderts mit der Entwicklung feindisperser, heterogener Katalysatoren. Insbesondere in den letzten zwei Jahrzehnten wurden die Forschungsaktivitäten derart intensiviert, dass die Beiträge zu diesem Thema in der Literatur eine nahezu unüberschaubare Anzahl erreicht haben [52]. Eine genaue Eingrenzung der für diese Arbeit relevanten Thematik ist daher sinnvoll. Wie in Abbildung 2.9 gezeigt, stellt die Erzeugung und Anwendung von organischen Nanopartikeln nur einen relativ kleinen Teilbereich der gesamten Nanotechnologie dar.

Das Interesse der Industrie an organischen Nanopartikeln, die in den Bereichen Pharmazie, Kosmetik, Nahrungsmittel, Pflanzenschutz sowie Farbe und Lacke Anwendung finden könnten, ist groß. Der Einsatz von nanoskaligen Formulierungen verspricht eine Optimierung der technologischen oder physiologischen Wirksamkeit von schlecht wasserlöslichen, organischen Wirk- und Effektstoffen [41].
Nanopartikeln sind gekennzeichnet durch ihre geringe Größe die typischerweise im Bereich von 1-1000 nm liegt. Aufgrund dieser geringen Abmessungen zeichnen sich die Partikeln durch ausgeprägte Oberflächeneffekte und besondere Hafteigenschaften aus. Sie unterscheiden sich stark in ihren physikalischen Eigenschaften von denen des Bulkmaterials.

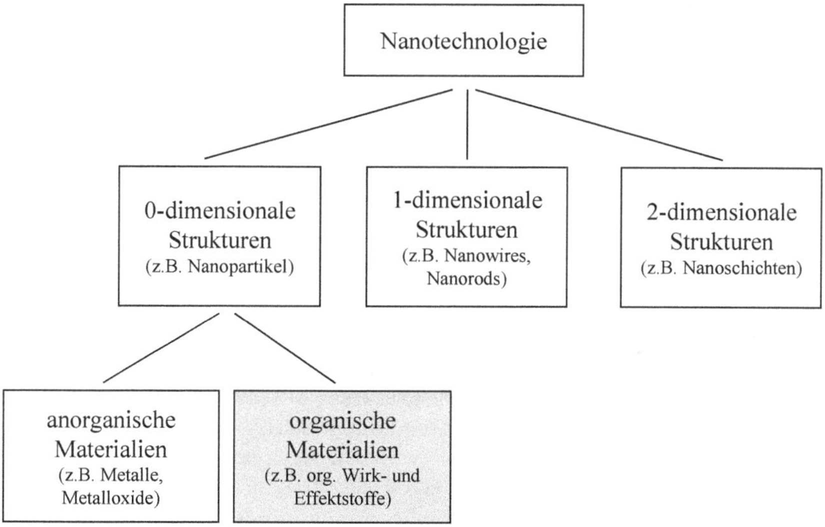

Abbildung 2.9: Unterteilung des Forschungsgebiets Nanotechnologie.

Im Rahmen dieser Arbeit werden mit dem Begriff „organische Nanopartikeln“ flüssige oder feste, amorphe oder kristalline Partikeln, die aus nur einer einzigen organischen Substanz bestehen, bezeichnet [103]. Diese Definition dient der Abgrenzung zu nanoskaligen Kompositpartikeln, wie beispielsweise Liposomen, Polymerpartikeln (Pseudolatices) oder Solid-Lipid-Nanoparticles (SLN), welche als Trägersystemen für organische Wirkstoffe bei der gezielten und kontrollierten Freisetzung (drug targeting und controlled release) Anwendung finden [119, 80].

Obwohl die Anwendung von organischen Nanopartikeln viel versprechend erscheint, werden diese Partikeln bisher kaum in industriellem Maßstab hergestellt. Dieses Kapitel gibt einen Überblick über die wichtigsten Verfahren sowie deren Vor- und Nachteile. Alle aufgeführten Verfahren beruhen auf physikalischen Grundprinzipien. Die Partikelerzeugung durch chemische Reaktion spielt fast ausschließlich für anorganische Stoffe eine Rolle und wird hier deshalb nicht diskutiert.

Es existieren prinzipiell zwei Wege zur Herstellung von organischen Nanopartikeln:

‚Top Down'-Prozesse: Die Partikeln werden durch mechanisches Zerkleinern des groben Rohmaterials erzeugt.

‚Bottom Up'-Prozesse: Das Rohmaterial wird in einem geeigneten Lösungsmittel molekulardispers gelöst. Aus der Lösung werden die Partikeln durch Zusammenlagern von Molekülen gebildet.

In Abbildung 2.10 sind schematisch die beiden Prozesswege dargestellt. In beiden Fällen werden Primärpartikeln erzeugt, die jedoch durch Agglomeration oder Koaleszenz übergeordnete Strukturen ausbilden können. Dabei unterscheidet man bei Feststoffen zwischen weichen Agglomeraten, bei denen die Partikeln aufgrund von Haftkräften zusammenhalten, und harten Agglomeraten, bei denen sich Feststoffbrücken zwischen den Partikeln ausbilden. Im Fall harter Agglomerate kann es vorkommen, dass die eigentlichen Primärpartikeln nicht mehr zu erkennen sind. Beim Dispergieren bzw. Desagglomerieren von weichen Agglomeraten werden ähnliche Technologien wie bei den ‚Top-Down'-Prozessen angewandt. Der Unterschied besteht jedoch darin, dass beim Dispergieren die Primärpartikelgröße schon entsprechend klein ist und der erforderliche Energieeintrag deshalb deutlich geringer ist.

Ein typisches ‚Top Down'-Verfahren zur Mikronisierung von Feststoffe ist das **Nassmahlen**. Das grobdisperse Ausgangsmaterial (ca. 100 µm) wird in einer Kugel- oder Perlmühle in Gegenwart von Mahlkörpern durch Prall- und Scherkräfte zerkleinert. Als Mahlkörper werden meist Kugeln aus rostfreiem Stahl, Zirkonoxid oder Glas mit einem Durchmesser von 0,4 - 3 mm verwendet. In der Mahltrommel befindet sich eine wässrige Lösung grenzflächenaktiver Substanzen. Diese Additive werden auch Schutzkolloide genannt. Es kann sich dabei z.B. um Polymere oder Tenside handeln, die die neu geschaffene Grenzfläche belegen und so die Partikeln stabilisieren und vor Agglomeration schützen [60].

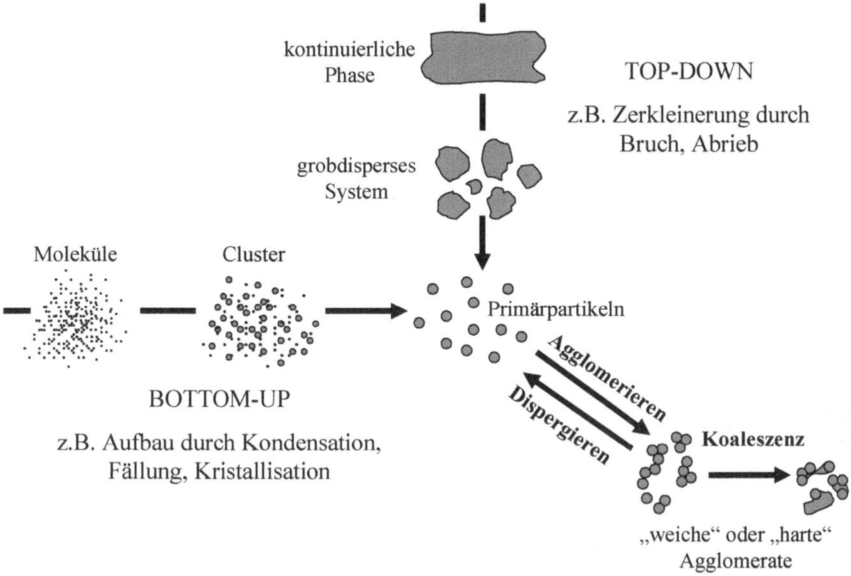

Abbildung 2.10: Verfahrenswege zur Erzeugung von (nanoskaligen) Primärpartikeln.

Grundsätzlich besteht bei diesem Prozess die Gefahr, dass die Nanosuspension durch Mahlkörperabrieb verunreinigt wird. Durch die Verwendung von Mahlkugeln aus Polymerwerkstoffen kann der Grad der Verunreinigung jedoch soweit eingedämmt werden, dass das Verfahren auch für pharmazeutische Formulierungen eingesetzt werden kann [50]. Der Energieeintrag zur Zerkleinerung des Materials nimmt mit steigender Feinheit der Partikeln überproportional zu. Allein 99% der mechanischen Energie werden durch Reibung in Wärme umgewandelt [65]. Abhängig von Material und Betriebsbedingungen ist oft mehrtägiges Mahlen eines Batchs erforderlich um eine mittlere Partikelgröße von unter 500 nm zu erreichen. Meistens geht dies mit einer breiten Partikelgrößenverteilung einher, die sich negativ auf die Stabilität der Suspension auswirkt. Bei der enormen Wärmeentwicklung während des Mahlens ist außerdem eine entsprechende Kühlung notwendig, um sowohl temperaturempfindliche Stoffe verarbeiten zu können und als auch um mikrobiellem Befall während der langen Mahldauer vorzubeugen [42].
Trotz dieser Nachteile findet das Verfahren insbesondere bei der Herstellung von Farbstoffformulierungen breite Anwendung, da hier die technologischen Anforderungen geringer sind. Aber auch bei der Formulierung von Wirkstoffen sind Mahlprozesse noch verbreitet, da alternative Verfahrenswege noch nicht ausgereift sind [41].

Ebenfalls zu den 'Top Down'-Prozessen gehört das **mechanische Emulgieren mittels Hochdruckhomogenisatoren**. Dabei werden die in einer grob dispersen Rohemulsion vorhandenen Tröpfchen durch Einwirkung von Deformationskräften fein zerkleinert. Die Kräfte, die einen Tropfenaufbruch bewirken, werden über die kontinuierliche Phase übertragen und entstehen beim Druckentspannen der Rohemulsion über ein Homogenisierventil. Mithilfe einer Hochdruckpumpe wird die Emulsion bei Drücken bis zu 1500 bar meist in mehreren Zyklen durch ein Ventil mit definierter Geometrie gepresst. Die gebräuchlichsten Ventiltypen sind Flachdüsen, Gegenstrahldispergator oder Lochblende. Bei der Erzeugung von Nanoemulsionen für pharmazeutische oder lebensmitteltechnische Anwendungen findet eine spezielle Bauform des Hochdruckhomogenisators Anwendung: der Mikrofluidizer® (Fa. Microfluidics). Mit diesem können ohne weiteres Tröpfchengrößen kleiner 1 µm erzeugt werden. Grundsätzlich muss auch beim Hochdruckhomogenisieren die Oberfläche der neu gebildeten Tropfen von Emulgatormolekülen stabilisiert werden, um eine erneute Koaleszenz der Tröpfchen zu vermeiden [88].

Bei einer speziellen Variante, dem Schmelzemulgieren, wird eine Voremulsion eines aufgeschmolzenen Feststoffes homogenisiert und die heiße Emulsion danach möglichst schnell unter den Schmelzpunkt abgekühlt [88]. Dies kann beispielsweise durch Einbringen in eine kalte Wasserphase geschehen [10]. Bei einer weiteren Methode wird das eigentlich Aushärten der Partikeln durch Expansion der Emulsion ins Vakuum erreicht. Durch zusätzliche Effekte bei der schlagartigen Entspannung und Abkühlung können auf diese Weise noch kleiner Partikelgrößen als durch reines Emulgieren erzielt werden [19].

Nachteilig bei den mechanischen Emulgierverfahren ist, dass die Qualität der Nanosuspension bzgl. mittlerer Partikelgröße und Verteilung sehr stark vom Ausgangsmaterial abhängig ist. Die zyklische Fahrweise ist außerdem nicht sehr produktionsfreundlich [50]. In einigen Fällen kann es aufgrund des hohen Drucks zu unerwünschten Veränderungen in der Kristallstruktur des Partikelmaterials kommen und die Chargenqualität kann durch mehr oder weniger hohe Anteile an amorphen Partikeln stark variieren [42]. Es besteht außerdem die Gefahr des „Überemulgierens", d.h. zu hoher Energieeintrag kann wieder zu Tropfenkoaleszenz oder gar zur Zerstörung der Schutzkolloide führen.

Ein ebenfalls sehr energieintensives Verfahren ist die Herstellung von Nanoemulsionen mittels **Ultraschall**. Die Tropfenzerkleinerung erfolgt hier beim Durchströmen einer Zelle mit Ultraschallsonotrode aufgrund von Kavitation und mikroturbulenter Strömung [88]. Die Reichweite der Schallenergie ist jedoch begrenzt und ein inhomogener Energieeintrag kann eine unerwünscht breite Partikelgrößenverteilung zur Folge haben [45].

Auch das sog. **Membranemulgieren** ist eine Methode, mit der es mittlerweile gelingt, Nanotröpfchen mit einem Durchmesser kleiner 1 µm herzustellen [6]. Die flüssige, zu dispergierende Phase wird durch Kanäle einer mikroporösen Membran in die kontinuierliche Phase gepresst, die auf der Austrittsseite entlangströmt und dort die Tropfen ablöst. Durch Zugabe von Additiven können Tröpfchen in der Größe des zwei- bis dreifachen Porendurchmessers erzeugt werden. Dieses Verfahren setzt jedoch aufeinander abgestimmte Stoffsysteme und Membranmaterialien voraus und ist bei großen Dispersphasenanteilen zeit- und energieaufwändig [88].

Die Herstellung feinteiliger Emulsionen kann auch durch das sog. **PIT-Verfahren**, das *Phasen-Inversions-Temperatur*-Verfahren, erfolgen. Es handelt sich um ein wenig energieintensives und nicht-mechanisches Verfahren, das das Phasenverhalten von Öl-Wasser-Tensidsystemen nutzt. Bei den verwendeten Additiven handelt es sich um nicht-ionische Tenside, die abhängig von Temperatur des Systems und Größe ihrer umgebenden Hydrathülle einerseits Wassertröpfchen in einer Ölphase (W/O) oder andererseits Öltröpfchen in einer Wasserphase (O/W) stabilisieren können. Wird eine grobe (O/W)-Rohemulsion über die Phaseninversionstemperatur erhitzt, bildet sich zunächst eine (W/O)-Emulsion. Wird diese wieder abgekühlt, erhält man nach der zweiten Phaseninversion eine besonders feinteilige (O/W)-Mikroemulsion. Der Bergriff „Mikroemulsion" bezeichnet hier eine spontan gebildete Emulsion. Die Tröpfchengrößen liegen typischerweise im Größenbereich von 20-500 nm. Diese Methode erfordert ein besonders abgestimmtes Stoffsystem und ist nur bei Phaseninversionstemperaturen sinnvoll, die so hoch sind, dass sie bei Lagerung der Emulsion nicht wieder überschritten werden, die aber auch nicht zu nahe am Siedepunkt des Wasser liegen [27, 95].

Obwohl sie in der praktischen Anwendung weniger verbreitet sind, existieren zahlreiche Varianten der ‚Bottom Up'- Verfahren. Die **Fällung aus molekularer Lösung** ist ein Verfahren zur Erzeugung von Feststoffpartikeln, dass auf den Prinzipien der homogenen Keimbildung, die in Kapitel 2.1. beschrieben sind, beruht. Die Dimensionierung der Partikelgröße kann je nach Methode durch unterschiedliche Mechanismen erfolgen, z.B. durch Erzeugung besonders hoher Übersättigungen oder durch räumliche Begrenzung des Partikelvolumens. Partikeln, die auf diese Weise in wässriger Umgebung erzeugt werden, bezeichnet man als Hydrosole, im Gegensatz zu Aerosolen, die in der Gasphase gebildet werden.

Im **Emulgier-Verdampfungsverfahren** wird ein wasserunlöslicher, organischer Stoff zunächst in einem geeigneten, hydrophoben Lösungsmittel (z.B. Chloroform, Dichlormethan) gelöst und durch Hochdruckhomogenisation in Wasser unter Zugabe von Additiven dispergiert. Es bildet sich eine Emulsion mit feinverteilten Tröpfchen der hydrophoben Lösung. Danach wird das Lösungsmittel durch Destillation bei vermindertem Druck abgezogen. In den stabilisierten Tröpfchen wird die Löslichkeitsgrenze unterschritten und aufgrund der Übersättigung kommt es zum Phasenübergang und zur Bildung von Partikeln. Durch die Entfernung des Lösungsmittels werden nur sehr geringe Übersättigungen erreicht. Das Stoffvolumen, das für die Bildung einer einzelnen Partikel maximal zur Verfügung steht, ist aber durch das Tropfenvolumen begrenzt. Die Festlegung der Partikelgröße erfolgt somit durch die vorangegangene, mechanische Zerkleinerung [41, 119].
Im Gegensatz dazu wird bei der **Fällung durch Mischen mit einem Nicht-Lösungsmittel** das Partikelwachstum durch Erzeugen besonders hoher Übersättigungen ($>10^5$) eingeschränkt. Der organische Stoff wird in einem geeigneten hydrophilen Lösungsmittel (z.B. Aceton, kurzkettige Alkohole) gelöst. Dieser Lösung wird dann möglichst effektiv mit Wasser gemischt. Da die Löslichkeit des organischen Stoffes im reinen Lösungsmittel sehr viel höher ist, als im Lösungmittel-Wasser-Gemisch entstehen durch den schlagartigen Abfall der Löslichkeit hohe Übersättigungen, aufgrund derer es zur Keimbildung kommt. Werden außerdem grenzflächenaktive Additive zugegeben, können die neu gebildeten Partikeln durch Anlagerung der Additivmoleküle vor Agglomeration geschützt werden. Das Lösungsmittel wird anschließend destillativ abgetrennt [81, 41].
Eine dritte Möglichkeit stellt das **Emulgier-Diffusionsverfahren** dar. Hierbei wird ein organischer Stoff im ersten Schritt in einem amphiphilen Lösungsmittel (z.B. Ethylacetat, Benzylalkohol) gelöst, das zuvor mit Wasser gesättigt wurde. Im nächsten Schritt wird diese Lösung,

ebenfalls in Gegenwart von grenzflächenaktiven Substanzen, in Wasser dispergiert, das wiederum zuvor mit Lösungsmittel gesättigt wurde. Durch die vorherige Sättigung ist gewährleistet, dass sich im Ausgangszustand beide Phasen im thermodynamischen Gleichgewicht befinden. Bei geeigneter Stoffpaarung tritt die Bildung einer dispersen Phase spontan auf (= Mikroemulsion). Falls dies nicht der Fall ist, ist der Einsatz eines Hochdruckhomogenisators erforderlich. Wird nun durch weitere Zugabe von Wasser verdünnt, wird das Gleichgewicht gestört und das Lösungsmittel beginnt aus den Tröpfchen in die umgebende Wasserphase zu diffundieren. Die Diffusion wird durch intensives Mischen sowie durch eine besonders große Grenzfläche feinverteilter Tröpfchen begünstigt. Wie beim Emulgier-Verdampfungsverfahren wird durch Entfernen des Lösungsmittels die Löslichkeitsgrenze unterschritten und es kommt zur Bildung von Feststoffpartikeln [53, 119].
Der größte Nachteil dieser drei Verfahren liegt darin, dass die nachträgliche Abtrennung des Lösungsmittels sehr aufwändig ist. Zum einen muss das Lösungsmittel gute Löseeigenschaften aufweisen, zum anderen sollte es toxikologisch unbedenklich sein und zur destillativen Abtrennung einen möglichst niedrigen Siedepunkt haben. Bei der Fällung durch Mischen muss das Lösungsmittel außerdem vollständig mit Wasser mischbar sein. Die beiden zuletzt genannten Verfahren erfordern außerdem den Einsatz einer besonders effizienten Mischtechnik [63].
Ähnlich wie die Fällung von Hydrosolen verläuft auch die Herstellung der bereits erwähnten Pseudolatex-Systeme. Der Unterschied zwischen beiden Methoden ist, dass bei der Fällung von Hydrosolen eine Übersättigung im Bezug auf die Konzentration des organischen Stoffes erzeugt wird und die Partikeln durch spontanen Phasenübergang der organischen Komponente gebildet werden. Bei den Pseudolatex-Verfahren wird der Lösung zunächst ein Polymer zugegeben. Die Übersättigung wird im Bezug auf die Polymerkonzentration erzeugt, so dass hier eine Partikelbildung durch Zusammenlagern der Polymermoleküle stattfindet. Bei Bildung der Polymerpartikeln wird der organische Stoff adsorptiv in der Trägermatrix gebunden oder molekulardispers eingebettet bzw. verkapselt. Solche nanopartikulären Polymerdispersionen können im Prinzip nach den oben genannten Verfahren aus Lösungen hergestellt werden. Auch hier ist die Verwendung von toxikologisch bedenklichen Lösungsmitteln ein Nachteil. Hinzu kommt, dass viele der eingesetzten Polymere nicht oder nur schlecht biologisch abbaubar sind [80].

Hohe Übersättigungen können außer durch Änderung der Konzentration (wie oben beschrieben) auch durch Unterkühlen einer Lösung erzielt werden. Diese Methode kommt nur dann als Zustandsänderungen in Frage, wenn die Abhängigkeit der Löslichkeit von der Temperatur so groß ist, dass die notwendigen Temperatursprünge bzw. der schnelle Wärmeaustausch technisch realisierbar sind [41]. Diese Technik wird beim aufwändigen **Sprühgefrieren in Tieftemperaturfluiden** (SFL = *spray freezing into liquid*) angewandt. Eine Lösung des organischen Stoffes wird hierbei über eine Düse, die über einem Tieftemperaturfluid angebracht ist oder darin eintaucht, mit hohem Druck versprüht. Bei dem Fluid kann es sich beispielsweise um komprimiertes Kohlendioxid (ca. -40°C, 70 bar), Helium oder Stickstoff handeln. Durch Aufprall auf die Flüssigkeitsoberfläche wird die Lösung feinverteilt und aufgrund der hohen Gefrier- und Übersättigungsraten bilden sich feinste Feststoffpartikeln, die dann wieder aus der Gefrierkammer ausgeschleust werden müssen. Das Lösungsmittel muss auch hier nachträglich durch Gefriertrocknen (= Lyophilisation) unter atmosphärischen Bedingungen von den Partikeln abgetrennt werden [42, 118].

Alternativ zu den Lösungsmitteln in den konventionellen Fällungsverfahren können auch **überkritische Fluide** als Lösungsmittel eingesetzt werden. Diese weisen besonders günstige Eigenschaften auf. Durch ihre Anwendung bei der 'Bottom Up'-Erzeugung von Nanopartikeln können hohe Übersättigungen und somit die Bildung kleinster Partikeln realisiert werden. Der sog. RESS-Prozess (*Rapid expansion of supercritical solutions*) wurde von *Johnston et al.* [42] für die Mikronisierung schlecht wasserlöslicher Arzneistoffe entwickelt. Der organische Stoff wird in einem überkritischen Lösungsmittel (z.B. Kohlendioxid mit p_{krit} =74 bar und T_{krit} =31°C) gelöst und diese homogene Lösung dann über eine Kapillardüse sehr schnell auf Umgebungsdruck entspannt ($\leq$ 1 µsec). Durch das schlagartige Absinken der Temperatur sowie durch den Übergang des überkritischen Fluids in den gasförmigen Zustand, geht die gute Löslichkeit verloren, was zu einer hohen Übersättigung ($\geq 10^5$) führt. Aufgrund von spontanem Phasenübergang kommt es zur Bildung feinster Partikeln. Wird die Expansionskammer mit einer wässrigen Lösung grenzflächenaktiver Substanzen gefüllt, so kann ein Teil der Partikeln direkt darin abgeschieden und stabilisiert werden (RESSAS). Ein Vorteil dieses Verfahrens ist, dass hier auf den Einsatz toxikologisch bedenklicher Lösungsmittel verzichtet werden kann und eine nachträgliche Abtrennung oder Aufarbeitung entfällt [59].
Dennoch erfordert dieses Verfahren die Anwendung hoher Drücke und ist wegen des technischen Aufwands nur für teure Wirkstoffe rentabel. Für viele Stoffe ist die Löslichkeit in überkritischen Fluiden zudem so gering, dass kaum technisch relevante Ausbeuten erzielt werden können. Bei einigen oxidationsempfindlichen, organischen Stoffen ist die Anwendung überkritischer Fluide nicht möglich, weil sie als Oxidationsmittel wirken [41].
Die Tatsache, dass manche organische Stoffe schlecht in überkritischen Fluiden löslich sind, kann jedoch auch zur Partikelerzeugung genutzt werden. Sowohl beim PCA-Prozess (*Precipitation with compressed fluid antisolvent*) als auch beim GAS-Prozess (*Gas antisolvent-process*) dient ein überkritisches Fluid anstelle von Wasser als Medium zur Fällung aus organischen Lösungen. Dabei wird in eine Lösung des organischen Stoffes überkritisches Kohlendioxid eingeleitet und durch Stoffaustausch geht einerseits das organische Lösungsmittel in das Kohlendioxid über und andererseits diffundiert Kohlendioxid in die Tröpfchen. Somit kommt es zur Ausfällung des gelösten Stoffes. Im SEDS-Prozess (*solution enhanced dispersion by supercritical fluid*) wird dieser Stoffaustausch durch Mischen in einer koaxiale Düse verbessert [41, 42].

Zur Herstellung von anorganischen Nanopartikeln aus Metallen, Metalloxiden oder nichtoxidischen Keramiken existieren zahlreiche **Aerosolverfahren**, bei denen Partikel durch homogene Keimbildung in der Gasphase gebildet werden [32, 55]. Mögliche Verfahrenswege sind die Partikelerzeugung in Ofen-, Laser-, Flammen- oder Plasma-Reaktoren, das Verdampfen durch Sputtern sowie die Inertgas-Kondensation. Bei der Verarbeitung von anorganischen

Stoffen müssen diese durch hohen Energieeintrag verdampft werden. Durch physikalische oder chemische Zustandsänderung (Kühlung oder Reaktion) wird eine Übersättigung in der Gasphase erzeugt. Die so gebildeten, gasgetragenen Aerosolpartikeln werden auf Filtern oder durch Thermophorese auf gekühlten Flächen oder Substraten abgeschieden. Das Endprodukt ist dann ein Pulver aus nanoskaligen Partikeln. Von den genannten Verfahren ist lediglich die Inertgas-Kondensation auch für empfindliche organische Stoffe interessant.
Die aerosolbasierte Erzeugung von Nanopartikeln durch homogene Keimbildung bietet intrinsische Vorteile, die eine Ausweitung der Methode auf organische Stoffe sinnvoll erscheinen lassen. Mit der **Inertgas-Kondensation** beispielsweise können Aerosole erzeugt werden, die eine sehr enge, nahezu monodisperse Größenverteilung und sphärische Partikeln von großer Reinheit aufweisen. Die Prozesse sind zudem kostengünstig und anhand einzelner Parameter (Verdampfungsrate, Druck etc.) gut zu steuern und für kontinuierliche Fahrweisen geeignet [32, 55]. Die Anwendung dieser Verfahren für organische Stoffe ist aber deshalb problematisch, da die Überführung technisch relevanter Mengen der temperaturempfindlichen und leicht zersetzbaren Stoffe in die Gasphase oft nicht möglich ist.
Toyotama beschreibt die erfolgreiche Anwendung der Inertgas-Kondensation in einem Batchverfahren für organische Stoffe [104]. Die gebildeten Partikeln haben eine Größe von einigen Nanometern bis hin zu Mikrometern. Die Abscheidung erfolgt im Vakuum auf einer gekühlten Aluminiumfolie. Zur Herstellung einer Suspension werden Teile der mit Nanopartikeln beschichteten Aluminiumfolie in Wasser gegeben und die Partikeln mit Ultraschall abgelöst und dispergiert.
Der Umweg bei der Partikelabscheidung über gekühlte Flächen oder Filter ist wegen hoher Produktverluste ineffizient, kosten- und zeitintensiv und führt oft zu einer Zerstörung der Partikeleigenschaften. Eine direkte Überführung der Partikeln in eine Flüssigphase zur Herstellung einer stabilen Suspension ist sinnvoll. Die Partikeln können in der Flüssigkeit vor Agglomeration geschützt werden und in dieser Form einfach weiterverarbeitet und/oder appliziert werden [77].
Pozarnsky et al. beschreiben in ihrem Patent ein Verfahren zur Herstellung von Nanopartikeln aus organischen Pigmenten durch eine kontinuierliche Inertgas-Kondensation mit Nassabscheidung. Die Aerosolpartikeln werden hier erst nach Durchlaufen einer schmiermittelfreien Vakuumpumpe [77] abgeschieden. Die Effizienz der Abscheidung auf der Druckseite der Pumpe liegt bei bis zu 95%, im Vergleich zur anderen Anordnungen mit Abscheidung im Vakuum, bei der maximal 50% erreicht wurden. Als Abscheider kommen z.B. Elektroabscheider, Zyklone oder Wäscher in Frage. Die Verdampfung findet üblicherweise bei Temperaturen von 25 - 500°C und einem Druck von ca. 0,1 - 60 mbar statt. Die Partikelentstehung selbst wird in diesem Patent nicht genauer spezifiziert. Die Erzeugung der Übersättigung kann durch Abkühlung, chemische Reaktion, Druckänderung o.ä. erfolgen.
Ein anderes Aerosolverfahren nutzt die Möglichkeit ein Gas-Dampf-Gemisch durch Expansion in einer Düse direkt abzukühlen. Je schneller die Expansion stattfindet (je nach Düse und Druckverhältnis sogar mit Überschallgeschwindigkeit) desto höher ist die erreichbare Übersättigungsrate. Durch **Desublimation** bilden sich aus dem Dampf feinste Feststoffpartikeln in der Gasphase. Dieses Verfahren wurde bereits erfolgreich für organische Stoffe eingesetzt und es konnten Partikeln in einer Anzahldichte von 10^5 Teilchen/cm³ und mit einer Größe

kleiner 5µm erzeugt werden [113, 56]. Dennoch sind dazu nur wenige Untersuchungen in der Literatur zu finden.
Trotz zunehmendem Interesses an effektiven Methoden zur Erzeugung von organischen Nanopartikeln befinden sich die meisten der genannten ‚Bottom Up'-Verfahren, insbesondere die Aerosolverfahren, noch im Entwicklungsstadium. Neben den beschriebenen Methoden existiert außerdem noch eine Reihe weiterer, sehr spezieller Verfahren, wie z.B. Sol-Gel-Prozesse, chemische Reaktionen, Polymerisationsreaktionen, Synthese in Mikroemulsionstemplaten oder Prozesse mit Bildung von Polyelektrolyt-Komplexen, die jedoch für diese Arbeit nicht von Bedeutung sind und deshalb an dieser Stelle nicht weiter diskutiert werden.

2.3.2 Eigenschaften und Anwendung

Die erfolgreiche Anwendung von nanopartikulären Formulierungen bei pharmazeutischen Fragestellungen ist in zahlreichen Arbeiten dokumentiert. Darüber hinaus gibt es in der Literatur Beispiele aus den Bereichen Kosmetik und Nahrungsmittel, die den positiven Nutzen solcher Formulierungen zur Steigerung der technologischen oder physiologischen Wirksamkeit von organischen Stoffen belegen.

Das Potential nanodisperser Systeme als optimierte, alternative Formulierungen ist auf die herausragenden physikalischen Eigenschaften der organischen Nanopartikeln zurückzuführen. Zum einen zeichnen sich diese Partikeln durch ihr hervorragendes Adhäsionsvermögen aus. Ausschlaggebend dafür sind die sog. ***Van-der-Waals***-Haftkräfte, die zwischen Partikeln wirken. Sie nehmen proportional mit der Partikelgröße zu ($\propto r$). Die Gewichtskräfte, die normalerweise dem Haften von Partikeln entgegenwirken, nehmen zum Vergleich mit dem Volumen und somit mit der Partikelgröße in der dritten Potenz zu ($\propto r^3$). Abbildung 2.11 veranschaulicht, dass im Bereich kleiner Partikelgrößen der Einfluss der Haftkraft den der Gewichtskraft überwiegt [8]. Die Größenordnung ist dabei immer abhängig von Feststoffeigenschaften und Wechselwirkungskonstanten. Für typische Werte kann bei einer Partikelgröße von 1µm die Haftkraft schon das 10^6-fache der Gewichtskraft betragen [65]. Die Reichweite der Haftkraft ist jedoch ausgesprochen kurz. Ein Haften tritt erst auf, wenn eine ausreichende Annäherung der Haftpartner stattgefunden hat.

Eine weitere besondere Eigenschaft ist, dass besonders kleine Partikeln, die eine große spezifische Grenzfläche aufweisen, in ihrem Verhalten durch die Eigenschaften dieser Grenzfläche bestimmt werden. *Mollet* und *Grubenmann* geben hierzu ein anschauliches Beispiel [65]: Für ein Würfel von 1 cm Kantenlänge befinden sich von 10 Millionen Molekülen nur 2 bis 3 an der Oberfläche des Würfels. Bei einem Würfel mit einer Kantenlänge von nur 10 nm ist eines von 4 Molekülen an der Oberfläche positioniert. Der Zustand von Molekülen an einer Phasengrenzfläche ist sehr verschieden von dem in der Volumenphase (auch Bulk oder Kontinuum genannt), welcher ausschließlich von intermolekularen Wechselwirkungen bestimmt wird.

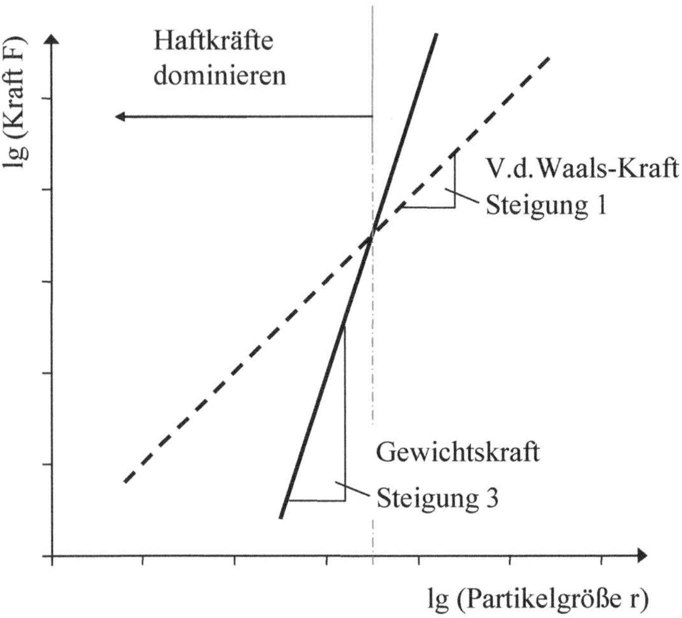

Abbildung 2.11: Schematische Darstellung von Haftkraft und Gewichtskraft in Abhängigkeit der Partikelgröße, nach Rumpf [82].

Die große spezifische Oberfläche trägt u.a. zu einer Erhöhung der Lösegeschwindigkeit bei [66, 68]. Aber auch zwei weitere Effekte spielen eine Rolle: Aufgrund ihrer stark gekrümmten Oberfläche haben nanoskalige Feststoffpartikeln in flüssiger Umgebung eine höhere scheinbare Sättigungslöslichkeit [30]. Für typische Stoffwerte kann gesagt werden, dass für organische Stoffe die Löslichkeit unterhalb einer Partikelgröße von 1 µm signifikant ansteigt [41]. Der zweite Effekt ist eine geringere Ausdehnung der Diffusionsschicht. Die Diffusionsschichtdicke nimmt analog zur hydrodynamischen Grenzschichtdicke mit der Partikelgröße ab und begünstig somit bei kleinen Partikeln ein schnelles Auflösen [66].

Pharmazeutische Anwendungen

Bis zu 40% der heute neu entwickelten pharmazeutischen Wirkstoffe sind nur schlecht oder gar nicht in Wasser löslich [42]. Diese Eigenschaft hat zur Folge, dass einerseits die Verarbeitung dieser Stoffe schwierig ist und dass andererseits die Stoffe schlecht bioverfügbar sind. Das bedeutet, die Aufnahme im Körper und somit das Erreichen eines therapeutisch wirksamen Blutspiegels sind durch die schlechte Löslichkeit stark eingeschränkt. Es wird deshalb ständig nach neuen nanopartikulären Formulierungen gesucht, bei denen die oben genannten Eigenschaften wie hohe Lösegeschwindigkeit und Sättigungslöslichkeit sowie die verbesserte Adhäsion des Wirkstoffes zum Tragen kommen [67, 44]. Gelingt es, den schlecht wasserlöslichen, organischen Stoff fein in einer flüssigen Phase zu verteilen, verhält sich die Suspensi-

on wie eine konzentrierte Lösung von niedriger Viskosität [65]. Eine stabile Nanosuspension kann dann z.B. intravenös appliziert werden.
Erstmals wurden von *Liversidge et al.* erfolgreich pharmazeutische Nanosuspensionen hergestellt und auf ihre Bioverfügbarkeit hin überprüft [60]. Aus dem Hormon Danazol wurden durch Nassmahlen Partikeln, sog. Nanocrystals (Fa. Elan Corporation,), mit einer mittleren Größe von bis zu 400 nm erzeugt. Durch Applikation der Nanosuspension konnte die Bioverfügbarkeit um das 16-fache im Vergleich zum grobdispersen Wirkstoff (10 µm) erhöht werden.
Müller et al. gelang die Herstellung von 300 nm großen Partikeln, sog. Dissocubes (Fa. SkyePharma), aus dem organischen Wirkstoff RMKP22 mithilfe von Hochdruckhomogenisation. Die gemessene Sättigungslöslichkeit dieser Nanopartikeln betrug das Zweifache der Sättigungslöslichkeit von Partikeln mit mehreren Mikrometern Durchmesser [68].
Mit dem RESSAS-Verfahren wurden wässrige Nanosuspensionen von Phytosterolpartikeln mit einer Größe weit unter 500 nm hergestellt. Die Wirkstoffkonzentrationen in den lagerstabilen Suspensionen lagen über den Faktor 100 höher als die Gleichgewichtslöslichkeiten [107]. Eine solche Konzentrationssteigerung erlaubt u.a. die Applikation sehr viel kleinerer Injektionsvolumina als bisher.
Bei *Kharb et al.* findet sich eine Übersicht über kommerziell erhältliche Technologien zur Herstellung hochpreisiger Pharmaprodukte im Labor- oder kleinen Produktionsmaßstab [51]. Diese Technologien sind patentrechtlich geschützt und werden von Spezialfirmen vertrieben.

Kosmetische Anwendungen

Zur Herstellung von kosmetischen Haar- und Körperpflegemitteln müssen tensidhaltige Formulierungen mit sog. Emollients versetzt werden um Austrocknen von Haut und Haar zu vermeiden [90]. Die bisher eingesetzten Silikonwachse verlieren zunehmend an Verbraucherakzeptanz, da sie die unangenehme Eigenschaft haben, sich bei wiederholter Anwendung auf Haut und Haar anzureichern. Sie sollen deshalb durch natürliche Wachse (z.B. Fettalkohole oder Glycerinester der höheren Fettsäuren) ersetzt werden. Die Einarbeitung solch hydrophober Stoffe in wässrige Systeme ist sehr schwierig. Eine konventionelle Schmelzemulgierung ist energie- und apparatetechnisch aufwändig, eine Solubilisierung erfordert den Einsatz hoher Mengen an Lösevermittler [91]. Die Lösung dieses Problems ist der Einsatz von nanoskaligen Wachspartikeln, die z.B. mithilfe des RESSAS- oder des Emulgier-Verdampfungsverfahren hergestellt werden können. Wachsdispersionen mit einer Partikelgröße von 10 - 300 nm können kalt in eine Formulierung eingearbeitet werden. Sie verleihen der Zubereitung eine ausgezeichnete rückfettende Wirkung, eine sehr gute dermatologische Verträglichkeit sowie verbesserte Avivageeffekte (d.h. Weichgriff, Kämmbarkeit, verminderte statische Aufladung des Haars) und sind somit besonders zur Herstellung konditionierender Haarwaschmittel geeignet [71]. Mit Wachs-Nanopartikeln können zudem gezielt trübe Perlglanzformulierungen und opaleszierende Formulierungen hergestellt werden [92].
Außerdem können kosmetische Deodorant-Zubereitungen durch die Anwendung nanoskaliger Deodorantien erheblich verbessert werden [2]. Bei den Stoffen handelt es sich meist um keimhemmende Mittel, Geruchsadsorber oder Antitranspirantien, wie z.B. Hydroxycarbonsäuren, Dicarbonsäuren oder Hydroxybenzoesäuren sowie deren Salze und Ester. Deodora-

tien-Nanopartikeln mit einer Größe von 10 bis 500 nm können ebenfalls mit dem RESSAS-Verfahren hergestellt werden. Zubereitungen mit Dispersionen dieser Partikeln zeigen sowohl bei Anwendung eine verbesserte Resorption und Wirkungsdauer als auch bei Lagerung eine hervorragende Stabilität.

Nahrungsmittel- / Futtermittel-Anwendungen
Ein Beispiel aus der Nahrungsmittel- und Futtermittelindustrie ist die Anwendung nanoskaliger Formulierungen von Carotinoiden wie β-Carotin, Lutein oder Astaxanthin. Sie spielen eine wichtige Rolle als Lebensmittelfarbstoffe oder als Tierfutterzugabe zur naturidentischen Pigmentierung. Diese Stoffe sind wasserunlöslich, so dass nur die Anwendung wässriger Nanosuspensionen Erfolg versprechend ist. Ein von *Horn et al.* entwickeltes kontinuierliches Mischkammerverfahren zur Fällung von Carotinoidpartikeln aus hydrophiler Lösung kann zur Herstellung von Präparaten mit großer Farbstärke und hoher Bioverfügbarkeit eingesetzt werden [41]. In Fütterungsversuchen lag die biologische Resorption von Carotinoid-Hydrosolen mit einer mittleren Partikelgröße von 160 nm, um den Faktor zehn höher als die des mikrokristallinen Produkts. Da zahlreiche Untersuchungen außerdem die gesundheitsfördernde und prophylaktische Wirkung von Carotinoiden belegen, wird intensiv am Einsatz solcher Nanosuspensionen als Nahrungsergänzungsmittel gearbeitet.

2.4 Flüssigkeitsring-Vakuumpumpen

2.4.1 Anwendung und Funktionsweise

In der verfahrenstechnischen Industrie ist der Einsatz von Flüssigkeitsring-Vakuumpumpen aufgrund ihrer einfachen und robusten Bauart weit verbreitet. Sie werden in erster Linie bei Prozessen im Grobvakuum (1-1000 mbar) eingesetzt und sind insbesondere dann geeignet, wenn eine Verdichtung von feuchten, verschmutzten oder staubbeladenen, aber auch von explosiblen oder aggressiven Gasen bzw. Dämpfen erforderlich ist [5, 36].
Unter den Kompressionsmaschinen nehmen sie eine Sonderstellung ein. Der Grund dafür ist, dass bei diesem Pumpentyp die Energieübertragung vom Rotor auf das zu verdichtende Medium über einen aus Betriebsflüssigkeit gebildeten Flüssigkeitsring erfolgt, genauer über die kinetische Energie der Flüssigkeit. Während des Verdichtungsvorgangs erfolgt außerdem eine Wärmeabfuhr über den Flüssigkeitsring. Die Kühlung des Gasstroms während der Kompression erlaubt hohe Verdichtungsverhältnisse bei geringer thermischer Belastung des Gases und erfordert bis zu 40% weniger Verdichtungsarbeit als beim adiabaten Prozess [36].
Der Kontakt von Fördermedium und Betriebsflüssigkeit in der Pumpe schränkt einerseits den Anwendungsbereich der Pumpe ein, er führt andererseits aber zu physikalischen Effekten, die die Flüssigkeitsring-Vakuumpumpe für Anwendung über das reine Fördern und Verdichten hinaus interessant machen. Einige Publikationen aus den 60er Jahren beschreiben den erfolgreichen Einsatz dieses Pumpentyps bei anderen verfahrenstechnischen Grundoperationen wie z.B. Kondensation, Absorption, Gasreinigung oder chemischer Reaktion [5, 96, 111]. Obwohl allgemein bekannt ist, dass der Einsatzbereich einer Flüssigkeitsring-Vakuumpumpe derart

erweitert werden kann, finden sich in der neueren Literatur kaum Beispiele für solche Anwendungen. Meist beschränken sich die Autoren auf die reine Erwähnung einer solchen Möglichkeit [74, 101]. *Teifke* schreibt dies der Tatsache zu, dass es bisher kaum Bemühungen gegeben hat, den Erfolg einzelner Grundoperation bei der Anwendung von Flüssigkeitsring-Vakuumpumpen mit entsprechenden Modellen vorherzusagen [102].

Wegen der weiten Verbreitung der Flüssigkeitsring-Vakuumpumpe liegt der Fokus der übrigen wissenschaftlichen Arbeiten auf der Wirtschaftlichkeit und somit auf der Optimierung des Wirkungsgrades. Für die hydraulische Auslegung der Pumpen wurden bereits früh theoretische Betrachtungen angestellt [28]. Für die praktische Auslegung hinsichtlich Ansaugvolumenstrom und Leistungsbedarf existieren heute ausführliche empirische Berechnungsgrundlagen, die z.B. den Einfluss von Betriebswassertemperatur und Gaseintrittstemperatur erfassen [89].

Im Rahmen dieser Arbeit wurden die physikalischen Vorgänge in einer einstufigen Flüssigkeitsring-Vakuumpumpe erstmals gezielt zur Partikelerzeugung genutzt. Für das Verständnis dieses Prozesses ist es wichtig, das Funktionsprinzip dieser Pumpe zu verstehen. Es lässt sich einfach anhand von Abbildung 2.12 verdeutlichen.

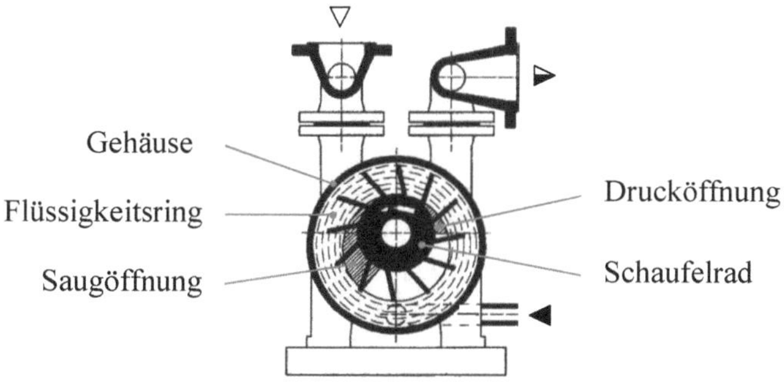

Abbildung 2.12: Funktionsprinzip einer einstufigen Flüssigkeitsring-Vakuumpumpe (nach [89]).

Im zylindrischen Gehäuse der Pumpe ist ein Schaufelrad exzentrisch angeordnet. Hinter dem Schaufelrad liegt die sog. Steuerscheibe, die eine Saug- und eine Drucköffnung besitzt. Vor dem Anfahren ist das Pumpengehäuse bis zur Wellenmitte mit Betriebsflüssigkeit gefüllt. Bei Drehung des Schaufelrads wird die Flüssigkeit mitgerissen und es bildet sich aufgrund von Zentrifugalkräften ein Flüssigkeitsring an der Gehäusewand aus. Zwischen Flüssigkeitsring und Laufradnabe entsteht ein sichelförmiger Gasraum. Verfolgt man gedanklich den Umlauf einer Schaufelradzelle, so bewegt sich die Flüssigkeitsoberfläche wie ein Kolben aus der Zelle heraus und wieder hinein. Das zu fördernde Gas wird innerhalb einer Schaufelradumdrehung durch die Saugöffnung in die Schaufelradzellen eingesaugt und in der zweiten Hälfte der Umdrehung komprimiert und wieder durch die Drucköffnung ausgeschoben.

Durch die Lage von Saug- und Drucköffnung sind sowohl das angesaugte Volumen pro Schaufelradzelle als auch das druckseitige Zellenvolumen festgelegt. Das Verhältnis der Volumina entspricht bei (isothermer) Verdichtung dem umgekehrten Druckverhältnis. Somit ist durch die Position der Öffnungen ein festes Druckverhältnis vorgegeben. Um mit der Pumpe dennoch einem weiten Druckverhältnisbereich arbeiten zu können wird die Drucköffnung selbst auf ein Minimum reduziert und durch mehrere variable Drucköffnungen ergänzt [89]. Die feste Öffnung gibt das maximale Druckverhältnis vor. Bei einem geringerem Druckverhältnis, d.h. höherem Ansaugdruck kann das Gas schon vorher durch die Ventilöffnungen ausgeschoben werden. Deren Dichtelemente öffnen dann, wenn der entsprechende Gegendruck (also Atmosphärendruck) erreicht wird. Die variablen Drucköffnungen können mit hydraulischen oder mechanischen Ventilen arbeiten. Im ersten Fall erfolgt die Dichtung durch Betriebsflüssigkeit, die hinter den Ventilbohrungen im Druckraum ansteht, im zweiten Fall durch mechanische Dichtelemente, wie z.B. Kugeln oder auch flexible Platten [34]. Die Anordnung der variablen Drucköffnungen ist in Abbildung 2.13 gezeigt.

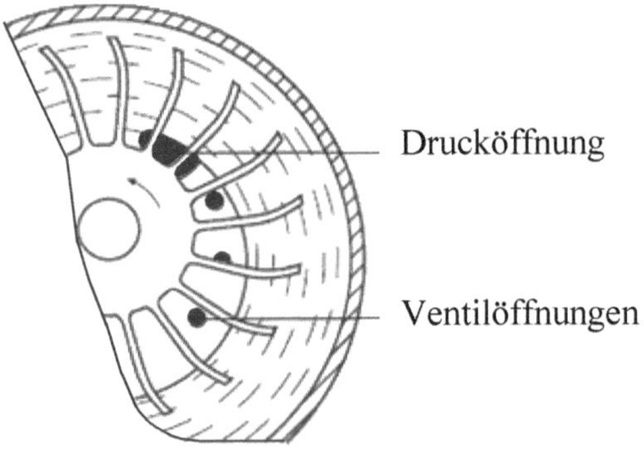

Abbildung 2.13: Drucköffnung und Ventilöffnungen auf der Steuerscheibe (nach [89]).

Eine neue Entwicklung der Firma Speck Pumpen (Roth) ist eine Flüssigkeitsring-Vakuumpumpe, die ohne aufwändige Ventiltechnik einen ebenso breiten Druckverhältnisbereich abdecken kann [34]. Durch eine strömungsmechanisch optimierte Drucköffnung mit kontinuierlicher Erweiterung des Querschnitts kann durch Rückströmen von bereits verdichtetem Gas eine Überverdichtung bei höheren Ansaugdrücken vermieden werden. Dadurch können zum einen Drosselverluste, die sonst beim Durchströmen der flüssigkeitsbenetzten Ventilöffnungen auftreten, vermieden werden. Zum anderen ist die konstruktive Ausführung deutlich einfacher und es kann auf Verschleißteile wie z.B. Ventilkugeln verzichtet werden.
Gemeinsam mit dem geförderten Gas verlässt ein Teil der Betriebsflüssigkeit die Pumpe durch die Drucköffnung. Da die austretende Flüssigkeit wieder ersetzt werden muss, bietet sich ein Umlaufflüssigkeitsbetrieb an. In einem nebenstehenden Zentrifugalabscheider kann die Flüssigkeit aus dem Gasstrom abgetrennt, zurückgeführt und dabei gekühlt werden. Diese

Kühlung ist erforderlich, da die bei der Kompression auftretende Wärme über die Flüssigkeit abgeführt wird. Für übliche Betriebsbedingungen ermöglicht die Pumpe somit eine nahezu isotherme Verdichtung des Gases.

Beim Fördern besonders heißer Gasströme mit einer Pumpe, die Wasser als Betriebsflüssigkeit nutzt, ist dieser Effekt noch ausgeprägter. Wie bei einem Quenchvorgang wird der Gasstrom durch das teilweise Verdampfen des Betriebswassers direkt gekühlt. Zwar verringert sich bei dieser Betriebsweise der Ansaugvolumenstrom durch Anwesenheit von Wasserdampf in den Schaufelradzellen, aber dafür kann der Gasstrom sogar unterisotherm verdichtet werden.Möglich wird dieser Wärme- und Stoffaustausch durch den intensiven Kontakt von Fördermedium und Betriebsflüssigkeit in den Schaufelradzellen. Der Austausch wird besonders durch die große spezifische Phasengrenzfläche begünstigt. Turbulenz sowie Versprühung von Flüssigkeit im Bereich der Saug- und Drucköffnungen sorgen für die Bildung einer hochdispersen Tröpfchenphase mit großer Oberfläche. Die ständig frisch benetzten Schaufelradflächen tragen ebenfalls zur Phasengrenzfläche bei [96, 102]. In einigen Arbeiten finden sich Stroboskoplicht-Aufnahmen von Testpumpen mit Plexiglasdeckel. Auf diesen sind das Aufreißen der Wasseroberfläche und die Versprühung von Tröpfchen deutlich zu erkennen [29, 89].
Auf die oben beschriebenen Austauschvorgänge ist auch zurückzuführen, dass der Einsatzbereich der Flüssigkeitsring-Vakuumpumpe automatisch durch eine Größe begrenzt ist: Der Ansaugdruck der Pumpe kann nie geringer sein als der Dampfdruck der Betriebsflüssigkeit bei entsprechender Eintrittstemperatur der Flüssigkeit.

2.4.2 Ansätze zur modellhaften Beschreibung

Um ein Verständnis für die Abläufe in der Pumpe zu entwickeln ist es sinnvoll, unter Berücksichtigung der physikalischen Gesetzmäßigkeiten eine Modellvorstellung abzuleiten. Die ersten theoretischen Ansätze wurden in den 50er Jahren von *Freier*, *Grabow* und *Pfleiderer* entwickelt und beschäftigen sich mit der Berechnung von Wasserringverlauf, Druckverlauf und Förderstrom [28, 75]. Grundlage ist ein zweidimensionales Modell des Pumpengehäuses in dem verschiedene Durchströmquerschnitte betrachtet werden. In Abhängigkeit der gegebenen Geometrie und des Drehwinkels φ werden die Gas- bzw. Flüssigkeitsvolumenströme definiert, die bei Drehung des Rotors diese Querschnitte durchströmen. Über die Kontinuitätsbeziehung können die Volumenströme mit einem bekannten Volumenstrom, z.B. dem Gesamtvolumenstrom der Flüssigkeit am oberen Scheitelpunkt korreliert werden. Weiterhin werden die Annahmen getroffen, dass die Verdichtung der Gasphase isotherm erfolgt, dabei ideales Gasverhalten vorliegt und die freie Strömung der Flüssigkeit der Gleichung von *Bernoulli* folgt. Aus den Gleichungen lässt sich dann iterativ der statische Druck in einer Schaufelradzelle bzw. der Radius der Phasengrenzfläche als Funktion des Drehwinkels φ berechnen. *Hähre* greift in seiner Arbeit diesen Modellansatz auf und erweitert ihn. Er berücksichtigt zusätzlich den Einfluss einer komplexeren Geometrie (z.B. gerade/gekrümmte Schaufeln und

Schaufelneigung) und berechnet außerdem die Neigung der Phasengrenzfläche [35]. Diese Betrachtungen zielen in erster Linie darauf ab, Förderverhalten und Wirkungsgrad der Pumpe bei üblichen Betriebsbedingungen, also beim Fördern von trockenem Gas mit moderaten Temperaturen, vorherzusagen.

Von *Beckmann* stammt eine Arbeit, die sich erstmals ausführlicher mit Austauschvorgängen und Phasengrenzflächen in der Pumpe beschäftigt [5]. Er beschreibt die Zustandsänderung während der Kondensation von Wasserdampf aus einem Gas/Dampf-Gemisch beim Durchlaufen einer einstufigen Flüssigkeitsring-Vakuumpumpe. Dazu entwickelt er ein Ersatzmodell, das aus einem Strömungsrohr mit nachgeschalteter Volumenpumpe besteht (siehe Abbildung 2.14). Die Wärme- und Stoffaustauschvorgänge sollen nur im Strömungsrohr stattfinden. *Beckmann* erstellt dazu Bilanzgleichungen für einen Grenzflächenzustand: Die Kondensation beschreibt er als gekoppelten Wärme- und Stoffübergang, für den die *Lewis*-Beziehung gilt, und berechnet den dazugehörigen Wärmeübergangskoeffizienten aus der *Nusselt*-Korrelation für die Rohrströmung. Der Zustand an der Phasengrenzfläche wird dabei als gesättigt betrachtet und ist allein von der Betriebswassertemperatur abhängig. Unter der Annahme, dass diese konstant ist, bleiben auch Temperatur und Dampfbeladung an der Grenzfläche während des gesamten Vorganges unverändert. Den Wärmeübergangskoeffizienten für den gleichzeitig auftretenden Wärmetransport in die Kernströmung der Betriebsflüssigkeit wählt er als Anpassungsparameter. Im gesamten Strömungsrohr herrscht Ansaugdruck und die Strömungsbedingungen werden über den hydraulischen Durchmesser des Rohres berechnet, der dem des eigentlichen Saugschlitzes in der Flüssigkeitsring-Vakuumpumpe entspricht. Für die Zustandsänderung im Strömungsrohr können nun ausgehend vom Eintrittszustand immer wieder folgende Berechnungsschritte durchgeführt werden:

- Berechnung des Zustandes von Gas/Dampf-Gemisch
- Berechnung der Strömungsgrößen
- Berechnung des Wärmeübergangskoeffizienten für die Kondensation
- Bestimmung der Zustandsänderungsrichtung aus dem Grenzflächenzustand und Festlegung der „Schrittweite" für Änderung des Gasphasenzustandes
- Berechnung der dafür notwendigen Austauschfläche

Dieses Vorgehen ergibt sich aus der Tatsache, dass *Beckmann* die Bestimmung der Zustandsänderungsrichtung graphisch in einem *Mollier*-Diagramm durchgeführt hat. Die Berechnung ist dann beendet, wenn der Gasvolumenstrom dem Schöpfvolumenstrom der Pumpe entspricht. Theoretisch erfolgt dann nur noch die isotherme Kompression auf Austrittsdruck in der nachgeschalteten Ersatzpumpe. Die Summe der in jedem Schritt berechneten Austauschflächen ergibt die gesamte, in der Pumpe theoretisch zur Verfügung stehende Phasengrenzfläche.

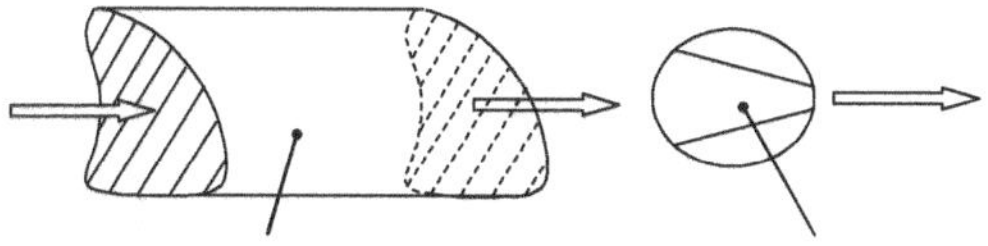

Abbildung 2.14: Ersatzmodell für eine Flüssigkeitsring-Vakuumpumpe nach Beckmann [5].

Die Berechnungen hat *Beckmann* für Messwerte aus über 500 Betriebsfällen durchgeführt. Bei der Versuchspumpe handelte es sich um eine einstufige Flüssigkeitsring-Vakuumpumpe (Typ LP222/200, Siemens), die bei einer Leistungsaufnahme von 8,4 kW ein Schöpfvolumen von 292 m^3/h fördert. Für typische Betriebsbedingungen errechnet er einen gasseitigen Wärmeübergangskoeffizienten von 25 – 40 W/m^2K. Für den flüssigseitigen Wärmeübergangskoeffizienten ergaben sich Werte von über 8500 W/m^2K. Diese großen Werte erklärt er mit der hohen Turbulenz im Flüssigkeitsring. Der Wärme- bzw. Stoffaustausch wird also weitestgehend durch den gasseitigen Widerstand bestimmt. Die Größe der theoretischen Austauschfläche für diesen Pumpentyp liegt nach seinen Berechnungen zwischen 0,4 und 0,8 m^2. Je nach Betriebsbedingungen ergaben sich folgende Abhängigkeiten:

Kühlwassertemperatur/Kühlwasserstrom - Die Größe der Austauschfläche nimmt zu, wenn die Kühlwassertemperatur abnimmt oder der Kühlwasserstrom zunimmt. In beiden Fällen erklärt *Beckmann* diese Beobachtung mit einer Steigerung der Strömungsgeschwindigkeit, die ein stärkeres Aufreißen der Oberfläche, besonders beim Eintritt in die Pumpe, zur Folge hat.

Gaseintrittstemperatur - Mit zunehmender Gaseintrittstemperatur nimmt auch die Größe der Austauschfläche zu. Erklärt wird dies, dadurch, dass mit zunehmender Ansaugtemperatur die Zähigkeit und Dichte (und somit der Massenstrom) des durchgesetzten Gases abnehmen. Das würde eigentlich für ein weniger starkes Aufreißen der Oberfläche sprechen. *Beckmann* sieht jedoch einen gegenteiligen Effekt dadurch, dass sich bei hohen Eintrittstemperaturen der von Umgebungsluft gekühlte Anteil der Austauschfläche im Saugstutzen stärker auswirkt.

Ansaugdruck - Die Veränderung des Ansaugdrucks hat bei dem gewählten Ersatzmodell keinen Einfluss auf die Größe der berechneten Austauschfläche. Hier vermutet Beckmann zwei gegenläufige Effekte. Zum einen bewirkt die Verringerung des Ansaugdruckes bzw. die Vergrößerung des Kompressionsverhältnisses eine größere Turbulenz und ein stärkeres Aufreißen der Oberfläche (wie es auch auf Stroboskopaufnahmen zu sehen ist). Zum anderen nimmt die Zähigkeit des einströmenden Gases ab, was dem Effekt des Aufreißens entgegenwirkt.

Diese Erklärungsansätze an sich sind plausibel, aber seit ihrer Veröffentlichung sind sie nie wieder in ähnlicher Weise untersucht worden.

Leider liefert *Beckmann* auch keinen Vergleich zur tatsächlichen, geometrischen Oberfläche der Pumpe. Eine Publikation von *Dickey* und *Radewonuk* [17] wählt diesen Ansatz. Auch sie beziehen sich auf den speziellen Fall der Kondensation. Beim Gefrierkonzentrieren von Lösungen soll der mit einer einstufigen Flüssigkeitsring-Vakuumpumpe abgesaugte Wasserdampf vollständig in der Pumpe auskondensiert werden. Von Interesse ist dabei die Kondensationsrate eines Luft/Wasserdampf-Gemischs auf der Phasengrenzfläche der gekühlten Betriebsflüssigkeit (hier eine 21%ige NaCl-Lösung) im Vakuum. Die benetzte innere Oberfläche der Pumpe beschreiben sie als Zylinder mit einem Durchmesser von 13,3 cm und einer Höhe von 4,75 cm. Davon rechnen sie allerdings nur 117 cm^2 (ca. 60%) der tatsächlich am Stoff-/Wärmeaustausch beteiligten Fläche zu. Diese Annahme wird ohne weitere Begründung getroffen. Zum Pumpentyp werden keine genaueren Angaben gemacht. Zur Bestimmung des Wärmeübergangskoeffizienten berechnen sie aus Korrelationen für Kondensation bei horizontalem Gegenstrom *Reynolds-*, *Prandtl-* und *Nusselt*-Zahl aus gemittelten Stoffwerten. Die Länge des Strömungsweges für Gas und Flüssigkeit wird aus der Geometrie geschätzt. Die Strömungsgeschwindigkeit der Flüssigkeit wird aus der Drehzahl ermittelt. Für die Geschwindigkeit des Gases wird die Hälfte dieses Wertes angenommen. Die Berechnungen ergeben dann einen Wärmeübergangskoeffizienten von 440 W/m^2K. Die beiden Autoren stellen fest, dass die Kondensationsraten, die mit diesem Wert berechnet werden, um den Faktor 10 größer sind als die gemessenen. Ihr Schluss lautet daher, dass ihr Modellansatz nicht geeignet ist, um die Kondensation in der Flüssigkeitsring-Vakuumpumpe zu beschreiben.

In seiner Veröffentlichung aus dem Jahre 1997 weist *Teifke* darauf hin, dass es notwendig ist physikalische Modelle für die Vorgänge in Flüssigkeitsring-Vakuumpumpen zu entwickeln, um deren Einsatzmöglichkeiten abschätzen zu können [102]. Zur Beschreibung der Zustandsänderung greift er die Berechnung von *Pfleiderer* für statischen Druck und Kontur des Flüssigkeitsrings auf. Insbesondere weist er darauf hin, dass Kondensation und Verdampfung von Betriebswasser berücksichtigt werden können, wenn der Dampfanteil in den Schaufelzellen über den Sättigungsdampfdruck bei der entsprechenden Betriebswassertemperatur berechnet wird. Diese Betrachtung gilt allerdings nur unter der Annahme, dass sich das Gleichgewicht verzögerungsfrei einstellt.

Auch *Beckmann* hatte diese Methode zuvor schon angewandt und den Druckverlauf nach der Methode von *Pfleiderer* berechnet und mit gemessenen Werten verglichen [5]. In Abbildung 2.15 sind gemessener und berechneter Druckverlauf für typische Bedingungen der Testpumpe dargestellt. In der Tatsache, dass die eigentliche Kompression des Gases erst kurz vor Austritt aus der Pumpe erfolgt sieht er die Annahme, Strömungsrohr und Volumenpumpe getrennt zu betrachtet, bestätigt.

Bei der Ausweitung des Modells auf andere Vorgänge ist jedoch Vorsicht geboten. In seinem Ausblick weist *Teifke* darauf hin, dass ein verzögerungsfreies, thermodynamisches Gleichgewicht nicht ohne weiteres vorausgesetzt werden darf. Bei komplexeren Fragestellungen wie z.B. Absorption kann immer nur von einem Gleichgewicht direkt an der Phasengrenzfläche ausgegangen werden. Die weitere Modellrechnung kann dann nur als Element-zu-Element-

Betrachtung durchgeführt werden. Um an verlässliche Werte für den Stoffübergangskoeffizienten in Flüssigkeitsring-Vakuumpumpen zu kommen empfiehlt er die experimentelle Ermittlung.

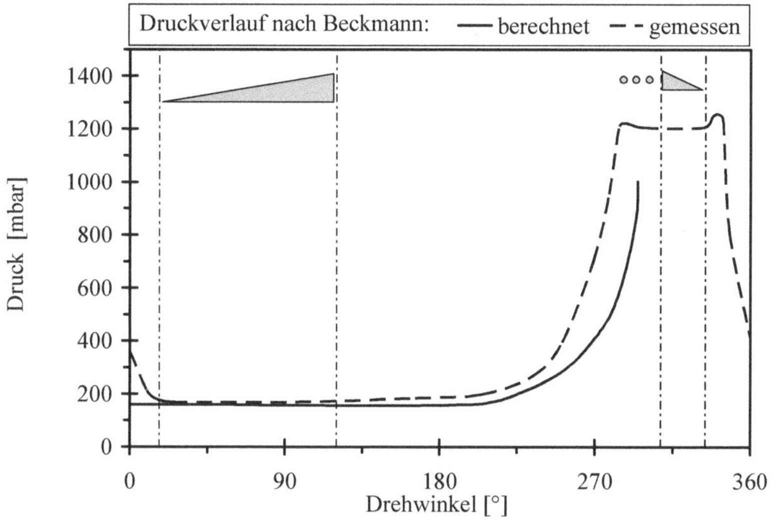

Abbildung 2.15: Für isotherme Bedingungen berechneter Druckverlauf und im Versuch gemessener Druckverlauf nach Beckmann bei Kompression von trockener Luft in einer Flüssigkeitsring-Vakuumpumpe [5].

Dass die tatsächliche Kontur des Flüssigkeitsrings keineswegs glatt ist und die Phasengrenzfläche somit nur unzureichend allein durch einen Radiusvektor beschrieben werden kann ist offensichtlich. Ein komplexeres Modell muss auch die durch Turbulenz aufgerissene Grenzfläche berücksichtigen. *Hebecker* und *Nitzsche* nehmen dazu eine interessante Abschätzung vor [36]: Sie beschreiben die Form der Grenzfläche durch ein Blasen-Schaumregimes, das sich an der Grenzfläche ausbildet und u.a. dafür verantwortlich ist, dass in der Pumpe Verluste durch Überströmen dieses Schaums zwischen den Schaufelzellen entstehen. Aus Messungen an einer einstufigen Testpumpe wissen sie, dass die Strömungsgeschwindigkeit im Flüssigkeitsring im Bereich von 10 m/s liegt. Aus Blasenauftriebskraft (unter Berücksichtigung der Zentrifugalkraft in der Pumpe) und Widerstandkraft berechnen Sie eine Auftriebsgeschwindigkeit. Daraus lässt sich die Blasengröße bestimmen, unterhalb der bei den gegebenen Bedingungen keine Separation von Gasphase und Flüssigphase eintritt. Im betrachteten Fall errechnen sie eine Auftriebsgeschwindigkeit von 6-10 m/s für Blasendurchmesser von 5 mm.

3 Ein neues Verfahren: Erzeugung von organischen Nanopartikeln mit Hilfe einer Flüssigkeitsring-Vakuumpumpe

Die Vorteile einer aerosolbasierten Herstellung von organischen Nanopartikeln sind viel versprechend: in einem kostengünstigen, einfach zu steuernden Prozess können Produkte von hoher Reinheit und mit wohl definierter, enger Partikelgrößenverteilung erzeugt werden [32, 55]. Ein Verfahren, das erfolgreich in industriellem Maßstab angewandt werden soll, setzt in erster Linie voraus, dass ausreichend hohe Partikelkonzentrationen und somit technisch relevante Ausbeuten erzielt werden können. Zwei entscheidende Schritte sind für einen solchen Prozess erforderlich:

1. Beladung eines Trägergases mit einer hinreichenden Menge an organischem Dampf.
2. Übersättigung des Gas-Dampf-Gemischs durch schnelle Zustandsänderung.

Die betreffenden organischen Stoffe weisen neben ihrer schlechten Wasserlöslichkeit meist einen niedrigen Dampfdruck auf und sind oft sehr temperaturempfindlich. Es ist daher vorteilhaft, eine Beladung des Trägergases im Vakuum und bei erhöhten, aber moderaten Temperaturen unterhalb des Siedepunktes durchzuführen. Obwohl der Niederdruckbereich technisch einfach zu beherrschen ist, wurde dieser Verfahrensweg bisher nicht verfolgt, da eine kontinuierliche Verfahrensweise eine Kompression auf Normaldruck unumgänglich macht. Diese ist im Normalfall jedoch mit einer Temperaturerhöhung verbunden, die sich gegenteilig auf die Übersättigung des Gas-Dampf-Gemischs auswirken würde. Eine Übersättigung ist nur dann möglich, wenn das Gas-Dampf-Gemisch komprimiert und gleichzeitig gekühlt wird. Der Wahl der Kompressionsmaschinen kommt in diesem Fall also besondere Bedeutung zu. Eine einstufige Flüssigkeitsring-Vakuumpumpe erfüllt die genannten Anforderungen. Aufgrund ihrer besonderen Funktionsweise wird während der Kompression der heiße Gas-Dampf-Strom durch Verdunsten des Ringwassers gequencht.
Abbildung 3.1 verdeutlicht, welche Ein- und Austrittzustände beim Übersättigen mit einer Flüssigkeitsring-Vakuumpumpe auftreten. Ein Gas-Dampf-Gemisch, das im Zustand 1 gesättigt vorliegt, wird von der Pumpe angesaugt und dann innerhalb einer Umdrehung des Schaufelrads von einem Druck zwischen 40 und 200 mbar auf 1013 mbar komprimiert und von einer Temperatur zwischen 80 und 250°C auf 20°C abgekühlt. Bei einer typischen Pumpendrehzahl von 1450 U/min erfolgt diese Zustandsänderung in weniger als 40 Millisekunden.
In den Schaufelradzellen der Pumpe kommt es durch homogene Keimbildung zu einem spontanen Phasenübergang in der Gasphase und somit zur Bildung eines nanopartikulären Aerosols.

Die bei diesem Prozess maximal erreichbare Übersättigung ergibt sich bei bekannten Stoffwerten aus dem Eintrittszustand auf der Saugseite der Pumpe (Zustand 1) und dem Austrittszustand auf der Druckseite (Zustand 2). Hierbei handelt es sich um einen theoretischen Wert, der nur unter der Annahme gilt, dass bis zum Abschluss der Zustandsänderung kein spontaner Phasenübergang auftritt. In der Realität ist das nie der Fall, da bei jeder noch so geringe Übersättigung das System bestrebt ist das Gleichgewicht durch Partikelbildung wiederherzustellen. Die kinetische Hemmung des Systems erlaubt es jedoch, durch einen schnellen Prozess möglichst nahe an die maximale Übersättigung zu kommen. Die Zustandsänderung muss dazu gleich schnell oder schneller ablaufen als die Keimbildung. Die Übersättigungsrate ist somit ausschlaggebend für das Potential eines Nanopartikelverfahrens, das auf homogener Keimbildung beruht. Ihr Wert erlaubt eine Einordnung und den Vergleich mit anderen Verfahren. Typische Wachstumszeiten von Partikeln bis zu einer Größe von 1 µm betragen wenige Millisekunden. Bei diesem neuen Verfahren liegt die theoretische Übersättigung für typische Stoffwerte in einem Bereich von $10^4 - 10^6$, die theoretische Übersättigungsrate folglich bei $10^6 - 10^8\ s^{-1}$. Bei der schnellen Expansion überkritischer Fluide (RESS) können beispielsweise Übersättigungsraten von 10^6 - $10^{15}\ s^{-1}$ erreicht werden [39].

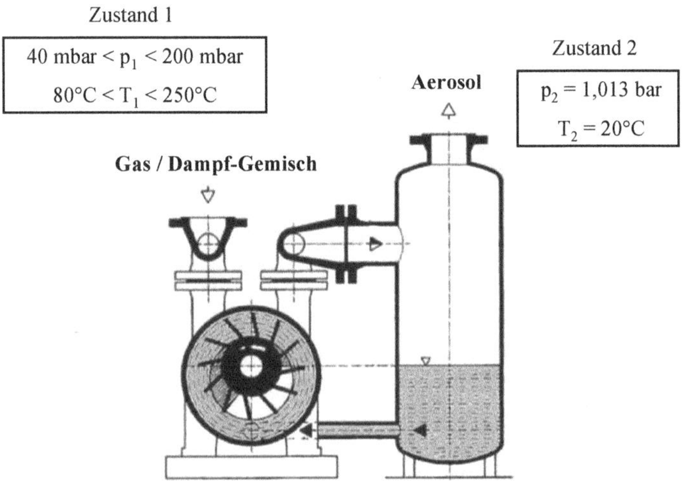

Abbildung 3.1: Schnelle Zustandsänderung beim Durchlaufen einer Flüssigkeitsring-Vakuumpumpe (nach [89]).

Die theoretische Übersättigung bei Erreichen des Zustands 2 ist bei idealem Gasverhalten wie folgt definiert (siehe auch Gleichung (2.2)):

$$S_{theor} = \frac{p_{i,2}}{p_{i,v}(T_2)} \tag{3.1}$$

Hierin ist $p_{i,2}$ der Partialdruck der Dampfkomponente i im Zustand 2 und $p_{i,v}$ der Dampfdruck dieser Komponente bei der Temperatur T_2. Unter der Annahme, dass der Molenbruch y der organischen Komponente beim Durchlaufen der Pumpe unverändert bleibt (d.h. kein Phasenübergang stattfindet), ergibt sich nach dem *Raoultsches* Gesetz für die theoretische Übersättigung

$$S_{theor} = \frac{y \cdot p_2}{p_{i,v}(T_2)} = \frac{p_{i,v}(T_1)}{p_{i,v}(T_2)} \cdot \frac{p_2}{p_1} \tag{3.2}$$

Eine hohe theoretische Übersättigung bzw. eine hohe Übersättigungsrate, die die Entstehung besonders kleiner Partikeln begünstigt, wird also durch ein möglichst großes Kompressionsverhältnis p_2/p_1 bzw. einen niedrigen Ansaugdruck p_1 und eine hohe Temperatur T_1 auf der Saugseite erzielt. Besonders geeignet zur Erzeugung von Nanopartikeln sind zudem organische Stoffe mit einem besonders „steilen“ Verlauf der Dampfdruckkurve, d.h. die einen ausreichend hohen Dampfdruck bei der Temperatur T_1 und sehr geringen Dampfdruck bei der Temperatur T_2 aufweisen. Dies ist z.B. für Feststoffe bei Überschreiten des Erstarrungspunktes der Fall ($T_{Schmelz} > T_2$). Der Ansaugdruck ist nach unten durch den Verlauf der Pumpenkennlinie begrenzt: Je kleiner der Ansaugdruck, desto geringer das geförderte Gasvolumen. Daher ergibt sich der optimale Betriebsbereich als Kompromiss aus Beladung und Durchsatz.

Im Rahmen einer Kooperation zwischen dem Institut für Technische Thermodynamik und Kältetechnik (ITTK) der Universität Karlsruhe und der Firma Cognis GmbH wurde im Jahr 2004 eine Vorstudie zur Untersuchung der Partikelerzeugung in Flüssigkeitsring-Vakuumpumpen durchgeführt. Das Verfahren wurde daraufhin im Oktober 2004 zum Patent angemeldet [85]. Die Ergebnisse der Vorstudie bezogen sich in erster Linie auf die Charakterisierung der Aerosolpartikeln, die den nebenstehenden Abscheider mit dem Gasstrom verlassen. Im Rahmen dieser Arbeit wurde außerdem festgestellt, dass ein Großteil der erzeugten Partikeln im Betriebswasser der Pumpe abgeschieden wird. Das neue Verfahren erscheint somit noch Erfolg versprechender: Die Benetzung der erzeugten Nanopartikeln mit einer flüssigen Phase erlaubt die einfache Weiterverarbeitung zu einer Nanosuspension ohne Nachschaltung einer aufwändigen Abscheideeinheit.

4 Experimentelle Arbeiten

4.1 Versuchsanlagen

4.1.1 Pilotanlage

Im Rahmen dieser Arbeit wurde eine Pilotanlage zur Erzeugung organischer Nanopartikeln am Institut für Technische Thermodynamik und Kältetechnik der Universität Karlsruhe (TH) entworfen und aufgebaut. Ihr Aufbau ist in Abbildung 4.1 schematisch dargestellt.

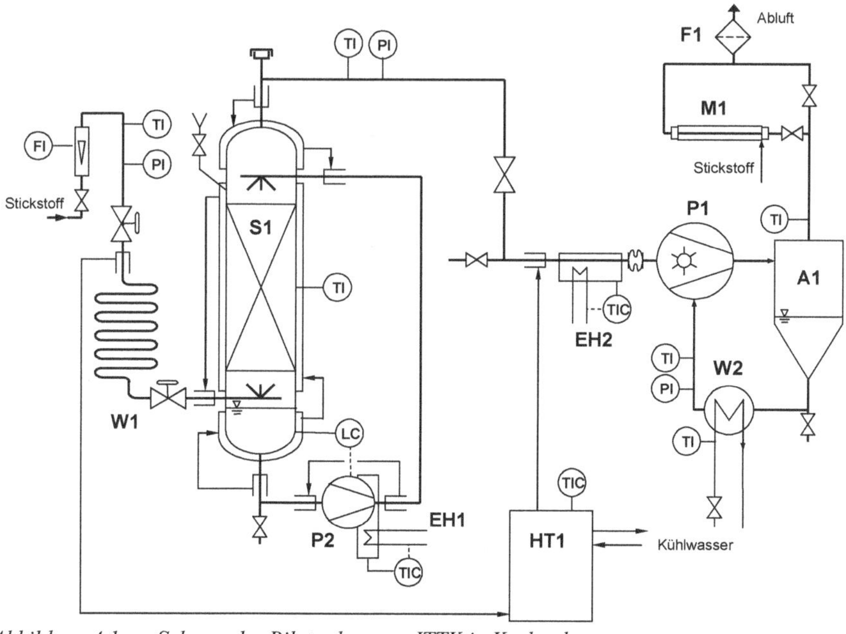

Abbildung 4.1: Schema der Pilotanlage am ITTK in Karlsruhe.

Die Anlage ist modular auf fahrbaren Gestellen montiert. Die beiden Kernstücke der Anlage bilden die Sättigereinheit und das Pumpenmodul. Zur Peripherie gehören ein Gasflaschenbündel, die Behandlung der Aerosolabluft, eine Hochtemperatur-Wärmeübertragungsanlage sowie ein Schaltschrank.

Die Gasversorgung erfolgt über ein **Gasflaschenbündel** (200 bar, 144 m³, techn. Stickstoff) aus dem ein Gasstrom bei einem Druck von ca. 1,5 bar entnommen wird und durch ein Rotameter in den **Gasvorwärmer (W1)** geleitet wird. Der Gasvorwärmer besteht aus einer Rohr-in-Rohr gebogenen Spirale von ca. 4 m Rohrlänge. Im inneren Rohr strömt das zu erwärmen-

de Gas und im konzentrischen Ringspalt im Gegenstrom heißes Wärmeträgeröl. Der gesamte **Sättiger (S1)** sowie alle zu- und abführenden Leitungen sind wie der Gasvorwärmer doppelwandig aus Edelstahl gefertigt. Die Doppelmantelräume sind in Reihe geschaltet und werden entgegen der Richtung der Gasströmung von heißem Wärmeträgeröl durchströmt. Alle doppelwandigen Anlagenteile wurden von der Werkstatt Process Development, Firma Cognis gefertigt.
Die zur Beheizung eingesetzte **Wärmeübertragungsanlage (HT1)** ist ein Gerät der Firma Single Temperiertechnik GmbH vom Typ STO mit einer maximalen Heizleitung von 9 kW. Insgesamt 20 Liter Wärmeträgeröl (Marlotherm SH) befinden sich im Kreislauf. Die maximale Temperatur, auf die der Sättiger temperiert werden kann liegt bei ca. 250°C. Alle heißen Flächen sind mit Glasfasermatten, Isoglasband und aluminiumkaschiertem Glasgarngewebe isoliert. Die heißen Rohrleitungen sind mit Silikonschaumschläuchen umhüllt.
Das vorgewärmte Gas tritt über eine Drossel am unteren Ende in den beheizten Sättiger ein. Durch Regulierung des Volumenstroms an der Drossel kann das gewünschte Vakuum, das die Flüssigkeitsring-Vakuumpumpe im Sättiger erzeugt, eingestellt werden. Das Gas durchströmt von unten nach oben eine Stoffaustauschpackung und belädt sich dabei mit dem Versuchsstoff. Die Packung wurde von der Firma Julius Montz GmbH zur Verfügung gestellt und besteht aus drei Elementen des Typs Montz-Pak B1-750 zu je 200 mm Höhe und 126 mm Durchmesser.
Der flüssige bzw. geschmolzene Versuchsstoff wird durch eine kleine **Kreiselpumpe (P2)** aus dem Sumpf des Sättigers gepumpt und über einen Überlaufring auf der Packung verteilt. Der Sättigerinnenraum ist durch ein Überdruckventil abgesichert. Die Druckanzeige erfolgt über ein Grobvakuum-Manometer (DIAVAC) der Firma Leybold. Alle Temperaturen werden mit Widerstandsthermometer (PT100) gemessen.
Als Trockenlaufschutz für die Kreiselpumpe ist im Sumpf des Sättigers ein Vibrationsfüllstandsgrenzschalter vom Typ Vegaswing der Firma VEGA Grieshaber KG angebracht. Die Kreiselpumpe ist eine normalansaugende Flüssigkeitspumpe aus Edelstahl mit doppeltwirkender Gleitringdichtung der Reihe UP-100 DO (Firma Schmitt Kreiselpumpen GmbH & Co.KG). Gekühlt wird die Pumpe mittels Kühlwasser, das aus einem Vorlagebehälter durch ein Schaufelrad in der Spülkammer der Pumpe gefördert wird.
Der Kopf der Kreiselpumpe kann zusätzlich elektrisch beheizt **(EH1)** werden, um Reste von wachsartigen Versuchsstoffen vor dem Anfahren aufzuschmelzen. Dies geschieht über eine Messingplatte, die an der Stirnseite der Pumpe angebracht ist und in die eine Heizschnur eingebettet ist. Die elektrische Beheizung wird über einen PID-Regler (Firma Eurotherm) mit angeschlossenem Widerstandsthermometer geregelt und über einen mechanischen Max-Temperaturschalter gesichert. Eine weitere elektrische Begleitheizung befindet sind in Form eines gewickelten Heizbands (Firma Horst GmbH) am Edelstahl-Kompensator **(EH2)**, der die Schnittstelle zwischen erstem und zweitem Anlagenmodul darstellt.
Die **Flüssigkeitsring-Vakuumpumpe (P1)** ist eine kompakte, einstufige Pumpe des Typs LEM 90 der Firma Sterling-SIHI mit einer Leistung von 2,2 kW. Sie fördert bei einer Drehzahl von 1450 min^{-1} einen Volumenstrom von 32 - 68 m^3/h in einem Druckbereich von 33 - 900 mbar. Die maximale Gastemperatur beträgt 200°C und der Betriebswasserbedarf liegt bei ca. 1 m^3/h. Laufrad und Steuerscheibe sind aus Edelstahl gefertigt. Im Deckel dieser Pumpe

befindet sich eine Steuerscheibe mit herkömmlicher Kugelventiltechnik (siehe Abbildung 4.2, links). Ein- und Austritt des Gases in die bzw. aus der Steuerscheibe findet über vorgelagerte Kammern statt, die in den Saug- bzw. Druckstutzen übergehen. Für einige Versuche wurde der Deckel der Sterling-SIHI-Pumpe gegen einen neu entwickelten, ventillosen Deckel einer baugleichen Pumpe der Firma Speck (Model VG95) getauscht (siehe Abbildung 4.2, rechts). Bei etwas geringerem Leistungs- und gleichem Betriebswasserbedarf verringert sich das Saugvermögen mit dem ventillosen Deckel auf 25 – 63 m³/h bei 60 – 900 mbar Ansaugdruck. Saug- und Druckstutzen sind bei diesem Deckel direkt in die Steuerscheibe integriert.

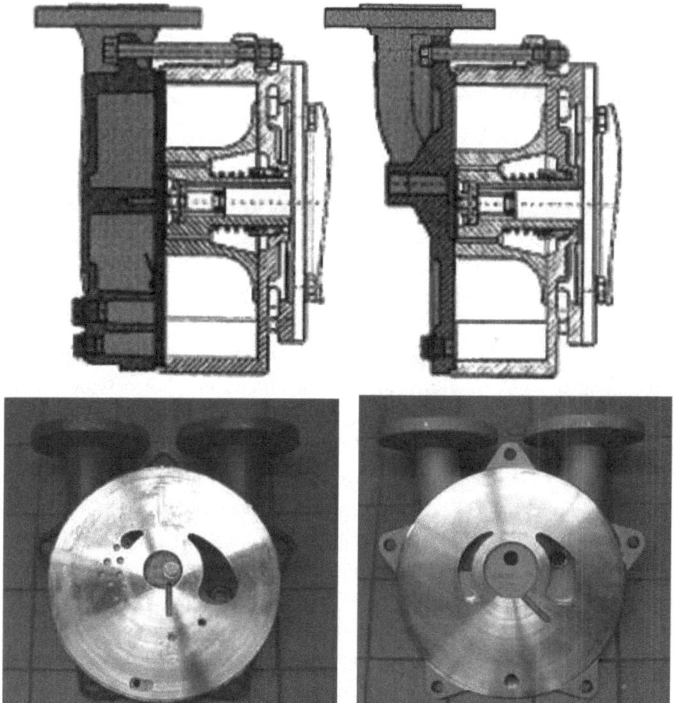

Abbildung 4.2: Unterschiedliche Ausführungen des Pumpendeckels: Sterling-SIHI-Pumpe mit Kugelventilen (links) und Speck-Pumpe ohne Ventiltechnik (rechts). (Zeichnungen oben nach Hähre [34]).

Der nebenstehende **Abscheider (A1)** ist ein Serienmodell (XBp 0413) der Firma Sterling-SIHI mit einem Nenninhalt von 40 Litern. Das mit dem Gas aus der Pumpe austretende Betriebswasser wird dort gesammelt und über einen Wärmetauscher in die Pumpe zurückgeführt. Die Betriebswassermenge im Umlauf beträgt ca. 10 Liter. Der Abscheider ist mit einer kommunizierenden Röhre als Füllstandsanzeige und einem Ablassventil ausgestattet, das auch zur Probenahme dient. Um einen Eindruck von den Vorgängen im Abscheider zu bekommen, ist dieser nachträglich in halber Höhe mit einem Körperflansch versehen worden. Dazwischen befindet sich ein Glasschuss von 20 cm Höhe, der einen Blick ins Innere des Abscheiders ermöglicht. Das Betriebswasser wird vor dem Wiedereintritt in die Flüssigkeitsring-Vakuumpumpe in einem **Plattenwärmetauscher (W2)** mittels Kühlwasser auf 20°C gekühlt.

Das Gas bzw. Aerosol, das aus dem Abscheider austritt, kann im nachfolgenden Rohrleitungssystem über verschiedene Wege geleitet werden. Zum einen kann das Aerosol direkt in den **Abluftfilter (F1)** (Firma MANN) geleitet werden, es ist aber auch eine Bypass-Schaltung durch die **3WEM-Messstrecke (M1)** möglich. Der Aufbau der Messtrecke ist in Kapitel 4.4.1 beschrieben.

4.1.2 Technikumsanlage

Im Technikum der Abteilung Process Development der Firma Cognis in Düsseldorf wurde eine Anlage nach gleichem Prinzip wie die Pilotanlage in Karlsruhe aufgebaut und zur Erzeugung von Lipidnebel eingesetzt. Dazu wurde eine Flüssigkeitsring-Vakuumpumpe mit Abscheider und Wärmetauscher auf ein fahrbares Gestell montiert und dieses Modul in eine bestehende Anlage integriert, in der Aufwärmung und Sättigung des Gasstroms stattfinden.

Der Aufbau der Anlage ist in Abbildung 4.3 dargestellt. Aus einem beheizten **Vorlagebehälter (B1)** wird der flüssige Versuchstoff über einen Filter zum oberen Ende der Kolonne gepumpt. Die Anlage muss diskontinuierlich betrieben werden, da die **Kolbenpumpe (P2)** den erforderlichen Volumenstrom von 5 kg/h nicht aus dem Vakuum fördern kann. Der Versuchsstoff läuft daher nicht im Kreis sondern wird in einem **Behälter (B2)** aufgefangen. Da die beiden Behälter Volumina von 33 bzw. 30 Liter haben kann die Anlage so über einen ausreichend langen Zeitraum stationär betrieben werden. Die Temperierung des Versuchstoffes erfolgt in einem **Wärmetauscher (W1)**. Die doppelwandige Rohrschlange hat eine Länge von 11 m und wird im konzentrischen Ringspalt von heißem Wärmeträgeröl aus den HT-Anlagen durchströmt. Insgesamt sind zwei **Hochtemperatur-Anlagen** mit einer Heizleistung von je 24 kW und eine kleine Anlage mit einer Leistung von 12 kW an der Beheizung beteiligt. Der Versuchstoff kann zwischen dem ersten und zweiten Kolonnenschuss und/oder am Kopf der Kolonne auf die Packung aufgegeben werden. Die Sättigung findet in einer **Kolonne (K1)** mit einem Nenndurchmesser von 80 mm und 2 Schüssen mit je 1,5 m Höhe statt. Jeder Schuss enthält je 8 Stück einer groben Stoffaustauschpackung vom Typ Sulzer BX 64. Von unten strömt Stickstoff durch die Packung und belädt sich mit dem Versuchsstoff. Der Stickstoff kommt heiß aus einer separaten Vorwärmung, wo er in einem Wärmetauscher mit Dampf erhitzt wird. Das heiße Lipid-Gas-Gemisch, das die Kolonne verlässt, wird von der **Flüssigkeitsring-Vakuumpumpe (P1)** angesaugt. Bei dieser Pumpe handelt es sich im Vergleich zur Pumpe in der Pilotanlage um einen größeren Typ der gleichen Baureihe. Die einstufige Sterling-SIHI Pumpe LEM 150 fördert im Druckbereich von 33 - 900 mbar einen Betriebsvolumenstrom von 50 - 128 m³/h. Auch diese Pumpe hat einen Betriebswasserbedarf von ca.

$1 m^3/h$. Leistung und Drehzahl liegen bei 4,0 kW bzw. 1450 min^{-1}. Die Steuerscheibe besitzt Ventilöffnungen, die mit PTFE-Kugeln gedichtet sind. Zur Kolonne hin ist die Saugleitung durch ein Kugelrückschlagventil abgesichert. Das Rückschlagventil und der Saugstutzen sind mit einem **Heizband (EH1)** umwickelt um Oberflächenkondensation an diesen Stellen zu vermeiden. Am Schnüffelhahn kann ein mobiles Gerät zur Druckmessung angebracht werden. Der **nebenstehende Abscheider (A1)** ist ein Glasbehälter mit Nennweite von 350 mm, einer Höhe von ca. 90 cm und Anschlußstutzen oben, unten und an der Seite mit Nennweiten von 40 mm. Mit Widerstandsthermometern vom Typ PT100 werden Gastemperatur im Abscheider und Betriebswassertemperatur vor und nach der Kühlung erfasst. Der **Wärmetauscher (W2)** zur Rückkühlung des Wassers ist eine Rohrschlange (11m Rohrlänge) mit Kühlwasseranschluss auf der Mantelseite.

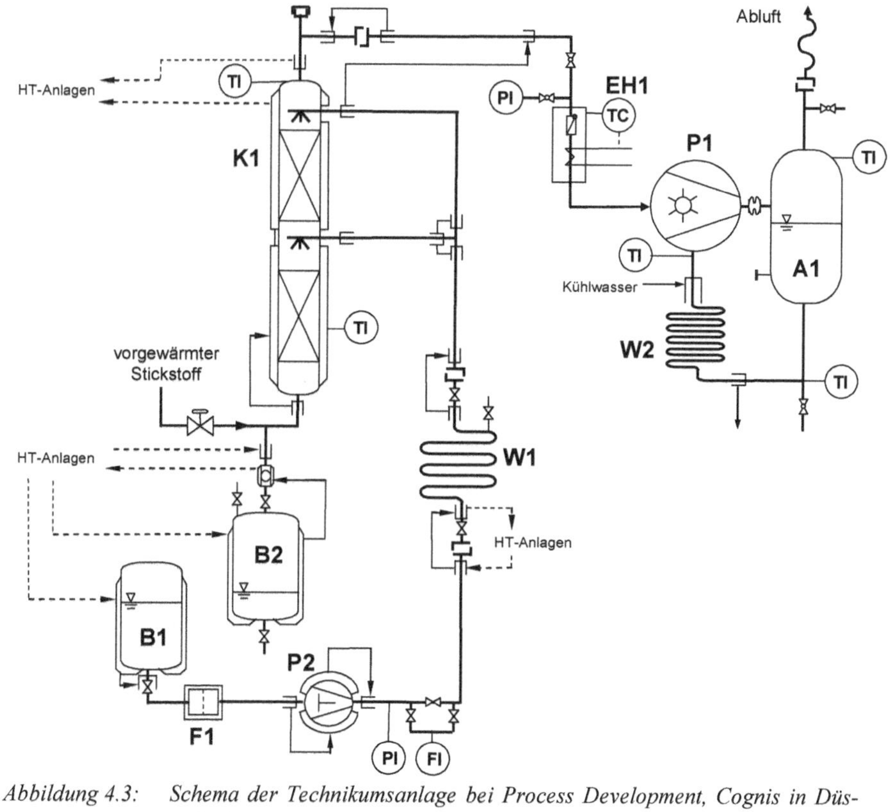

Abbildung 4.3: Schema der Technikumsanlage bei Process Development, Cognis in Düsseldorf.

4.2 Versuchsdurchführung

Vorbereitung und Ablauf der Versuche waren bei Pilotanlage und Technikumsanlage prinzipiell ähnlich. Vor Beginn eines Versuchs wird der Standabscheider der Flüssigkeitsring-Vakuumpumpe mit Betriebswasser (VE-Wasser) befüllt. Die Füllhöhe entspricht der Wellenmitte der Pumpe und beträgt ca. 10 Liter bei der Pilotanlage und 18 Liter bei der Technikumsanlage. Die Ventilstellungen an Behältern und Rohrleitungen werden zunächst so gewählt, dass ein freier Gasdurchfluss vom Eintritt bis zum Austritt aus der Anlage möglich ist. Die gesamte Anlage wird dann mit einem geringen Stickstoffstrom gespült und inertisiert. Die elektrischen Beheizungen werden auf die gewünschten Temperaturen eingestellt und eingeschaltet. Ebenso werden die Wärmeübertragungsanlagen in Betrieb genommen und die gewünschte Temperatur des Wärmeträgeröls vorgegeben. Wachsartige Versuchsstoffe müssen vor Versuchsbeginn im Wärmeschrank aufgeschmolzen werden. Der flüssige Versuchsstoff kann dann in die Anlage eingefüllt werden. Zum stabilen Betrieb der Pilotanlage ist eine Füllmenge von ca. 4 Litern notwendig. In den beheizten Vorlagebehälter der Technikumsanlage werden ca. 20 Liter Versuchsstoff eingefüllt. Ist die gewünschte Temperatur im Inneren des Sättigers erreicht, können die Kreiselpumpe bzw. die Kolbenpumpe in Betrieb genommen werden, die für eine Benetzung der Packung mit Versuchsstoff sorgen.

Zu Versuchsbeginn wird der Stickstoffstrom zunächst so über das Drosselventil eingestellt, dass sich entsprechend der Pumpenkennlinie der gewünschte Sättigungsdruck bei Betrieb der Pumpe ergibt. Im Gasvorwärmer herrscht Überdruck um einen guten Wärmeübergang zu gewährleisten. Das Kühlwasser für den Wärmetauscher wird bereitgestellt. Sind alle Vorbereitungen getroffen, kann die Flüssigkeitsring-Vakuumpumpe eingeschaltet werden. Nach Anfahren der Pumpe stellt sich innerhalb weniger Sekunden das Vakuum im Sättiger ein. Dieses kann durch Regulierung des Stickstoffstroms entsprechend nachgeregelt werden. Im Abscheider mit Glaseinsatz kann sofort nach Einschalten der Pumpe ein dichtes, bläuliches Aerosol mit bloßem Auge beobachtet werden. Aerosolmesssungen während des Anfahrvorgangs haben gezeigt, dass nach ca. 10 Minuten ein stationärer Betrieb mit konstanter Aerosolbildung erreicht ist (Bsp. Versuch 43, Anhang A2). Der Kühlwasserstrom wird so eingestellt, dass das Betriebswasser wieder mit einer Temperatur von 20°C in die Pumpe zurückgeführt wird. Während des Versuchs werden alle wichtigen Parameter überwacht, regelmäßig protokolliert und gegebenenfalls nachgeregelt. Während der Versuche kann eine Abscheidung und Anreicherung der Versuchsstoffpartikeln bzw. -tröpfchen im Betriebswasser beobachtet werden. Bei flüssigen Versuchsstoffen wird das Betriebswasser nach und nach zu einer milchig weißen Emulsion, bei festen Versuchsstoffen schwimmen die Partikeln in Form von dichtem weißen Schaum auf dem Betriebswasser im Abscheider auf.

Am Ende eines Versuchs wird zunächst die Flüssigkeitsring-Vakuumpumpe abgefahren. Da die Technikumsanlage ein Rückschlagventil besitzt, kann hier die Pumpe einfach ausgeschaltet werden. Bei der Pilotanlage wird dazu auf der Saugseite die Zuleitung vom Sättiger abgesperrt und stattdessen die Pumpe über einen Schnüffelhahn mit Umgebungsluft belüftet. In dieser Betriebsweise kann die Pumpe ausgeschaltet werden, ohne dass Betriebswasser durch das Vakuum in den Sättiger gezogen wird. Anschließend werden alle Rohrleitungen wieder so geöffnet, dass die Anlage mit Stickstoff gespült werden kann. Wärmeübertragungsanlagen,

Kühlwasser, Kreisel- bzw. Kolbenpumpe und Begleitheizung werden ausgeschaltet. Der Versuchsstoff wird noch während des Abkühlens in flüssigem Zustand aus der Sättigerkolonne abgelassen. Die Flüssigkeitsring-Vakuumpumpe und der Abscheider werden entleert, gründlich gereinigt und mit VE-Wasser gespült. Die Betriebswasseremulsion bzw. -suspension und ggf. der Schaum werden aufgefangen bzw. abgeschöpft. Bei Wechsel des Versuchsstoffes werden einige Chargen des neuen Versuchsstoffes mehrmals in der Kolonne umgepumpt und dann verworfen, um Reste des vorherigen Stoffes aus der Packung zu entfernen. Vor allem beim Wechsel auf einen Stoff mit geringerem Dampfdruck ist eine gründliche Reinigung wichtig, da sonst die Versuchsergebnisse verfälscht werden. Eine Übersicht über alle Versuche in tabellarischer Form befindet sich im Anhang A1.

Pilotanlage

Mit den Versuchen in der Pilotanlage wurde in erster Linie der Einfluss der Versuchsparameter auf Sättigung, Übersättigung, Aerosolbildung und Abscheidung in der Pumpe untersucht. Die entscheidenden Versuchsparameter sind Druck und Temperatur im Sättiger bzw. auf der Saugseite der Flüssigkeitsring-Vakuumpumpe. Diese beiden Größen sind an der Pilotanlage leicht zu regeln und ihre Vorgabe erlaubt reproduzierbare und vergleichbare Versuchsergebnisse. Außerdem können sie unabhängig voneinander eingestellt werden, so dass bei konstanter Einstellung eines Parameters der Einfluss des anderen untersucht werden kann. Eine weitere wichtige Größe ist der durchgesetzte Volumenstrom. Mit dem Ansaugdruck der Pumpe ist immer auch ein gewisser Gasvolumenstrom verbunden, der mit der Eintrittstemperatur leicht variiert.

Es wurden für verschiedene organische Modellstoffe Versuche durchgeführt, bei denen ausschließlich in der Aerosolphase gemessen wurde. Hierzu wurde pro Versuch jeweils eine konstante Sättigungstemperatur gefahren. Während des Versuchs wurden dann unterschiedlichen Sättigungsdrücke eingestellt und im stationären Zustand Messungen mit dem 3WEM-Gerät durchgeführt (Versuch 12-22).

Bei Versuchen, bei denen auch das Betriebswasser untersucht wurde, wurde über die gesamte Versuchsdauer nur ein Druck und eine Temperatur gefahren, da nur so die Partikeln, die sich in der Flüssigkeit anreichern, einem definierten Betriebszustand zugeordnet werden können. In regelmäßigen Abständen wurden Proben der Betriebswasser-Suspension genommen, um diese hinsichtlich Partikelgröße und Konzentration an organischem Stoff vermessen. Ergänzend wurden auch hier Aerosolmessungen durchgeführt. Bei diesen Versuchen wurde auch eine Massenbilanzierung durchgeführt. Dazu wurde nach Versuchsende die gesamte Menge an Betriebswasser gewogen und dessen Konzentration an organischen Partikeln bestimmt. Der Schaum, der bei der Erzeugung von Feststoffpartikeln entsteht, wurde ebenfalls für die Massenbilanzierung verwogen und die Konzentration bestimmt. Die Auswertung dieser Versuche ist in Kapitel 4.5 beschrieben (Versuch 41-48).

In einem Testversuch wurde ein Teil des Inertgases durch Wasserdampf ersetzt. Dazu wurde der Stickstoff bereits vor der Vorwärmung angedrosselt und Wasser über ein Ventil in die heiße Rohrschlange gegeben, wo es beim dort herrschenden Ansaugdruck sofort verdampfte (Versuch 39).

Es wurden außerdem Versuche mit Pumpendeckeln unterschiedlicher Ventiltechnik durchgeführt (Versuch 52) und in einem Versuch eine Wasserstrahlpumpe anstelle einer Flüssigkeitsring-Vakuumpumpe eingesetzt (Versuch 53).
Auch Versuche mit einer Zugabe von Tensiden ins Betriebswasser wurden durchgeführt, um zu prüfen, ob die Partikeln im Betriebswasser auf diese Weise vor Agglomeration geschützt werden können (Versuch 50-51).

Technikumsanlage
Aufgrund der Komplexität der Technikumsanlage konnten hier die Versuchsparameter weniger genau geregelt werden. Da sich in der Sättigereinheit ein Temperatur- und Druckprofil ausbildete, war eine Bestimmung der genauen Versuchsparameter schwierig. Die Zielsetzung der Versuche an der Technikumsanlage lag daher hauptsächlich auf der phänomenologischen Klärung des Partikelbildungsprozesses anhand von Visualisierung von Partikelgröße und -struktur, sowie auf Untersuchungen zur Weiterverarbeitung der erzeugten Partikeln .
Dazu wurden mit verschiedenen Versuchsstoffen Versuche bei besonders hoher bzw. niedriger theoretischer Übersättigung durchgeführt, um den Einfluss auf die erzeugten Partikelstrukturen zu überprüfen (Versuch 58-63). In weiteren Versuchen wurde bei konstanten Versuchsbedingungen Partikeln erzeugte und deren Verhalten in der Flüssigphase anhand von REM- und Mikroskopaufnahmen untersucht (Versuch 64-66). Außerdem wurde die Impaktormessung als ein weiteres Aerosolmessverfahren ausgetestet (Versuch 67).

4.3 Versuchsstoffe

Die zur Partikelbildung eingesetzten Versuchstoffe zeichnen sich genau durch die Eigenschaften aus, die bei anderen Partikelerzeugungsverfahren ein Problem darstellen: Es handelt sich um organische, wachs- oder ölartige Stoffe, die sehr schlecht wasserlöslich und temperaturempfindlich sind. Im akzeptablen Temperaturbereich weisen sie einen besonders niedrigen Dampfdruck auf. Sie gehören zu Stoffgruppen aus dem Anwendungsbereich der Kosmetikindustrie und werden von der Firma Cognis hergestellt [79].

Lanette®16 und Lanette®18 (Hexadecanol und Octadecanol)
Bei diesen Stoffen handelt es sich um einfache Fettalkohole mit einer Kettenlänge von 16 bzw. 18 C-Atomen. Als Konsistenzgeber zur Regulierung der Viskosität werden diese hydrophilen Wachse in kosmetischen O/W-Emulsionen eingesetzt. Dazu werden sie üblicherweise durch Schmelzemulgieren heiß eingearbeitet. Im Rohzustand liegt der Versuchstoff in Form von weißen Pellets oder Flakes vor und hat eine Reinheit von mindestens 95%.

Eutanol®G (Octyldodecanol)
Der verzweigte Guerbetalkohol ist ein klares, leicht gelbliches Öl, das in erster Linie in kosmetischen Hautpflegeemulsionen als Emollient Verwendung findet. Der Begriff Emollient bezeichnet einen Stoff, der auf der Haut ein besonders weiches und glattes Gefühl hervorruft ohne fettig zu wirken.

Myritol®318 (Tricaprilin / Tricaprin)
Bei Myritol®318 handelt es sich nicht um einen Reinstoff, sondern um eine Mischung von Triglyceriden auf C8/C10-Fettsäurebasis. Er ist daher nicht optimal für das Verfahren geeignet, da in der Kolonne eine thermische Trennung der Komponenten stattfindet. Auch hier handelt es sich um ein Öl, das als Emollient in Hautpflegeprodukten eingesetzt wird.

Edenor®C16 (Hexadecansäure)
Im Gegensatz zu den anderen Stoffen handelt es sich hier nicht um einen kosmetischen Inhaltsstoff. Die Hexadecansäure wurde aufgrund ihrer physikalischen, aber eben nicht chemischen Ähnlichkeit zum Hexadecanol als Versuchstoff ausgewählt. Es handelt sich um eine weiße, wachsartige Substanz.

Cutina®CP (Cetylpalmitat)
Dieser Stoff ist ebenfalls ein weißer, wachsartiger Feststoff der in kosmetischen Anwendungen, ähnlich wie die oben beschriebenen Fettalkohole, eingesetzt wird, jedoch einer anderen Stoffgruppe angehört.

In einigen Versuchen, sowie bei der Weiterverarbeitung der gewonnenen Partikeln wurden außerdem die folgenden Tenside eingesetzt, die ebenfalls von der Firma Cognis bereitgestellt wurden [79]:

Disponil®FES 993
Dieses Tensid gehört zur Gruppe der anionischen Fettalkoholethersulfate (FAES). Seine chemische Konstitution kann durch die Formel $R\text{-}O\text{-}[CH_2\text{-}CH_2\text{-}O]_n\text{-}SO_3\text{-}Na$ beschrieben werden. Es wird üblicherweise bei der Herstellung feinteiliger Polymerdispersionen eingesetzt. Für die ersten Testversuche wurde es im Betriebswasser eingesetzt, da es im Vergleich zu den anderen Tensiden weniger zur Schaumbildung neigt.

Eumulgin®HRE 455
Das nicht-ionische Tensid Eumulgin®HRE 455 ist eine Kombination von ethoxylierten Triglyceriden und Propylenglykol. Es kommt in klassischen kosmetischen O/W-Formulierungen zum Einsatz.

Texapon®N70
Texapon®N70 gehört ebenfalls zu den anionischen Fettalkoholethersulfaten (R=C12-C14, n=2). Es zeichnet sich dadurch aus, dass es eine hervorragende Reinigungskraft und Schaumcharaktersitik besitz und leicht durch Salzzugabe angedickt werden kann. Daher wird es bevorzugt als Basistensid in kosmetischen Reinigungsformulierungen, wie Shampoos oder Duschgels eingesetzt.

Dehyquart®A-CA
Bei Dehyquart®A-CA handelt es sich um ein kationisches Tensid auf der Grundlage einer quarternären Ammoniumverbindung. Die sog. Esterquats verleihen einem Material, an das sie sich beim Absättigen negativer Ladung anlagern, besondere Eigenschaften. In Weichspülern eingesetzt verleihen sie der Wäsche einen angenehmen Weichgriff, in Haarspülungen verbessern sie die Nass- und Trockenkämmbarkeit und verhindern elektrostatische Aufladung des Haars.

Eine Übersicht über die wichtigsten Eigenschaften der Stoffe bietet nachfolgende Tabelle.

Tabelle 4.1: Eigenschaften der Versuchsstoffe zur Partikelerzeugung [98].

Handelsname	**Lanette®16**	**Lanette®18**	**Eutanol®G**	**Myritol®318**	**Edenor®C16**	**Cutina®CP**
Stoffgruppe	Fettalkohol	Fettalkohol	Guerbet-alkohol	Triglycerid	Fettsäure	Fettalkohol/ Fettsäureester
Summenformel	$C_{16}H_{34}O$	$C_{18}H_{38}O$	$C_{20}H_{42}O$	-	$C_{16}H_{32}O_2$	$C_{32}H_{64}O_2$
CAS Nr.	36653-82-4	112-92-5	5333-42-6	73398-61-5	57-10-3	540-10-3
M [kg/kmol]	242	270	298	471 - 555	256	480
T_{Schmp} [°C]	49	58	< -20	< -5	61	52
p_v [mbar] (bei 100°C)	$7{,}9 \cdot 10^{-2}$	$2{,}1 \cdot 10^{-2}$	$6{,}0 \cdot 10^{-3}$	ca. $3{,}5 \cdot 10^{-5}$	$3{,}0 \cdot 10^{-3}$	$\ll 10^{-5}$
$c_{lös}$ [g/l] (in H_20 bei 25°C)	$2{,}1 \cdot 10^{-5}$	$1{,}1 \cdot 10^{-6}$	$3{,}0 \cdot 10^{-8}$	$< 4{,}0 \cdot 10^{-4}$	$4{,}0 \cdot 10^{-5}$	$2{,}5 \cdot 10^{-8}$

4.4 Methoden

4.4.1 Partikelgrößenbestimmung in der Gasphase

Drei-Wellenlängen-Extinktionsmessung (3WEM)
Zur Charakterisierung des in der Anlage erzeugten Aerosols wurde ein Drei-Wellenlängen-Extinktionsmessgerät (3WEM) der Firma Wizard Zahoransky eingesetzt, welches am Institut für thermische Strömungsmaschinen (IST) der Universität Karlsruhe entwickelt wurde [18]. Es handelt sich um ein In-situ- und On-line-Messsystem, das eine berührungs- und rückwirkungsfreie Messung der mittleren Partikelgröße und Konzentrationen von Aerosolen erlaubt, ohne dass eine Kalibrierung notwendig ist. Diese Technik hat sich besonders bei sehr hohen Anzahlkonzentrationen von bis zu 10^9 Partikeln pro cm^3 bewährt.

Das Messprinzip beruht auf der Extinktion von drei monochromatischen Lichtstrahlen unterschiedlicher Wellenlänge λ beim Durchgang durch ein Partikelkollektiv. Ein Lichtstrahl mit der Ausgangsintensität I_0 wird dabei durch Absorption und Streuung, zu der Brechung, Beugung und Reflexion beitragen, auf eine Intensität I abgeschwächt. Geht man davon aus, dass es sich um sphärische Partikeln mit einem Durchmesser d handelt und keine Mehrfachstreuung auftritt, wird diese Abschwächung durch das Lambert-Beer'sche Gesetz beschrieben:

$$\frac{I}{I_0} = \exp\left(-c_N \cdot L \cdot \int_0^\infty q(d) \cdot \frac{\pi \cdot d^2}{4} \cdot Q_{ext}(d, \lambda, m)\, dd \right) \qquad (4.1)$$

mit der Partikelanzahlkonzentration c_N, der Länge der Messtrecke L, dem Extinktionskoeffizienten Q_{ext} und dem komplexen Brechungsindex m = n + i·k. Der Extinktionskoeffizient Q_{ext} kann mithilfe der Mie-Theorie berechnet werden [64].

Die Funktion q(d) stellt die Größenverteilung eines polydispersen Partikelsystems dar. Verschiedene Arbeiten [87, 105] haben gezeigt, dass in guter Nährung diese Funktion für ein Partikelkollektiv, das aus einer einzigen Quelle stammt, eine logarithmische Normalverteilung ist:

$$q(d) = \frac{1}{\sigma \cdot d \cdot \sqrt{2 \cdot \pi}} \cdot \exp\left(-\frac{(\ln(d) - \ln(d_{50}))^2}{2 \cdot \sigma^2} \right) \qquad (4.2)$$

Beim Durchmesser d_{50} handelt es sich um einen mittleren Partikeldurchmesser (hier: Medianwert) und σ ist die Standardabweichung der Verteilung.

Durch Einsetzten von Gleichung (4.2) in (4.1) erhält man eine Bestimmungsgleichung für I/I_0 mit den unbekannten Größen Anzahlkonzentration c_N, mittlere Durchmesser d_{50} und Standardabweichung σ. Der komplexe Brechungsindex des Partikelmaterials muss nach Möglichkeit aus der Literatur beschafft werden. Für nicht absorbierende Partikeln ist der Imaginärteil des Brechungsindex gleich Null (k=0).

Während der Messung eines Aerosols wird nun für jede der drei Wellenlängen ein Intensitätsverhältnis bestimmt. Durch Division der logarithmierten Intensitätsverhältnissen jeweils zweier Wellenlängen erhält man zwei voneinander unabhängige Dispersionskoeffizienten DQ_I und DQ_{II}, in denen die unbekannte Anzahlkonzentration durch Kürzen herausfällt.

$$DQ_I = \frac{\ln\left(I/I_0 \right)_{\lambda 1}}{\ln\left(I/I_0 \right)_{\lambda 2}} = \frac{\int_0^\infty q(d) \cdot x^2 \cdot Q_{ext}(d, \lambda_1, m)\, dd}{\int_0^\infty q(d) \cdot x^2 \cdot Q_{ext}(d, \lambda_2, m)\, dd} \qquad (4.3)$$

Analog Gleichung (4.3) erfolgt die Berechnung von DQ_{II} aus den gemessenen Intensitätsverhältnissen. Für die Auswertung der Ergebnisse werden zunächst die Parametern d_{50} und σ in bestimmten Bereichen schrittweise variiert und dafür jeweils die Koeffizienten DQ_I und DQ_{II} vorausberechnet. Die während der Messung erhaltenen Dispersionskoeffizienten werden dann durch Interpolation einem Wertepaar d_{50} und σ zugeordnet. Dabei kann nicht gewährleistet werden, dass eine eindeutige Zuordnung möglich ist. Ausführliche Erläuterungen zur Auswertung der Messergebnisse finden sich in [117].
Bei der Messung erhält man außerdem die Volumenkonzentration der Aerosolpartikeln durch Auswertung des Lambert-Beer'schen Gesetzes für mindestens eine Wellenlänge. Aus dem mittleren Partikeldurchmesser d_{50} und der Volumenkonzentration c_V ergibt sich wiederum die Anzahlkonzentration c_N gemäß Gleichung (4.4)

$$c_N = \frac{c_V}{\frac{\pi}{6} \cdot d_{50}^3} \tag{4.4}$$

Alle in dieser Arbeit durchgeführten Messungen wurden auf diese Weise ausgewertet. Das eingesetzte Gerät arbeitet mit Lasern der Wellenlänge $\lambda_1 = 673$ nm, $\lambda_2 = 810$ nm und $\lambda_3 = 1317$ nm. Der Aufbau der Messtrecke ist in Abbildung 4.4 gezeigt.

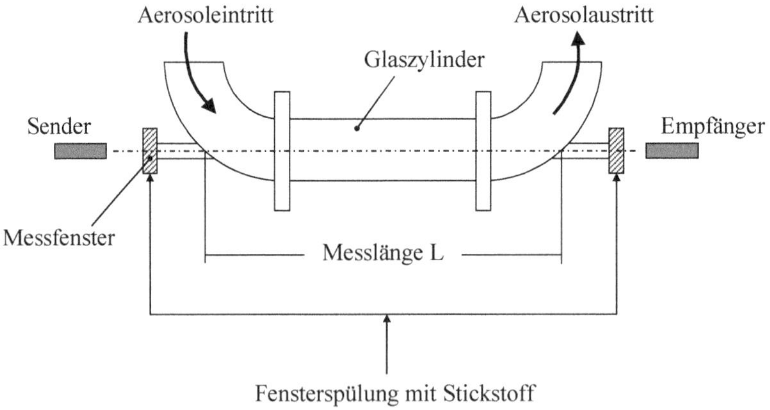

Abbildung 4.4: Aufbau der 3WEM-Messtrecke.

Alle Teile der Messtrecke sind durch verstellbare Halterungen auf einer vertikalen Profilschiene befestigt um eine Ausrichtung in der optischen Achse zu ermöglichen. Der Ein- und Austritt der Laserstrahlen erfolgt durch Messfenster aus Quarzglas, die mit Stickstoff gespült werden können (ca. 60 l/h), um Verschmutzung durch Anlagerung von Aerosolpartikeln zu vermeiden. Es wird sowohl die Intensität des transmittierten Lichts (Empfänger) als auch die

Laserausgangsintensität (Sender) gemessen. Sender und Empfänger sind in über Glasfaserkabel mit Sende- bzw. Empfangseinheit verbunden. Das analoge Messsignal wird über einen A/D-Wandler an den PC mit der Auswertesoftware weitergegeben. Die Messung kann online durchgeführt werden, es ist aber auch eine nachträglich Auswertung durch Speicherung der Rohdaten möglich.
Vor jeder Messung wird die Messtrecke mit Stickstoff gespült und in diesem Zustand eine aerosolfreie Messung durchgeführt. Mit dieser Faktorenmessung wird ein Offset durchgeführt, um die Abschwächung der einzelnen Wellenlängen durch Stickstoff und Messfenster zu egalisieren. Dann wird zur eigentlichen Messung der Aerosolstrom durch die Messstrecke geleitet und die Abschwächung der Intensität detektiert und ausgewertet. Nach jeder Messung wird wieder mit Stickstoff gespült und überprüft, ob die ursprüngliche Intensität wieder erreicht wird oder Verschmutzungen aufgetreten sind. Je nach Dichte des Aerosols kann die Messlänge durch Einsetzten verschieden langer Glaszylinder (Zylinderlänge: 10 - 60 cm) variiert werden, um eine Abschwächung im sinnvollen Bereich zu erhalten.

Kaskadenimpaktor
In Versuchen an der Technikumsanlage wurde ein Kaskadenimpaktor zur Bestimmung der Aerosolpartikelgröße eingesetzt, um zum einen die Eignung dieser Messmethode beurteilen zu können und zum anderen um zu klären, welche Informationen zusätzlich zu denen aus der Extinktionsmessung gewonnen werden können.

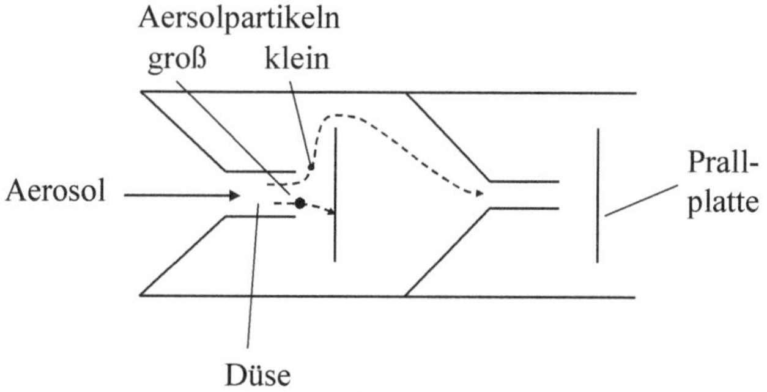

Abbildung 4.5: Prinzip der Abscheidung von Aerosolpartikeln in einem Kaskadenimpaktor [12].

Das Funktionsprinzip des Impaktors ist in Abbildung 4.5 dargestellt. Ein Aerosolstrom durchströmt eine Reihe von hintereinander geschalteten Düsen, hinter deren Austritt jeweils eine Prallplatte angebracht ist. Größere Partikeln, die aufgrund ihrer Trägheit nicht der Strömung folgen können, prallen auf der Platte auf und bleiben dort haften. Kleinere Partikeln gelangen in die nächste Stufe des Impaktors. Da sich die Düsenquerschnitte in Strömungsrichtung verringern und somit die Strömungsgeschwindigkeit erhöht wird, können Partikeln, die die vorherige Stufe passiert haben, in der nächsten abgeschieden werden. In jeder Stufe werden so, abhängig von den Betriebsbedingungen des Impaktors, Partikeln einer bestimmten Größenklasse abgeschieden. Wenn sich eine ausreichende Menge an Partikeln auf den Platten angesammelt hat, können diese herausgenommen und ausgewogen werden. Aus der gewogenen Masse und der berechneten Trenngröße für jede Stufe lässt sich die massengewichtete Partikelgrößenverteilung des eingeströmten Aerosols ermitteln [11].

Die Trenngröße einer Impaktorstufe kann mittels der dimensionslosen Stokes-Kennzahl beschrieben werden. Sie ist definiert als Verhältnis von Stoppdistanz einer Partikel zur charakteristischen Größe des Objekts und kann nach Gleichung (4.5) berechnet werden.

$$St_{50} = d_{50}^2 \cdot \frac{\rho_P \cdot u \cdot C_C}{9 \cdot \eta \cdot D_{Düse}} \qquad (4.5)$$

Aus einer einfachen Modellvorstellung der Trägheitsabscheidung nach einer Impaktordüse mit kreisförmigem Querschnitt kann eine Stokeszahl St_{50} von 0,22 abgeleitet werden [40, 49]. Der Index 50 gibt an, dass die Abscheidewahrscheinlichkeit 50% beträgt. Nach Gleichung (4.5) lässt sich somit der aerodynamische Durchmesser des Trennkorns jeder Stufe ermitteln und bei Auftragung der impaktierten Masse lässt sich eine stufenförmige Größenverteilung darstellen.

Beim verwendeten Impaktor handelt es sich um einen Kaskadenimpaktor der Firma Bayer, ähnlich dem in Abbildung 4.6 gezeigten. Bis zu zehn Stufen können in Reihe geschaltet werden. Der Düsendurchmesser D jeder Stufen sind in Tabelle 4.2 angegeben.

Tabelle 4.2: Düsendruchmesser der Impaktorstufen

Stufe	1	2	3	4	5	6	7	8	9	10
D [mm]	13	6	5	4	3,5	3	2,5	1,8	1,4	0,85

Der Abstand der Prallplatten zur Düse beträgt 20-22 mm. Im Messaufbau wurde hinter der letzten Stufe des Impaktors eine Gasuhr mit Druckanzeige und eine Vakuumpumpe angeschlossen. Der Impaktoraustritt wurde im Aerosolstrom angebracht. Die Geschwindigkeit des Aerosolsstroms wurde bei konstanten Betriebsbedingungen mit einer Staudrucksonde gemessen und dann der Teilstrom, der zur Probnahme durch den Impaktor geleitet wurde, so angepasst, dass isokinetische Bedingungen herrschen.

Bevor die eigentlichen Messungen mit dem Impaktor durchgeführt wurden, wurde die Beladung des Aerosolstroms bei den eingestellten Betriebsbedingungen ermittelt. Dazu wurde der Teilstrom bei gleichem Messaufbau durch eine Hülse geleitet, die mit einem Faserfilter und einem Polizeifilter ausgestattet ist. Die Hülse samt Inhalt wurde in leerem und beladenem Zustand verwogen. Die so bestimmt Masse an Aerosol kann auf das während der Messung mit der Gasuhr erfasste Gasvolumen bezogen werden.

Abbildung 4.6: Beispiel eines Bayer-Kaskadenimpaktors [11].

Bei der Impaktormessung werden auf den Prallplatten dünne Metallplättchen angebracht, die zuvor verwogen wurden. Nach der Messung zeigt sich ein Niederschlag auf den Platten. die dann erneut verwogen werden (siehe Anhang, Versuch 66). Auch hier wurde das durchgesetzte Gasvolumen erfasst, so dass durch Vergleich mit der Gesamtbeladung berechnet werden kann, welcher Anteil an Aerosol mit der Abscheidung im Impaktor überhaupt erfasst werden kann.
Sowohl die Beladungsmessung als auch die Impaktormessung wurden unter gleichen Bedingungen wiederholt um die Reproduzierbarkeit zu gewährleisten.

4.4.2 Partikelgrößenbestimmung in der Flüssigphase

Photonenkorrelationsspektroskopie (PCS)
Die Partikelgrößenverteilungen in den Suspensionen wurden mit Hilfe der Photonenkorrelationsspektroskopie (PCS) bestimmt. Diese Messmethode nutzt das Phänomen der dynamischen Lichtstreuung an einem dispergierten Partikelkollektiv. Daher wird diese Spektroskopiemethode auch als „dynamische Lichtstreuung (DLS)“ oder „quasi-elastische Lichtstreuung (QELS)“ bezeichnet [20].
Das Streulichtverhalten eines dispersen Systems ist abhängig von der Partikelgrößenverteilung. Ziel der Messung ist es, die zeitabhängigen Schwankungen in der Streulichtintensität zu bestimmen, die durch die Brown'sche Bewegung der Partikeln hervorgerufen werden. Das verwendete Messgerät ist schematisch in Abbildung 4.7 dargestellt.
Ein Laserstrahl konstanter Wellenlänge durchdringt eine Küvette, in der sich die Probe befindet. Vor oder während der Messung wird die Temperatur der Messzelle bestimmt. Viskosität und Brechungsindex der kontinuierlichen Phase müssen vorab bekannt sein. Die Kenntnis von physikalischen Größen der dispergierten Phase ist für die Photonenkorrelationsspektroskopie nicht erforderlich [20].
Unter einem definierten Streuwinkel wird nun die Intensität des gestreuten Laserlichts von einem Photomultiplier detektiert. Bei der Streuung von Licht an bewegten Partikeln tritt der so genannte Doppler-Effekt auf. Dieser Effekt beruht auf folgendem Prinzip: Bewegt sich eine wellenaussendende Quelle mit einer bestimmten Geschwindigkeit relativ zum Beobachter, so erfährt die Welle beim Beobachter eine Frequenzverschiebung [20].

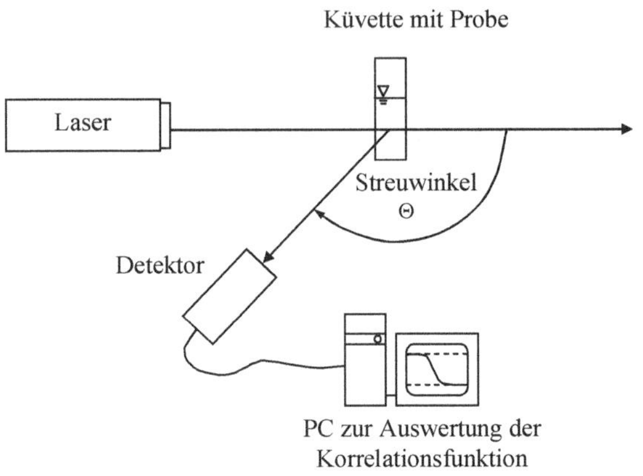

Abbildung 4.7: Funktionsprinzip des PCS-Messgeräts.

Aus dieser Frequenzverschiebung folgt eine Schwankung in der Intensität der gestreuten Strahlung. Ein Korrelator berechnet durch Messung der Intensität in Abhängigkeit von der Zeit eine experimentelle Autokorrelationsfunktion. Diese kann mit einer theoretischen Korrelationsfunktion angepasst werden. Für den Fall monodisperser, sphärischer Partikeln lautet diese Funktion wie folgt [9]:

$$g(\tau)=e^{-2\Gamma\tau} \tag{4.6}$$

Hierin ist τ die Abklingzeit und Γ die Abklingkonstante der Exponentialfunktion. Die Konstante Γ ist proportional zum Diffusionskoeffizienten D:

$$\Gamma \propto D \tag{4.7}$$

Die Bestimmung der Konstante Γ und somit des Diffusionskoeffizienten D erlaubt unter Verwendung der *Stokes-Einstein*-Gleichung einen Rückschluss auf die Größe der Partikeln (siehe Kapitel 2.2.1, Gleichung (2.9)). Für polydisperse Systeme muss für jede Partikelgrößenklasse eine eigene Abklingkonstante eingeführt werden. Die Autokorrelationsfunktion wird dann durch eine Summe verschiedener Exponentialfunktionen beschrieben [20].

Im Rahmen dieser Arbeit wurden PCS-Messungen am Institut für Mechanische Verfahrenstechnik, Bereich Bioverfahrenstechnik, Universität Karlsruhe (TH), durchgeführt. Dort stand ein Gerät der Firma ALV-Laser Vertriebsgesellschaft mbH zur Verfügung. Es wurden außerdem Messungen mit einem Gerät vom Typ LB-500 der Firma Horiba durchgeführt, das sich in der Abteilung Physical Chemistry bei Cognis in Düsseldorf befindet. Mit diesem Gerät wurden auch Messungen von Standard-Latexpartikeln durchgeführt, um die Genauigkeit und Reproduzierbarkeit zu überprüfen.

Die Messung von Suspensionsproben mittels PCS ist nicht immer ohne weiteres möglich. Zum einen liegt die obere Messgrenze der Geräte bei einigen Mikrometern. Einzelne größere Partikeln in der Probe können leicht das Ergebnis verfälschen oder eine Messung unmöglich machen. Das gilt besonders für Luftblasen in der Küvette. Die Messung der Partikelgrößenverteilung von Proben, die aus verdünntem „Schaum“ bestehen, ist nahezu unmöglich. Oft ist eine Filtration der Proben erforderlich, was dazu führt, dass immer nur ein Ausschnitt der tatsächlichen Partikelgrößenverteilung untersucht werden kann. Um die Qualität einer Messung zu verbessern bietet es sich außerdem an, diese 1 - 2 Minuten im Ultraschallbad zu entgasen. Die Messergebnisse liefern damit eine rein qualitative Aussage und dienen zur Beantwortung der Frage, ob eine Probe submikrone Partikeln enthält und wenn ja, in welcher Größenordnung. Eine Aussage über die tatsächliche Größenverteilung aller Partikeln sowie die Absolutwerte von Partikelanzahl bzw. -masse in der Probe kann mit dieser Methode nicht getroffen werden.

4.4.3 Konzentrationsbestimmung in der Flüssigphase

Die Bestimmung der Konzentration an Fettalkohol oder Fettsäure in wässrigen Suspensionen erfolgte gaschromatgraphisch nach den folgenden drei Methoden:

- Bestimmung der Fettalkoholkonzentration nach Derivatisierung der wässrigen Probe (Methode 1)
- Bestimmung der Fettalkoholkonzentration nach Lösen der wässrigen Proben in Isopropanol (Methode 2)
- Bestimmung der Fettsäurekonzentration nach Extraktion der wässrigen Proben mit Isooctan und anschließende Derivatisierung (Methode 3)

Bei den fettalkoholhaltigen Proben, die bei Versuchen an der Pilotanlage in Karlsruhe entstanden, wurde zunächst eine Methode in Anlehnung an eine DGF-Einheitsmethode getestet [97]. Die Analysen wurden im Analytiklabor des Forschungszentrums Umwelt der Universität Karlsruhe durchgeführt und erfolgten gaschromatographisch nach Umsetzung des Fettalkohols zum Trimethylsilylethern (Methode 1). Dieses kann mit einem Flammenionisationsdetektor detektiert werden. Die Quantifizierung wird anhand eines internen Standards durchgeführt. Die Methode wird üblicherweise zur Bestimmung von freien Fettalkoholen in Alkylpolyglucosiden verwendet.
Als interner Standard wurde Pentadecanol gewählt. Dieser Stoff verhält sich chemisch ähnlich den zu untersuchenden Stoffen, ist aber selbst nicht in den Proben vorhanden. Die Anwendung eines internen Standards ermöglicht die rechnerische Korrektur von verschiedenen im Analysegang möglichen Fehlern (z.B. Schwankungen des Injektionsvolumens). Dadurch kann der Fehlereinfluß besonders bei geringen Konzentrationen minimiert werden.
Eine Lösung aus Pentadecanol in n-Heptan mit einer Konzentration von 1,5 g/l wurde als interne Standardlösung (IS) verwendet. Durch Lösen von Lanette®16 (Hexadecanol) in n-

Heptan wurden Stammlösungen mit Konzentrationen von jeweils 1 g/l (ST1) bzw. 0,1 g/l (ST2) hergestellt. Zur Herstellung von Kalibrierlösungen wurden jeweils 0,25 bzw. 0,5 ml der Stammlösung 1 sowie 0,25 bzw. 0,75 ml der Stammlösung 2 in 7 ml-Probenröhrchen pipettiert und mit 1 ml der internen Standardlösung versetzt. Um bei der Kalibrierung den Einfluss von Wasser zu berücksichtigen, wurden in jede Lösung noch 150 µl destilliertes Wasser gegeben. Danach wurden 1ml Pyridin sowie jeweils 0,5 ml der Derivatisierungsreagenzien Bis-(trimethylsilyl)-trifluoracetamid (BSTFA) und N-Methyl-N-trimethylsilyl-trifluoracetamid (MSTFA) dazugegeben. Die Röhrchen wurden verschlossen und mit einem Vortexmischer gründlich gemischt. Die Derivatisierung wurde 30 Minuten lang bei einer Temperatur von 80°C in einem Heizblock durchgeführt. Nach dem Abkühlen konnten die Lösungen dann ohne weitere Vorbereitung in Vialgläser umgefüllt und in den Gaschromatographen injiziert werden.

Bei Einhaltung der Chromatographiebedingungen (siehe Tabelle im Anhang) erhält man ein Gaschromatogramm indem sowohl für den Standard Pentadecanol als auch für die zu quantifizierende Substanz (hier Lanette®16) eine Peakfläche abzulesen ist. Die Peaks treten bei jeder Messung zu den gleichen Retentionszeiten auf und können so genau einer Substanz zugeordnet werden.

Für eine Grundkalibrierung wurden zunächst die Kalibrierlösungen gemessen und aus den Chromatogrammen die Peakflächen ermittelt. Bei Kenntnis der für die Kalibrierlösungen eingesetzten Stoffmengen und Volumina lässt sich aus den Ergebnissen der Responsefaktor F bestimmen. Dieser beschreibt den linearen Zusammenhang zwischen dem Verhältnis der Peakflächen und der Stoffmengen von Versuchsstoff und internem Standard. Alle Berechungsformeln zur Auswertung sind im Anhang dargestellt.

Bei Messung einer Probe unbekannter Konzentration, die jedoch mit einer definierten Menge an internem Standard versetzt wurde, kann aus Responsefaktor, Peakflächen und eingesetzten Volumina die Masse des Stoffes im Probevolumen bestimmt werden. Der lineare Zusammenhang zwischen Peakflächen und Stoffmengen im interessierenden Konzentrationsbereich wurde durch eine Grundkalibrierung bestätigt (siehe Anhang A4).

Die wässrigen Betriebswasserproben wurden in der oben beschriebenen Weise mit internem Standard und den Reagenzien versetzt und derivatisiert. Es wurden jeweils 150 µl (= 148,5 mg) der wässrigen Suspension eingesetzt, wobei diese zuvor intensiv im Ultraschallbad behandelt wurde, um eine möglichst homogene Verteilung der Partikeln/Tröpfchen zu erreichen. Bei der Analyse der höher konzentrierten Schaumproben wurde der Schaum zunächst kräftig gerührt und dann eine Menge von ca. 30 mg ins Probenröhrchen eingewogen.

Problematisch bei dieser Methode ist der große Überschuss an Derivatisierungsmittel, der für die Analyse von wässrigen Proben notwendig ist. Diese Reagenzien sind teuer und machen aus ökonomischer Sicht der Einsatz von geringe Probenmengen notwendig. Gerade da es sich um disperse Proben handelt, führt der Einsatz geringer Probemengen zu einer größeren Fehleranfälligkeit.

Aus diesen Gründen wurde bei den späteren Analysen, die im GC-Labor von Process Development bei Cognis in Düsseldorf durchgeführt wurden, zu optimierten Methoden übergegangen. Proben, die Fettalkoholpartikeln enthielten, wurden zunächst mit Isopropanol gemischt, wobei sich der Fettalkohol löst (Methode 2). Dazu war bei Betriebswasserproben ein Mischungsverhältnis von 1:1 ausreichend, bei höher konzentrierten Schaumproben mussten fünf Teile Isopropanol zu einem Teil Probe gegeben werden. Durch das Herstellen von Lösungen konnten repräsentative Probemengen von 1 - 5g verarbeitet werden. Von dieser Lösung wurden 500 µl in ein GC-Gläschen injiziert und mit 500µl Standardlösung versetzt. Für die Standardlösung wurden 450 mg Pentadecanol in einen Kolben eingewogen, auf 150 g mit Isopropanol aufgefüllt und gelöst. Zur Kalibrierung wurden Stammlösungen mit Lanette®16 (Hexadecanol) und Lanette®18 (Octadecanol) verwendet. Dazu wurden jeweils 500 mg des Stoffes in einen Kolben abgewogen, bis auf 10 g mit Isopropanol aufgefüllt und gelöst. Für die Kalibrierlösungen wurden Stammlösung und Standardlösung in unterschiedlichen Verhältnissen gemischt. Unter den im Anhang angegeben Chromatographiebedingungen konnten diese Proben ganz ohne Derivatisierung analysiert werden.

Bei Proben, die Fettsäurepartikeln enthielten wurde die Fettsäure zunächst durch eine Extraktion in Isooctan überführt, um eine wasserfreie Probe zu erhalten, die dann mit nur wenig Derivatisierungsreagenz umgesetzt werden kann (Methode 3). Dazu wurden 5-10g Betriebswasserprobe mit der doppelten Menge an Isooctan mindestens eine halbe Stunde lang intensiv gerührt. Für Schaumproben wurden 2-5g mit der sechsfachen Menge an Isooctan gerührt. Nach Trennung der beiden Phasen liegen beide klar vor. Von der Isooctanlösung wurden 1000µl abgezogen und in ein GC-Gläschen gegeben. Dazu wurden jeweils 200µl Standardlösung und Derivatisierungsreagenz gegeben, die Gläschen verschlossen und bei 80°C 45 Minuten im Wärmeschrank derivatisiert. Für die Standardlösung wurden in einem Kolben 0,75g Heptadecansäure vorgelegt, mit Isooctan auf 30g aufgefüllt und darin gelöst. Als Derivatisierungsreagenz wurde eine Mischung von einem Teil MSTFA und fünf Teilen BSTFA verwendet. 10 g der Stammlösung wurden durch Lösen von 0,15 g Hexadecansäure in Isooctan hergestellt. Auch hier wurden Kalibrierlösungen in verschiedenen Konzentrationsverhältnissen hergestellt und vermessen.

Die Auswertung erfolgte analog dem oben beschriebenen Vorgehen. Durch Verdünnen mit Isopropanol bzw. Extrahieren mit Isooctan muss noch zusätzlich von der Konzentration der aufgegebenen Lösung auf die Konzentration der eigentlichen Probe zurückgerechnet werden. Die Kalibrierung für diese Methoden ist ebenfalls im Anhang dargestellt.

4.4.4 Analyse der Partikelstruktur

Rasterelektronenmikroskopie (REM)

Bei einigen Versuchen wurden von den erzeugten Partikeln elektronenmikroskopische Aufnahmen angefertigt, um Struktur und Größe sichtbar zu machen. Die Präparation der Proben erfolgte auf verschiedene Arten: Bei Partikeln, die in flüssiger Phase vorlagen, wurde eine kleine Menge der verdünnten Suspension auf einem Deckglas verteilt und bei Raumtemperatur aufgetrocknet. Partikeln aus der Gasphase wurden auf das Deckglas überführt, indem es bei Betrieb der Anlage im Aerosolstrom angebracht wurde und die Partikeln aufgrund von Diffusion darauf abgeschieden wurden. Des Weiteren konnten die Aerosolpartikeln auch auf einer Filteroberfläche abgeschieden werden. Dazu wurde bei isokinetischer Probenahme ein Teil des Aerosolstroms durch eine Kartusche mit goldbedampftem Polycarbonatfilter (Durchmesser 25 mm) geleitet. Der Filter hatte eine definierte Porengröße von 0,8 µm bzw. mit Goldschicht von 0,6 - 0,7 µm. Ein Segment des beladenen Filters wurde dann ausgeschnitten und im Rasterelektronenmikroskop untersucht. Das Vorgehen bei den Probenahmen entsprach dem der VDI-Richtlinie zur Messung von faserförmigen Partikeln mittels eines REM-Verfahrens [110].

Die so präparierten Proben wurden in Auftragsarbeit vom Labor Dr. Schäffner in Solingen untersucht. Es wurden dazu Rasterelektronenmikroskope vom Typ Cambridge S-360 und LEO 438VP eingesetzt. Im Rasterelektronenmikroskop werden aus einer Glühkathode (Wolfram oder LaB_6) Elektronen emittiert und mit einer Beschleunigungsspannung von typischerweise 20 - 150 kV durch eine evakuierte Säule geschickt. Mit Hilfe von magnetischen Linsen wird der Elektronenstrahl zeilenweise über das Objekt auf dem Probenteller geführt („gerastert"). Von den Wechselwirkungen des Elektronenstrahls mit der Probe sind die Sekundärelektronen das wichtigste Signal, dass zur Untersuchung der Topographie genutzt wird. Die Sekundärelektronen werden detektiert und in einem elektronenoptischen System abgebildet.

Um Proben vakuumstabil zu machen und eine Aufladung von nicht leitenden Materialien zu vermeiden, werden diese üblicherweise vor den Aufnahmen mit einer Edelmetallschicht überzogen. Die Partikelproben werden dazu in ein Hochvakuum ($\sim 10^{-2}$ mbar) eingebracht und mit Gold belegt, das durch hochenergetische Argon-Ionen von einem geeigneten Target abgesputtert wird. Nach 10 - 60 Sekunden ist die Probe mit einer gleichmäßigen Goldschicht von 10 - 20 nm Dicke bedeckt, ohne dass sie dabei zu stark thermisch belastet wird [86].

Lichtmikroskopie (LM)

Neben der Größe und Struktur der Primärpartikeln war auch das Verhalten von Partikeln und Partikelagglomeraten in der Flüssigphase und speziell an der Grenzfläche Gas/Flüssigkeit von Interesse. Zur Aufklärung wurden lichtmikroskopische Aufnahmen von feuchten Schaumproben gemacht. Diese wurden auf einen Objektträger aufgebracht und im Gegenlicht ohne und mit Deckglas untersucht. Dazu wurde ein Mikroskop vom Typ Olympus BX51 der Abteilung Physical Chemistry bei Cognis in Düsseldorf verwendet. Das Mikroskop ermöglicht bis zu 1000fache Vergrößerung. Die in digitaler Form vorliegenden Aufnahmen konnten mit einer entsprechenden Software ausgewertet und vermessen werden.

4.4.5 Anwendungstest

Weitere Untersuchungen zielten darauf ab, die Möglichkeit der Anwendung und Weiterverarbeitung der erzeugten Partikeln zu beurteilen. Dazu wurde zunächst Versuchsstoff (Lanette®16) in partikulärer Form gewonnen, indem die Schaumphase, die nach einem Versuch auf dem Betriebswasser aufschwimmt und einen besonders hohe Feststoffkonzentration aufweist, abgeschöpft wurde (Versuch 68). Der feindisperse Stoff wurde dann zu einer Formulierung mit für kosmetische Anwendungen typischer Zusammensetzung weiterverarbeitet.

Eine Basisformulierung für Haarspülungen, bestehend aus 4% Dehyquart®A-CA und 4% Lanette®16 wurde zunächst als Referenz auf herkömmliche Weise durch Schmelzemulgieren hergestellt. Dazu werden die entsprechenden Mengen an Wasser und Tensid vorgelegt und auf 80-85°C erwärmt, während das Lanette®16 bei gleicher Temperatur im Wärmeschrank aufgeschmolzen wird. Beides wird zusammengegeben und intensiv 5 Minuten lang gerührt. Danach wird unter Rühren über zwei Stunden auf 30°C abgekühlt. Es wurde ein 300g-Ansatz hergestellt, der mit einem Laborrührer (Schrägblatt mit Strombrecher, Ø 60 mm, 400U/min) gerührt wurde.
Für die Herstellung aus dem feindispersen Stoff wurde zunächst eine Konzentrationsbestimmung der aus dem Versuch gewonnenen Schaumphase durchgeführt. Dann wurden die entsprechenden Mengen für einen 300g-Ansatz abgewogen, das Tensid zunächst in Wasser gelöst und diese Lösung dann zur Schaumphase, die sowohl Feststoffpartikeln als auch Wasser enthält, gegeben. Nach kurzem Einrühren von Hand wurde die Formulierung 4 Minuten lang mit einem Ultraturrax-Dispergiergerät (Firma IKA, Ø 25 mm, 8000-10000 U/min) homogenisiert. Die Temperatur wurde dabei mit einem Messfühler überwacht, damit gewährleistet werden kann, dass die Schmelztemperatur von Lanette®16 nicht überschritten wird.
Für beide Formulierungen wurden dann in einem vergleichenden Test die Nass- und Trockenkämmbarkeit bestimmt. Dabei handelt es sich um einen Standardtest mit Echthaarsträhnen, in die jeweils eine definierte Menge der Formulierung eingearbeitet wird und die dann von einem Kämmroboter in nassem und trockenem Zustand gekämmt werden. Der Widerstand beim Kämmen wird dabei gemessen. Der Test wurde von der anwendungstechnischen Abteilung Care Chemicals/Hair Biophysics bei Cognis durchgeführt.

4.5 Versuchsauswertung

Bereits bei den ersten Testversuchen zeigte sich, dass ein Teil des mit dem Stickstoffstrom in die Pumpe eingetragenen Versuchsstoffs im Betriebswasser der Pumpe abgeschieden wird. Dabei geht der Versuchsstoff, der als Dampf eintritt, zuerst in ein Aerosol über. Die Aerosolpartikeln werden dann bei Kontakt mit der Flüssigphase abgeschieden. Dass keine Verluste durch Oberflächenkondensation auftreten, wurde überprüft, indem der Pumpenkopf nach mehreren Versuchen geöffnet und inspiziert wurde. Abbildung 4.8 veranschaulicht die Stoffströme im Prozess.

Zunächst muss der in die Pumpe eintretende Stoffstrom $\dot{m}_{i,ein}$ bekannt sein. Dieser berechnet sich nach Gleichung (4.8).

$$\dot{m}_{i,ein} = M_i \cdot \frac{y_{ein}}{1 - y_{ein}} \cdot \dot{N}_{N_2} \qquad (4.8)$$

Der durchgesetzte Stickstoffstrom kann aus den Größen Volumenstrom, Temperatur und Druck, die während des Versuchs am Rotameter abgelesen werden, nach der Schwebekörpergleichung berechnet werden [109]. Das Rotameter ist für Stickstoff bei 20°C und 1,5 bar geeicht. Es wird ideales Gasverhalten angenommen. Das molare Normvolumen V_N beträgt 0,02241 m^3/mol.

$$\dot{N}_{N_2} = \frac{\dot{V}_{N_2}}{V_N} = \sqrt{\frac{p_{Rota}}{1{,}5\,bar}} \cdot \sqrt{\frac{293{,}15\,K}{T_{Rota}}} \cdot \frac{\dot{V}_{Rota}}{V_N} \tag{4.9}$$

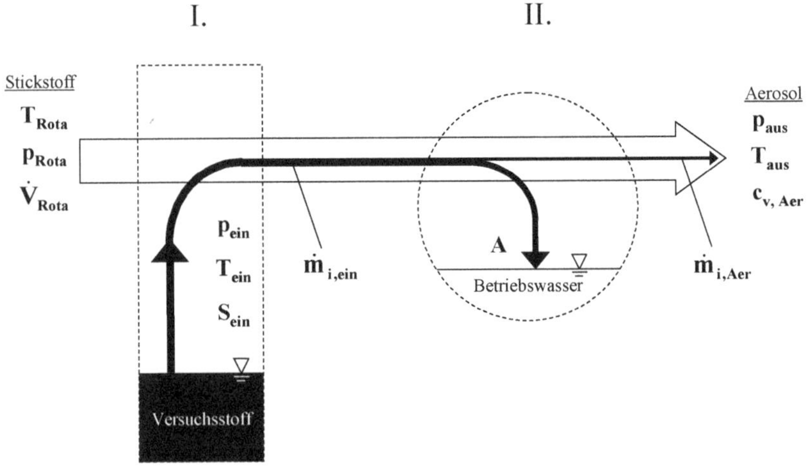

Abbildung 4.8: Schematische Darstellung der Stoffströme (⇨ = Sticktoff, → =Versuchsstoff) im Prozess mit folgenden Teilschritten: Sättigung in der Packungskolonne (I) und Abscheidung in der Flüssigkeitsring-Vakuumpumpe (II).

Bei geringer Beladung kann der Term ($1-y_{ein}$) in Gleichung (4.8) gleich 1 gesetzt werden. Unter Berücksichtigung der Sättigung S_{ein} nach Gleichung (4.10) ergibt sich letztendlich die Berechungsgleichung (4.11) für den in die Pumpe eintretenden Massenstrom an Versuchsstoff i, der neben Konstanten nur von Prozessparametern abhängt.

$$y_{ein} = S_{ein} \cdot \frac{p_{i,v}(T_{ein})}{p_{ein}} \tag{4.10}$$

$$\dot{m}_{i,ein} = S_{ein} \cdot \frac{p_{i,v}(T_{ein})}{p_{ein}} \cdot M_i \cdot \frac{\dot{V}_{Rota}}{V_N} \cdot \sqrt{\frac{p_{Rota}}{1{,}5\,bar}} \cdot \sqrt{\frac{293{,}15\,K}{T_{Rota}}} \tag{4.11}$$

Bei den Prozessparametern handelt es sich um fehlerbehaftete Größen. Besonders Ablese- oder Messfehler der Temperatur können einen großen Einfluss haben aufgrund der starken Abhängigkeit des Dampfdrucks von der Sättigungstemperatur. Der Gesamtfehler des Stoffstroms $\dot{m}_{i,ein}$ wurde deshalb über eine Fehlerfortpflanzung, wie sie im Anhang A3 beschrieben ist, berechnet.
Zur Beschreibung der in der Stoffpackung erreichten Sättigung S_{ein} ist ein komplexes Stoffübergangsmodell notwendig, das mithilfe der experimentell ermittelten Werte aus den Versuchen 41-48 validiert werden kann. Diese Modellierung wird in Kapitel 5.1 erläutert.

Bei stationären Versuchsbedingungen tritt aus dem Abscheider der Pumpe ein konstanter Aerosolmassenstrom aus. Die Volumenkonzentration ist über die Extinktionsmessung leicht zugänglich. Der Stoffmassenstrom, der in Form von Aerosol austritt, berechnet sich somit nach folgender Gleichung:

$$\dot{m}_{i,Aer} = \rho_i\left(T_{aus}\right) \cdot c_{v,Aer} \cdot \frac{p_N \cdot T_{aus}}{p_{aus} \cdot T_N} \cdot \dot{V}_{Rota} \cdot \sqrt{\frac{p_{Rota}}{1{,}5\,\text{bar}}} \cdot \sqrt{\frac{293{,}15\,\text{K}}{T_{Rota}}} \tag{4.12}$$

Der Abscheidegrad A kann dann nach Gleichung (4.13) definiert werden.

$$A = 1 - \frac{\dot{m}_{i,Aer}}{\dot{m}_{i,ein}} \tag{4.13}$$

In den Versuchen zur Massenbilanzierung (Versuch 41-48) wurde neben dem Aerosolmassenstrom die Stoffmasse bestimmt, die über die Versuchszeit t durch Kontakt zur Flüssigphase abgeschieden wird. Dabei wird nach Versuchsende zwischen Betriebswasser und Schaumphase unterschieden. Das Betriebswasser läuft unten aus dem Abscheider aus und kann in einem Gefäß aufgefangen werden. Bei der Schaumphase handelt es sich um festen, weißen Schaum, der nicht aus dem Abscheider ausläuft und herausgeschöpft werden muss. Die Gesamtmassen (m_{BW} und m_{Sch}) werden jeweils verwogen und die Konzentration an Versuchsstoff ($c_{i,BW}$ und $c_{i,Sch}$) aus repräsentativen Proben bestimmt. Der Abscheidegrad ergibt sich dann nach Gleichung (4.14). Auch hier wurde der Gesamtfehler bestimmt.

$$A = 1 - \frac{\dot{m}_{i,Aer} \cdot t}{\dot{m}_{i,Aer} \cdot t + c_{i,BW} \cdot m_{BW} + c_{i,Sch} \cdot m_{Sch}} \tag{4.14}$$

5 Modellierung

Durch eine Modellierung des untersuchten Prozesses können Informationen gewonnen werden, die experimentell nicht ohne weiteres zugänglich sind, aber bei der Interpretation der Versuchsergebnisse eine entscheidende Rolle spielen. Beispielsweise ist die Kenntnis des Prozesspfads im stationären Betriebszustand wichtig für ein Verständnis des Partikelbildungsprozesses. Auf Grundlage einfacher Modellvorstellungen, die durch experimentelle Messwerte validiert werden, werden ein Prozesspfad und somit messtechnisch nicht zugängliche Größen wie Temperatur und Druck in den Schaufelradzellen ermittelt. Ist der Prozesspfad bekannt, können theoretische Modelle zur Beschreibung von Keimbildung, Keimwachstum, Partikelagglomeration und -abscheidung ergänzt werden, um verschiedene Szenarien von Partikelbildung und Aerosolprozessen zu simulieren und mit den experimentellen Ergebnissen zu vergleichen. Der komplexe Prozess soll in vier einzelnen Teilschritten betrachtet werden:

- Sättigung des Trägergases in der Packungskolonne
- Übersättigungsaufbau in der Flüssigkeitsring-Vakuumpumpe
- Keimbildung bzw. –wachstum
- Agglomeration und Abscheidung

Um die Eintrittsbedingungen und den insgesamt durchgesetzten Massenstrom an Versuchsstoff zu berechnen, muss in einem ersten Schritt die Sättigung berechnet werden, die bei der Beladung des Inertgases in der Packungskolonne erreicht wird.
Dann können Kompression und Abkühlung des reinen Inertgases in der Pumpe nachgebildet werden. Dazu wird eine Schaufelradzelle während des Umlaufens „beobachtet" und der Zustand der Gasphase als Funktion des Drehwinkels berechnet. In diesem örtlich eindimensionalen Modell haben Prozesse wie Verdampfen von Wasser und Expansion/Kompression aufgrund geometrischer Gegebenheiten Einfluss auf Druck, Temperatur und Feuchte der Gasphase in der Zelle. Aus der Zustandsänderung der Gasphase kann ein Übersättigungsverlauf hinsichtlich der Beladung mit Versuchsstoff berechnet werden. Dabei wird davon ausgegangen, dass sich bei geringer Beladung mit Versuchsstoff die Prozesse gegenseitig nicht beeinflussen.
Aus der Übersättigung lässt sich mithilfe der klassischen Keimbildungstheorie eine Abschätzung der Keimbildungsrate vornehmen. Außerdem können weitere Prozesse wie Partikelbildung, -wachstum, -abscheidung und -agglomeration für charakteristische Verweilzeiten abgeschätzt werden.
Die Annahmen und Vorgehensweise bei der Modellierung des Prozesses in der Pilotanlage sind in den folgenden Abschnitten erläutert. Die Ergebnisse sind im Kapitel 6.1 dargestellt.

5.1 Sättigung in der Packungskolonne

In der Kolonne der Pilotanlage befindet sich eine Stoffaustauschpackung, die von unten mit heißem Inertgas (Stickstoff) durchströmt wird und im Gegenstrom mit dem flüssigen Versuchsstoff (Index i) berieselt wird. Der Stoffübergang kann mit dem HTU/NTU-Konzept beschrieben werden. Bei diesem Konzept geht man von einem kontinuierlichen Phasenkontakt über die gesamte Packungshöhe mit thermodynamischem Gleichgewicht an der Phasengrenzfläche aus. Aus der Massenbilanz eines differentiellen Packungsabschnitts erhält man eine Gleichung der folgenden Form:

$$NTU = \frac{H}{HTU} \tag{5.1}$$

Die Zahl der Übertragungseinheiten NTU ergibt sich aus tatsächlicher Packungshöhe H und der Höhe einer Übertragungseinheit HTU und ist nach Gleichung (5.2) definiert.

$$NTU = \int_{y_{ein}}^{y_{aus}} \frac{dy}{y_{GG} - y} \tag{5.2}$$

Unter der Annahme, dass ideales Gasverhalten vorliegt und die Beladung bei über die gesamte Packungshöhe konstanten Bedingungen (Temperatur T_{ein} und Druck p_{ein}) stattfindet, ist auch y_{GG} eine konstante Größe. Bei einer Eintrittsbeladung von $y_{ein}=0$ kann Gleichung (5.2) wie folgt umformuliert werden:

$$NTU = \ln\left(\frac{1}{1-\frac{y_{aus}}{y_{GG}}}\right) = \ln\left(\frac{1}{1-S_{ein}}\right) \tag{5.3}$$

Bei der Verdunstung handelt es sich um einen gasseitig limitierten Stoffübergang, so dass der HTU-Wert aus der effektiven Gasgeschwindigkeit u_{Ge}, dem gasseitigen Stoffübergangskoeffizienten k_G und der effektiven Austauschfläche a_e berechnet werden kann.

$$HTU = HTU_G = \frac{u_{Ge}}{k_G \cdot a_e} \tag{5.4}$$

Die Bestimmung des Stoffübergangskoeffizienten in Abhängigkeit der Betriebsbedingungen erfolgt nach dem sog. Delft-Modell, das von *Olujic* entwickelt wurde [72]. Das Model beschreibt die Gasströmung in einer strukturierten Packung als zick-zack-förmige Strömung durch Kanäle mit dreieckigem Querschnitt. Der Stoffübergangskoeffizient berechnet sich aus einem laminaren und einem turbulenten Anteil. Die umfangreichen Berechnungsgleichungen zur Bestimmung von k_G sind im Anhang A7 dargestellt. Die benötigten Packungsparameter sind in der untenstehenden Tabelle aufgeführt.

Das Delft-Modell liefert außerdem eine Bestimmungsgleichung für die effektive Austauschfläche a_e. Vergleichende experimentelle Untersuchungen zeigen jedoch, dass damit die Vorhersagen der Stoffübergangsleistung bei Packungen mit großen spezifischen Oberflächen zu optimistisch sind [25]. Das wurde für Packungen mit einer Oberfläche von 400 m^2/m^3 nachgewiesen. In der Pilotanlage wurde eine Packung mit einer weitaus größeren spezifischen Fläche von 750 m^2/m^3 verwendet. Da allgemein bekannt ist, dass Packungen mit besonders großer geometrischer Oberfläche eine vergleichsweise geringe Austauschfläche aufweisen [25], wurde zur Berechnung der effektiven Austauschfläche a_e ein anderer Modellansatz herangezogen. Von *Siminceanu* wurde eine semiempirische Gleichung für die effektive Austauschfläche einer Packung vom Typ Mellapak 750Y (Firma Sulzer) entwickelt [94, 115]. Dieser Packungstyp entspricht dem verwendeten Typ der Firma Montz. In Experimenten wurde die effektive Austauschfläche beim gasseitigen Stoffübergang während der Absorption von Kohlendioxid in verdünnter Natronlauge bestimmt [94]. Die Größenordnung der Austauschfläche lag in einem Bereich von nur 90 - 140 m^2/m^3. Die Bestimmungsgleichung nach *Siminiceanu* lautet:

$$a_e = a \cdot 0{,}1245 \cdot \left(\frac{\rho_L \cdot u_L}{\eta_L \cdot} \cdot \frac{6 \cdot (1-\varepsilon)}{a} \right)^{0,4} \tag{5.5}$$

Packungsparameter wie die installierte, spezifische Oberfläche a und die Porosität ε, sind in der Tabelle unten angegeben. Dichte ρ_L, Viskosität η_L und Strömungsgeschwindigkeit u_L der Flüssigphase wurden für jeden Betriebsfall berechnet (siehe Anhang A7).
Auf eine hydraulische Betrachtung wird bei der relativ geringen Packungshöhe verzichtet.

Tabelle 5.1: Parameter für die verwendete Packung vom Typ Montz-Pak B1-750.

Höhe eines Packungselements	h_{Pe} = 200 mm
Anzahl der Packungselemente	n_{Pe} = 3
Kolonnendurchmesser	d_K = 126 mm
spez. geometrische Oberfläche	a = 750 m^2/m^3
Porosität	ε = 0,9625
Neigungswinkel	α = 45°
Kanalhöhe	h = 3,7 mm
Kanalbreite	b = 8 mm
Lochanteil der Oberfläche	Ω = 0,1

5.2 Kompression und Abkühlung in der Flüssigkeitsring-Vakuumpumpe

5.2.1 Geometrie und Grenzfläche

Der Aufbau einer einstufigen Flüssigkeitsringvakuumpumpe kann vereinfacht durch eine zweidimensionale Geometrie beschrieben werden, wie sie in Abbildung 5.1 dargestellt ist.

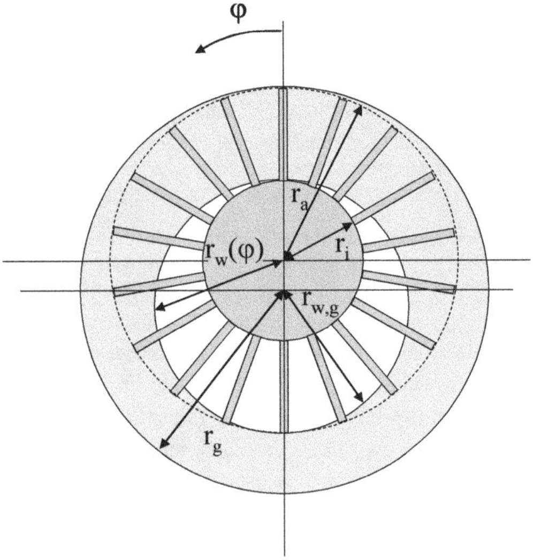

Abbildung 5.1: Modellhafte Geometrie einer einstufigen Flüssigkeitsringvakuumpumpe.

Für eine Pumpe des Typs SIHI LEM 90, wie sie in der Pilotanlage eingesetzt wurde, sind die Maße in nachstehender Tabelle gegeben.

Tabelle 5.2: Geometriemaße einer SIHI-Pumpe vom Typ LEM 90.

Radius Schaufelradnabe	r_i = 46 mm
Radius Schaufelrad	r_a = 106 mm
Radius Gehäuse	r_g = 125 mm
Exzentrizität	e = 30 mm
axiale Schaufellänge	b = 38 mm
Schaufelzahl	z = 18

Als Laufvariable für die Berechnung wird der Drehwinkel φ, bezogen auf die Laufradmitte, gewählt. Er gibt die Position der (in Drehrichtung) vorderen Schaufelplatte einer umlaufenden Zelle an. Bei Vernachlässigung der Schaufeldicke beträgt der Winkel zwischen zwei Schaufelplatten $\varphi_S = 20°$.
Die Kontur des Wasserringes soll durch die Geometrie der Pumpe definiert sein. Es wird angenommen, dass der Wasserring im oberen Scheitelpunkt an der Nabe anliegt und im unteren Scheitelpunkt gerade die äußere Spitze einer Schaufelplatte berührt. Der Wasserring ist somit ein Kreis um den Gehäusemittelpunkt mit einem Radius $r_{w,g}$ = 76 mm. Diese Kontur wird für alle Betriebsbedingungen als konstant angenommen.

Der Abstand von der Wasseroberfläche zum Mittelpunkt des Laufrades (r_w) lässt sich in Abhängigkeit des Drehwinkels durch Gleichung (5.6) beschreiben.

$$r_w(\varphi) = e \cdot \cos(180° - \varphi) + \sqrt{(e \cdot \cos(180° - \varphi))^2 - e^2 + r_{w,g}^2} \tag{5.6}$$

An jeder Position des Laufrades lässt sich somit die geometrische Oberfläche des Gasraums in einer Schaufelradzelle sowie dessen Volumen bestimmen. Die Oberfläche setzt sich näherungsweise, wie in Abbildung 5.2 gezeigt, aus innerer und äußerer Ringfläche (A_1 und A_2), zwei Schaufelflächen (A_3) und zwei Projektionsflächen (A_4) zusammen.

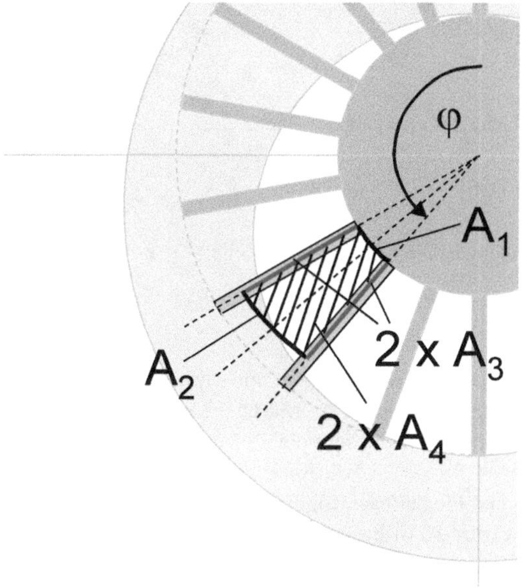

Abbildung 5.2: Geometrische Beschreibung des Gasraums in einer Schaufelradzelle.

Für deren Berechnung kann die Wasseroberfläche durch einen Kreis um den Laufradmittelpunkt und einem mittleren Radius $r_w(\varphi-\varphi_S/2)$ angenährt werden. Das Gasvolumen der Zelle ergibt sich aus der axialen Schaufellänge. Die Bestimmungsgleichungen lauten somit:

innere Ringfläche:

$$A_1 = b \cdot \frac{\varphi_S}{360°} \cdot 2 \cdot \pi \cdot r_i \tag{5.7}$$

äußere Ringfläche:

$$A_2 = b \cdot \frac{\varphi_S}{360°} \cdot 2 \cdot \pi \cdot r_w(\varphi - \frac{\varphi_S}{2}) \tag{5.8}$$

Schaufelfläche:

$$A_3 = b \cdot \left[r_w(\varphi - \frac{\varphi_S}{2}) - r_i \right] \tag{5.9}$$

Projektionsfläche:

$$A_4 = \frac{\varphi_S}{360°} \cdot \pi \cdot \left[\left[r_w(\varphi - \frac{\varphi_S}{2}) \right]^2 - r_i^2 \right] \tag{5.10}$$

geometrische Oberfläche des Gasraums in einer Zelle:

$$A_{Zelle}(\varphi) = A_1 + A_2(\varphi) + 2 \cdot A_3(\varphi) + 2 \cdot A_4(\varphi) \tag{5.11}$$

geometrisches Volumen des Gasraums in einer Zelle:

$$V_{Zelle} = A_4(\varphi) \cdot b \tag{5.12}$$

Geht man davon aus, dass Schaufel-, Naben- und Stirnfläche vollständig mit Wasser benetzt sind, so entspricht diese geometrische Oberfläche der minimalen Austauschfläche, die für das Verdampfen von Wasser zur Verfügung steht.

Aufgrund von Foto- und Filmaufnahmen, die bei Pumpen mit Plexiglasdeckel und unter Stroboskoplicht gemacht wurden, ist bekannt, dass die Wasserringfläche nicht ideal glatt ist und sich zahlreiche Wassertropfen im Gasraum befinden [5, 35]. Je größer das Druckverhältnis, desto turbulenter sind die Zustände und desto stärker aufgerissen ist die Wasseroberfläche. Diesen Bedingungen wird durch Berücksichtigung einer dispersen Tröpfchenphase Rechnung getragen.

Das Gasvolumen der Zelle sei um einen bestimmten Faktor $f_{disp,V}$ durch die Anwesenheit von Wassertröpfchen reduziert ($f_{disp,V} < 1$).

$$V_{Zelle,disp} = f_{disp,V} \cdot V_{Zelle} \tag{5.13}$$

Dieser Faktor kann leicht bei bekanntem Förderstrom der Pumpe $\dot{V}_{FRVP}$ bestimmt werden. Dieser wird mit folgender Gleichung berechnet:

$$\dot{V}_{FRVP} = 60 \cdot n \cdot z \cdot N_{N_2,Zelle} \cdot V_N \tag{5.14}$$

Die in einer abgeschlossenen Zelle beförderte Stickstoffmenge kann unter Verwendung von Gleichung (5.12) und (5.13) berechnet werden. Die Berechnung kann beispielsweise für $\varphi = 180°$ erfolgen. Bei Anwendung des idealen Gasgesetzes ergibt sich die Stickstoffmenge aus den dort herrschenden Bedingungen.

$$N_{N_2,Zelle} = \frac{V_{Zelle,disp}(\varphi) \cdot p(\varphi)}{R \cdot T(\varphi)} \tag{5.15}$$

Der Beitrag der dispersen Tröpfchenphase zur Austauschfläche kann ebenfalls berechnet werden, indem man voraussetzt, dass es sich um monodisperse Tröpfchen mit einem mittleren Radius r_{disp} handelt. Der Faktor $f_{disp,A}$ gibt die Größe der Austauschfläche bei disperser Wasserphase bezogen auf die geometrische Oberfläche des Gasraums an ($f_{disp,A} > 1$).

$$A_{Zelle,disp} = f_{disp,A} \cdot A_{Zelle} \tag{5.16}$$

Über den Tröpfchenradius ergibt sich folgender Zusammenhang:

$$f_{disp,A} = (1 - f_{disp,V}) \cdot \frac{V_{Zelle}}{A_{Zelle}} \cdot \frac{3}{r_{disp}} + 1 \tag{5.17}$$

Bei dem Faktor $f_{disp,V}$ handelt es sich um eine globale Größe, die abhängig vom Betriebszustand ist, aber an jeder Zellenposition gleich groß ist, während der Faktor $f_{disp,A}$ an jeder Drehwinkelposition neu bestimmt werden muss.

5.2.2 Austauschvorgänge

Um die Zustandsänderung der Gasphase einer umlaufenden Zelle zu beschreiben, werden die Änderung von Druck, Temperatur und Zusammensetzung schrittweise in Umlaufrichtung berechnet. Dazu müssen die wichtigsten Austauschvorgänge bekannt sein, die letztendlich zu

Kompression und Abkühlung des Gasstroms führen. Im Modell werden folgende Austauschvorgänge berücksichtigt

- Ein-/Ausströmen von Gas in die Zelle
- Mischen von Gasvolumina mit unterschiedlicher Temperatur
- Expansion/Kompression durch Veränderung der Geometrie
- Stoffübergang und Kühlung beim Verdampfen von Wasser.

Dem letzten Punkt kommt besondere Bedeutung zu. Für die drei erstgenannten Vorgänge kann angenommen werden, dass sich das thermodynamische Gleichgewicht augenblicklich einstellt, d.h. diese Vorgänge sind nicht zeitlimitiert. Laufen diese Misch- und Wärmeaustauschvorgänge unendlich schnell ab, kann deshalb davon ausgegangen werden, dass innerhalb der Gasphase einer Zelle keine Konzentrations-, Temperatur- oder Druckgradienten auftreten.
Anders als in den bisherigen Modellansätzen soll für das Verdampfen von Wasser nach dem schon von *Teifke* vorgeschlagenen Prinzip vorgegangen werden: Ausgehend von einem Gleichgewichtszustand an der Grenzfläche wird der verdampfende Wassermassenstrom an jeder Stelle bestimmt und die verdampfende Wassermenge für die Verweilzeit der gewählten Schrittweite explizit berechnet.

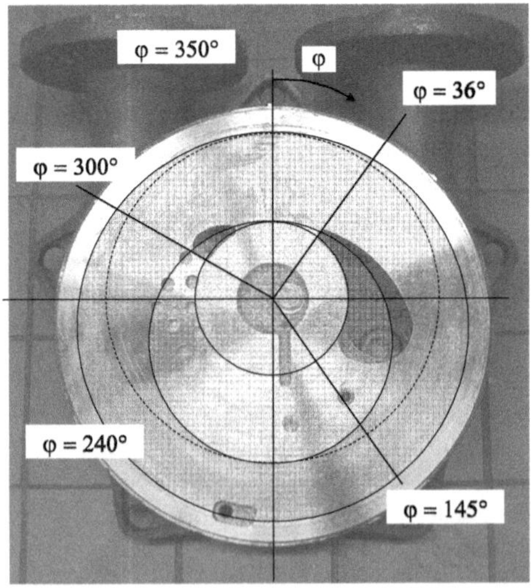

Abbildung 5.3: Aufteilung des Drehwinkels in verschiedenen Bereiche anhand der Anordnung von Saugschlitz, Kugelventilen und Druckschlitz auf der Steuerscheibe (Pumpentyp SIHI LEM90).

Das Modell umfasst eine Einteilung des Drehwinkels in Abschnitte, in denen bei der Berechnung der Zustandsänderung auf unterschiedliche Weise vorgegangen werden muss. Diese

Bereiche ergeben sich aus der Aufteilung der Steuerscheibe durch Saug- und Druckschlitz, über die der Ein- und Austritt des Gasstroms in den Schaufelraum erfolgt. In Abbildung 5.3 sind die Bereiche als Funktion des Drehwinkels φ dargestellt.

Drehwinkelbereich I: $\varphi < 36°$

Die Zelle ist ausschließlich mit Flüssigkeit gefüllt.

Drehwinkelbereich II: $36° \leq \varphi < 145°$

Die Zelle überstreicht den Saugschlitz. Der Gasraum in der Zelle hat Kontakt zum saugseitigen Gasvolumen. Somit kann über den gesamten Bereich von einem konstanten Druck (=Sättigungsdruck) ausgegangen werden. Es strömt zunächst heißes, trockenes Gas in den Gasraum der Zelle ein, bis Ansaugdruck herrscht. Daraufhin verdampft Wasser in die Gasphase, wodurch sich diese abkühlt. Bei der Weiterbewegung in Drehrichtung erweitert sich das zur Verfügung stehende Gasvolumen. Heißes Gas wird dadurch „nachgesaugt“ bis wieder Ansaugdruck erreicht ist. Es mischt sich mit dem vorhandenen Gas/Wasserdampf-Gemisch und erwärmt dieses. Eine Rückvermischung wird dabei ausgeschlossen, d.h. dampfförmiges Wasser verlässt die Zelle nicht.

Drehwinkelbereich III: $145° \leq \varphi < 240°$

Das Gasvolumen der Zelle ist jetzt abgeschlossen. Die Menge an Inertgas, die sich in der Zelle befindet, bleibt in diesem Drehwinkelbereich konstant. Der Druck in der Zelle ist nun veränderlich. Eine gewisse Menge an Wasser geht durch Verdampfen in die Gasphase über. Gleichzeitig wird diese abgekühlt. Die Gasphase unterliegt aufgrund der Pumpengeometrie Volumenänderungen und wird bis zum Scheitelpunkt zunächst expandiert, danach komprimiert. Die Veränderung von Druck und Temperatur wird dabei mit einem isentropen Prozess beschrieben.

Drehwinkelbereich IV: $240° \leq \varphi < 300°$

In diesem Bereich überstreicht die Zelle die Kugelventile in der Steuerscheibe. Die Zustandsänderung kann hier weiterhin wie in Bereich III beschrieben werden. Dennoch muss beachtet werden, dass bei Erreichen des atmosphärischen Gegendrucks der Gasstrom bereits hier aus der Pumpe austreten kann. In diesem Fall müsste zu den Berechnungsformeln aus Bereich V übergegangen werden.

Drehwinkelbereich V: $300° \leq \varphi < 350°$

In diesem Bereich tritt das Gas durch den Druckschlitz der Steuerscheibe aus. Druck und Temperatur des ausströmenden Gases sind ab Erreichen dieses Abschnitts konstant. Die Abkühlung ist abgeschlossen und die Temperatur entspricht ungefähr der im Versuch gemessenen Temperatur im Abscheider. Der Druck erreicht spätestens hier Umgebungsdruck.

Zur Berechnung des Gasphasenzustandes wird angenommen, dass ein Wasserdampf/Inertgas-Gemisch mit dem idealen Gasgesetz beschrieben werden kann.

$$p \cdot V = N \cdot R \cdot T \tag{5.18}$$

Die Stoffwerte für das Gemisch werden nach Berechnungsformeln aus dem VDI-Wärmeatlas berechnet. Die Gleichungen für spezifische Wärmekapazität $c_{p,m}$, Molmasse M_m, Wärmeleitfähigkeit λ_m, Temperaturleitfähigkeit κ_m, Viskosität η_m und Diffusionskoeffizient D sind im Anhang A5 aufgeführt.

Stoffübergang und Kühlung beim adiabaten Verdunsten von Wasser

In Abbildung 5.4 ist gezeigt, wie der Verdunstungsvorgang modellhaft beschrieben wird. Die Energie, die zum Verdunsten des Wassers aufgebracht werden muss, wird der heißen Gasphase entzogen. Ein Wärmeübergang in die Flüssigphase findet nicht statt. Diese Annahmen wurden in Anlehnung an die Betrachtung von *Ulbrich et al.* getroffen, die auf diese Weise einen Quenchprozess bei Gaskühlern mit direktem Kühlmittelkontakt [108] beschreiben.

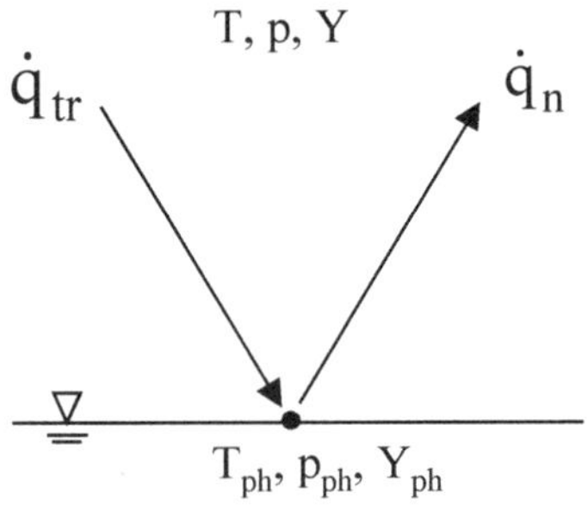

Abbildung 5.4: Beharrungszustand an der Phasengrenzfläche beim adiabaten Verdunsten von Wasser.

In diesem adiabaten Prozess stellt sich an der Phasengrenzfläche ein Beharrungszustand ein. Aus den Ansätzen für Wärme- und Stofftransport (Gleichungen (5.19) und (5.20)), sowie der Bilanzgleichung (5.21) kann der Zustand an der Grenzfläche iterativ bestimmt werden.

$$\dot{q}_{tr} = \alpha_{Tr} \cdot (T - T_{ph}) \tag{5.19}$$

$$\dot{q}_n = \dot{m}_D \cdot \Delta h_v = \rho_m \cdot \beta \cdot \ln\left(\frac{1-y}{1-y_{ph}}\right) \cdot \Delta h_v \tag{5.20}$$

$$\dot{q}_{tr} - \dot{q}_n = 0 \tag{5.21}$$

Der flächenspezifische konvektive Wärmestrom, der nicht an einen Stofftransport gekoppelt ist, wird als „trocken" bezeichnet. Er berechnet sich aus der Temperaturdifferenz und dem Wärmeübergangskoeffizienten α_{tr}. Der „nasse" Wärmestrom, der mit dem verdampfenden

Wasserstrom m_D gekoppelt ist, kann durch einen logarithmischen Ansatz beschrieben werden. Die Gleichung enthält neben der Gasdichte und den Molenbrüchen den Stoffübergangskoeffizienten β und die Verdampfungsenthalpie Δh_v. Es wird angenommen, dass ein Beitrag durch Strahlung vernachlässigt werden kann. Unter Hinzunahme der Lewis-Beziehung für Wasserdampf/Luft nach Gleichung (5.22) lässt sich die Bestimmungsgleichung für den Grenzflächenzustand auf bekannte Parameter reduzieren.

$$\rho_m \cdot \beta = \frac{\alpha_{Tr}}{c_{p,m}} \cdot Le^{-2/3} \quad \text{mit } Le = \frac{\kappa_m}{D} \tag{5.22}$$

Bestimmungsgleichung für T_{ph}:

$$T_{ph} = T - \frac{Le^{-2/3}}{c_{p,m}} \cdot \ln\left(\frac{1-y}{1-y_{ph}}\right) \cdot \Delta h_v \tag{5.23}$$

Wenn Sättigung der Gasphase an der Grenzfläche vorausgesetzt wird, berechnet sich y_{ph} nach Gleichung (5.24). Für diesen Berechnungsschritt wird T als konstant betrachtet. Der Druck an der Phasengrenzfläche entspricht dem Zellendruck p. Die Dampfdruckkurve für Wasser ist im Anhang A5 angegeben.

$$y_{ph}(T_{ph}) = \frac{p_s(T_{ph})}{p} \tag{5.24}$$

Durch Kombination von Gleichung (5.23) und (5.24) lassen sich Beharrungstemperatur und Molenbruch an der Phasengrenzfläche iterativ für jeden Berechnungsschritt bestimmen.

Die innerhalb eines Berechnungsschrittes verdampfte Wassermenge an der Stelle φ berechnet sich dann wie folgt:

$$m_D = A \cdot \rho_m \cdot \beta \cdot \ln\left(\frac{1-y}{1-y_{ph}}\right) \cdot \tau_{VZ} \tag{5.25}$$

A ist die an der Stelle φ zur Verfügung stehenden Austauschfläche $A_{Zelle,disp}(\varphi)$ und τ_{VZ} die Verweilzeit die sich aus der Schrittweite des Drehwinkels und der Drehzahl ergibt. Aus den oben genannten Gleichungen kann dann die Gastemperatur nach der Abkühlung berechnet werden. Der Stoffübergangskoeffizient β ist dabei ein Anpassungsparameter. Die Gasaustrittstemperatur kann damit an experimentelle Werte angepasst werden. Dazu wird vorausgesetzt, dass dieser Parameter genauso wie $f_{disp,V}$ eine globale, über den gesamten Drehwinkelbereich konstante Größe ist.

Mischen von Gasvolumina mit unterschiedlicher Temperatur

Das Mischen von zwei Gasmengen mit unterschiedlichen Temperaturen T_1 und T_2 kann mit einer einfachen Energiebilanz beschrieben werden. Aus Gleichung (5.27) kann die Temperatur T_3 des Gasgemisches bestimmt werden.

$$H_1 + H_2 = H_3 \tag{5.26}$$

$$m_1 \cdot c_{p,1} \cdot T_1 + m_2 \cdot c_{p,2} \cdot T_2 = (m_1 + m_2) \cdot \left(\frac{m_1}{m_1 + m_2} \cdot c_{p,1} + \frac{m_2}{m_1 + m_2} \cdot c_{p,2} \right) \cdot T_3 \tag{5.27}$$

Expansion/Kompression durch Veränderung der Geometrie

Während des Umlaufs bewegt sich die Wasseroberfläche aufgrund der vorgegebenen Geometrie des Wasserrings wie ein Kolben in der Zelle und verändert deren Volumen. Der Druck in der Gasphase lässt sich dabei über das ideale Gasgesetz bestimmen (Gleichung (5.18)). Der Tatsache, dass bei Kompression bzw. Expansion von Gasen auch Erwärmung bzw. Abkühlung auftritt, wird durch Annahme einer isentropen Zustandsänderung Rechnung getragen. Gleichung (5.28) mit dem Isentropen-Exponenten κ_{is} nach Gleichung (5.29) kann zur Beschreibung dieser Zustandsänderung verwendet werden.

$$T_2 = T_1 \cdot \left(\frac{p_2}{p_1} \right)^{\frac{\kappa_{is} - 1}{\kappa_{is}}} \tag{5.28}$$

$$\kappa_{is} = \frac{c_p}{c_p - R} \tag{5.29}$$

Vorgehensweise

Zur Berechnung der Zustandsänderung wurde eine Rechenmatrix in MS Excel entworfen, bei der nach Vorgabe aller benötigten Parameter die Zellenberechnung und Iterationen für jeden Schritt zeilenweise mithilfe eines Visual Basic-Programms durchgeführt werden. Zu den vorgegebenen Parametern gehören neben Pumpengeometrie, physikalischen Konstanten und Stoffkonstanten die Schrittweite, der Radius der dispersen Tröpfchen r_{disp} sowie der Eintrittsbedingungen T_{ein}, p_{ein} und Y_{ein}. Nachdem Startwerte für den Stoffübergangskoeffizienten β und den Volumenfaktor $f_{disp,V}$ abgeschätzt wurden, wird eine erste Berechnung durchgeführt, die Werte für die beiden Zielgrößen Förderstrom und Austrittstemperatur liefert. Die Werte für β und $f_{disp,V}$ werden dann angepasst und die Berechnung und Anpassung so oft wiederholt, bis Förderstrom und Austrittstemperatur mit den im Versuch gemessenen Werten übereinstimmen. Bei allen Berechungen wurde eine Schrittweite von 1° und eine Wasser-Eintrittsbeladung von $Y_{ein} = 0$ vorgegeben. Die Größe der dispersen Wassertröpfchen wurde mit $r_{disp} = 2{,}5$ mm angenommen und vorausgesetzt, dass diese Größe für alle Betriebszustände gleich ist. Nur die Anzahl der Tröpfchen, d.h. der Faktor $f_{disp,V}$ ist vom Betriebszustand abhängig.

Es zeigt sich, dass bei der Anpassung an die Zielgrößen eine einfache „händische" Ergebnisfindung möglich ist. Durch geeignete Wahl von $f_{disp,V}$ wird zunächst der Volumenstrom angenährt, danach die Austrittstemperatur durch geeignete Wahl von β angepasst. Die beiden Schritte müssen ggf. zwei- bis dreimal wiederholt werden, um die Temperatur mit einer Genauigkeit von ± 0,3 K zu treffen und den Volumenstrom auf ± 0,02 Nm³/h anzunähern. Der Zusammenhang zwischen Anpassungsparameter und Zielgrößen für einen typischen Betriebszustand ist im folgenden Diagramm dargestellt.

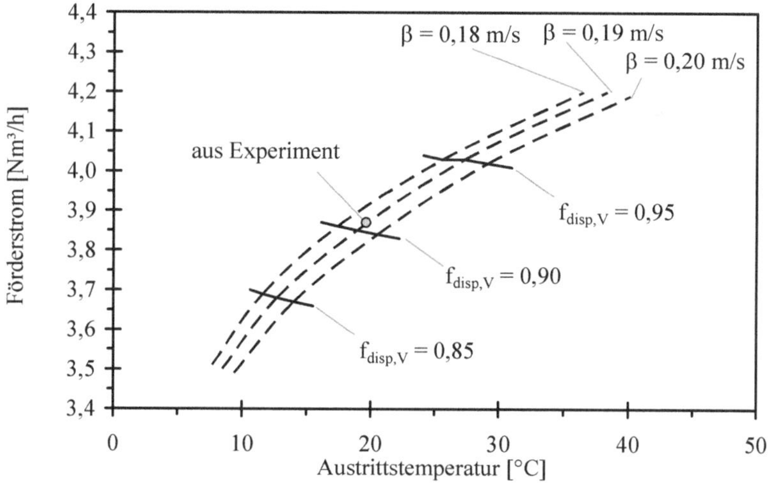

Abbildung 5.5: Förderstrom und Austrittstemperatur in Abhängigkeit der Anpassungsparameter für Eintrittsbedingungen T_{ein} = 95°C, p_{ein} = 80 mbar.

5.3 Übersättigung und Keimbildung

Bei bekanntem Prozessverlauf kann nun die theoretische Übersättigung bezogen auf die ebenfalls in der Gasphase anwesende organische Komponente berechnet werden. Dazu müssen die Eintrittssättigung S_{ein} sowie die Dampfdruckverlauf der organischen Komponente bekannt sein. Zu diesem Sättigungsverlauf kann dann eine theoretische Keimbildungsrate bestimmt werden, anhand der abgeschätzt werden kann, in welcher Größenordnung sich die Anzahlkonzentration des neu gebildeten Aerosols bewegt.
Zur Berechnung der Keimbildungsrate wird ein modifizierter *Volmer-Frenkel*-Ansatz, wie er im VDI-Wärmeatlas vorgeschlagen wird, verwendet [22]:

$$J = \Theta \cdot Z \cdot \alpha_c \cdot \left(\frac{1}{4} \cdot n_1 \cdot \overline{c}_1 \cdot O^* \right) \cdot n_1 \cdot \exp\left(-\frac{\Delta G^*}{kT} \right) \qquad (5.30)$$

Für das Produkt aus Temperatur-Korrekturfaktor Θ und Kondensationskoeffizient α_c kann für geringe Dampfbeladungen ein mittlerer Wert von 0,85 angenommen werden. Für den *Zeldovich*-Faktor gilt folgende Berechnungsformel:

$$Z = \left(\frac{\Delta G^*}{3 \cdot \pi \cdot k \cdot T \cdot (i^*)^2} \right)^{\frac{1}{2}} \tag{5.31}$$

Weiterhin ist in Gleichung (5.30) n_1 die Anzahldichte und $\bar{c}_1$ die mittlere thermische Geschwindigkeit eines Einzelmoleküls. Die Geschwindigkeit berechnet sich nach der kinetischen Gastheorie wie folgt:

$$\bar{c}_1 = \left(\frac{8 \cdot R \cdot T}{\pi \cdot M} \right)^{\frac{1}{2}} \tag{5.32}$$

O^* ist die Oberfläche eines kritischen Clusters und kann als Oberfläche einer Kugel mit Radius r^* berechnet werden. Die Änderung der spezifischen freien Enthalpie ΔG^* und der kritische Keimradius r^* sind wie in Kapitel 2.1 beschrieben definiert.

Die Stoffwerte für die organischen Komponenten werden nach den Formeln in Anhang A5 berechnet. Bei Feststoffen stellt sich dabei die Frage, ob die Keime zur Anfangsphase der Partikelbildung fest oder flüssig vorliegen. Beispielsweise können die Keime durch freiwerdende Kondensationsenthalpie wärmer sein als die Umgebungstemperatur, die unterhalb des Schmelzpunktes liegt und daher flüssig vorliegen. Aufgrund des Kelvin-Effekts haben auch kleine Feststoffpartikeln einen deutlich erhöhten Dampfdruck. Dichte, Grenzflächenspannung und Dampfdruck von Feststoffen werden daher für die Berechnung der Keimbildungsrate und Übersättigung für Temperaturen unterhalb des Schmelzpunktes extrapoliert und nach den Formeln für den flüssigen Zustand berechnet.

5.4 Agglomeration und Abscheidung

Ausgehend von der Primärpartikelgröße und Anzahlkonzentration bei der Keimbildung soll mit einfachen Methoden abgeschätzt werden, wie sich das Partikelkollektiv durch Einfluss von Agglomeration und Abscheidung verändert. Dazu werden zunächst die in Kapitel 2.2.1 vorgestellten Gleichungen für diffusionskontrollierte Agglomeration und Abscheidung herangezogen. Für die Berechnung der mittleren freien Weglänge zur Bestimmung der Knudsen-Zahl wird die Gleichung (2.12) für Luft verwendet, obwohl eigentlich Stickstoff bzw. ein Stickstoff/Wasserdampf-Gemisch betrachtet wird.

Eine analytische Lösung der kinetischen Prozesse ist nur bei entsprechender einfachen Modellansätzen möglich. Für den Koagulationskoeffizienten in Gleichung (2.14) schlägt *Hinds* folgende Berechnungsformel vor [40]:

$$K = 8 \cdot \pi \cdot r \cdot D = \frac{4 \cdot k \cdot T \cdot C_C}{3 \cdot \eta} \qquad (5.33)$$

Diese Gleichung gilt dann, wenn die Koagulation monodisperser, sphärischer Partikeln betrachtet wird. Der Koeffizient K ist als Funktion der Partikelgröße eigentlich zeitabhängig. Für kurze Zeiten kann er jedoch als konstant betrachtet werden. Die Integration von Gleichung (2.14) liefert dann die Partikelkonzentration nach einer Zeit t:

$$c_N(t) = \frac{c_{N,0}}{1 + c_{N,0} \cdot K \cdot t} \qquad (5.34)$$

$c_{N,0}$ ist die Ausgangskonzentration, d_0 die Ausgangspartikelgröße zum Zeitpunkt t=0. Mit Gleichung (5.34) kann der Ablauf der Agglomeration durch zeitliche Diskretisierung nachgebildet werden. Mithilfe von Microsoft Excel werden alle Parameter schrittweise berechnet. Die Startschrittweite wird mit 0,1 ms vorgegeben, jede weitere Schrittweite wird um 5% im Vergleich zu vorherigen erhöht.

Der mittlere Partikeldurchmesser d(t) nach der Zeit t kann bestimmt werden, wenn man im einfachsten Fall Kugelform der Agglomerate voraussetzt. Die mögliche Ausbildung von fraktalen Strukturen wird mit diesen einfachen Modellvorstellungen nicht erfasst.

$$\frac{d(t)}{d_0} = \left(\frac{c_{N,0}}{c_N(t)} \right)^{1/3} \qquad (5.35)$$

Um zur Abschätzung der Abscheidung Gleichung (2.15) integrieren zu können, wird auch hier angenommen, dass der Abscheidungskoeffizient β eine Konstante ist. Die Abnahme der Partikelkonzentration durch Abscheidung an Systemwänden wird dann durch folgende Gleichung wiedergegeben:

$$c_N(t) = c_{N,0} \cdot \exp(-\beta \cdot t) \qquad (5.36)$$

In der Literatur wird β üblicherweise als Funktion des Partikeldiffusionskoeffizienten D, der spezifischen Grenzfläche des Systems a und der Diffusionsgrenzschichtdicke δ dargestellt. Dabei wird δ oft als variabler Parameter für die Anpassung an experimentelle Werte genutzt und bewegt sich in der Größenordnung von 2-80 μm [14, 76].

$$\beta = \frac{a \cdot D}{\delta} \qquad (5.37)$$

Da für den betrachteten Fall keine Aussage über die Diffusionsschichtdicke gemacht werden kann, wird der Abscheidegrad für den besonders kleinen Wert $\delta = 1\ \mu m$ berechnet, der einen maximalen Abscheidgrad ergibt.

Im Rahmen dieser Arbeit wird auch die Abscheidung von Partikeln an der Phasengrenzfläche von Gasblasen betrachtet. *Pich* hat speziell für die Abscheidung von Partikeln in sphärischen Räumen mit ruhendem Gas einen Lösungsansatz entwickelt [76]. Auch dieser gilt nur unter der Annahme, dass ausschließlich eine kurze Zeitspanne des Prozesses betrachtet wird. Für die reine diffusive Abscheidung leitet *Pich* folgende Gleichung her:

$$c_N(t) = c_{N,0} \cdot \left(1 - \frac{6}{\sqrt{\pi}} \cdot Fo^{1/2}\right) \tag{5.38}$$

Fo ist die dimensionslose *Fourier*-Zahl, die den Partikeldiffusionskoeffizienten, die Zeit t sowie den Radius R des Kugelraums bzw. der Gasblase enthält [76].

$$Fo = \frac{D \cdot t}{R^2} \tag{5.39}$$

Auch der Abscheideprozess wird in der beschriebenen Weise durch diskrete Berechnung von Gleichung (5.38) angenähert.

Für die Vorgänge sind außerdem die zeitlichen Dimensionen von Bedeutung. Neben der Verweilzeit in den Schaufelradzellen der Pumpe muss auch die Verweilzeit in der Zwei-Phasenströmung zwischen Druckschlitz und Abscheider bekannt sein. Länge und Durchmesser der durchströmten Rohrleitung betragen 0,5 m bzw. 0,04 m. Mit dem Gasstrom tritt ein Volumenstrom von ca. 1 m^3/h an Betriebswasser aus. Für die Berechnung der Verweilzeit wird der Rohrdurchmesser entsprechend verringert, um die Anwesenheit der Flüssigphase zu berücksichtigen.

6 Ergebnisse und Diskussion

6.1 Ergebnisse der Modellierung

6.1.1 Sättigung in der Packungskolonne

Die in den Versuchen 41-48 (Lanette®16) experimentell ermittelten Sättigungen können mit den nach dem Modell berechneten verglichen werden. Die Versuche 41, 43, 44 und 45 wurden bei jeweils einer konstanter Sättigungstemperatur von 95°C aber bei unterschiedlichen Sättigungsdrücken gefahren, die Versuche 43, 46 und 48 wurden bei jeweils konstantem Sättigungsdruck von 60 mbar aber bei unterschiedlichen Sättigungstemperaturen gefahren. Die Ergebnisse sind in den beiden Abbildungen unten dargestellt.

Die Fehler der berechneten Sättigung (graue Fehlerbalken) ergeben sich durch Abweichungen der Betriebsparameter, die nach Tabelle A.35 angenommen wurden. Auf eine ausführliche Fehlerfortpflanzungsrechnung wurde in diesem komplexen Fall verzichtet. Ein mittlerer Fehlerwert wurde aus Rechnungen mit Minimal- und Maximalwerten der Betriebsparameter bestimmt.

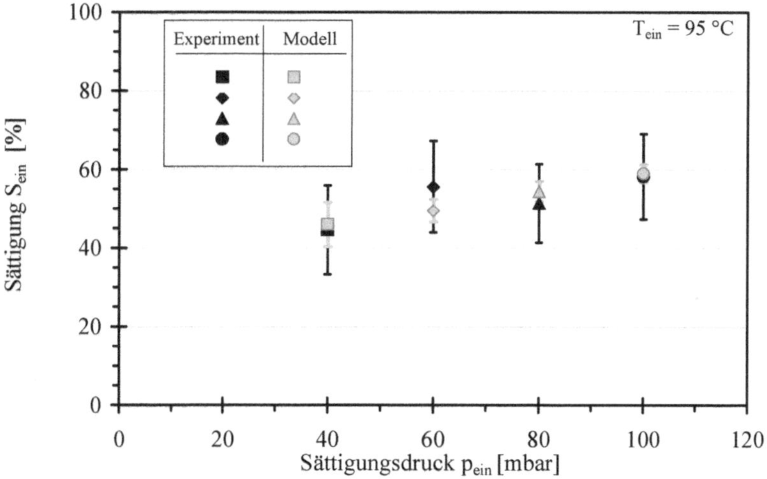

Abbildung 6.1: Im Experiment ermittelte Sättigung $S_{exp,ein}$ (schwarze Symbole und Fehlerbalken) und nach dem Modell berechnete Sättigung S_{ein} (graue Symbole und Fehlerbalken) für den Versuchsstoff Lanette®16 bei einer Temperatur T_{ein} = 95°C und verschiedenen Sättigungsdrücken p_{ein}.

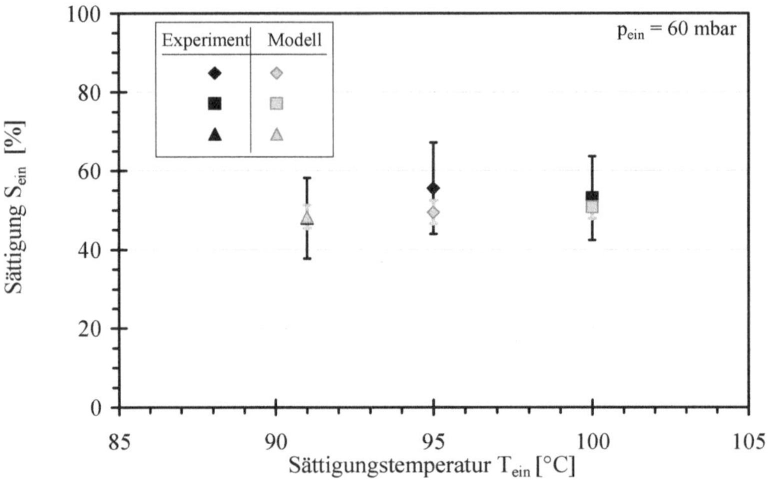

Abbildung 6.2: Im Experiment ermittelte Sättigung $S_{exp,ein}$ (schwarze Symbole und Fehlerbalken) und nach dem Modell berechnete Sättigung S_{ein} (graue Symbole und Fehlerbalken) für den Versuchsstoff Lanette®16 bei einem Druck p_{ein} = 60 mbar und verschiedenen Sättigungstemperaturen T_{ein}.

Die Modellgleichungen liefern Stoffübergangskoeffizienten im Bereich von 0,01 – 0,03 m/s. Die berechnete effektive Austauschfläche beträgt nur 74 - 83 m²/m³, also gerade einmal 10 % der geometrischen Fläche. Obwohl die damit berechneten Sättigungen gut mit den gemessenen übereinstimmen, erscheint dieser Wert unrealistisch. *Siminiceanu* weist zwar nicht ausdrücklich darauf hin, eine Analyse seiner Versuchsbedingungen zeigt jedoch, dass die Experimente bei F-Faktoren im Bereich von 0,12 – 0,38 $Pa^{0,5}$ durchgeführt wurden. Der F-Faktor ist ein Maß für die Gasbelastung der Kolonne und nach Gleichung (6.1) definiert.

$$F = u_{Gs} \cdot \sqrt{\rho_G} \tag{6.1}$$

Für strukturierte Packungen des untersuchten Typs beginnt der optimale Betriebsbereich oberhalb von 0,5 $Pa^{0,5}$, idealerweise beträgt die Belastung 1 – 2 $Pa^{0,5}$. Hier ist aufgrund der Turbulenzen im Gegenstrom von Gas und Flüssigkeit mit einem intensiven Stoffaustausch bei akzeptablem Druckverlust zu rechnen. Die schlechte Stoffübergangsleistung in der Gasphase unterhalb dieses Bereichs wird bei *Siminiceanu* nicht berücksichtigt. *Weimer*, der ebenfalls durch Kohlendioxidabsorption effektive Phasengrenzflächen bestimmt, weist ausdrücklich darauf hin, dass bei dieser Methode durch Vernachlässigung des gasseitigen Stoffübergangswiderstands viel zu kleine Austauschflächen berechnet werden [116].
Auch der Stoffaustausch in der Pilotanlage findet bei Betriebsbedingungen mit F-Faktoren im Bereich von 0,2 – 0,5 $Pa^{0,5}$ statt. Es liegt die Vermutung nahe, dass bei den tatsächlich herr-

schenden Bedingungen ein deutlich geringerer Stoffübergangskoeffizient und eine größere Austauschfläche vorliegen, als nach dem Modell berechnet wurden. Da sich dennoch geeignete Werte für das Produkt aus Stoffübergangskoeffizient und spezifischer Austauschfläche ($k_G \cdot a_e$) ergeben wurde die Sättigung in gleicher Weise auch für die Versuche 12 - 22 berechnet. Damit konnte wiederum durch eine Auswertung, wie sie in Kapitel 4.5 beschrieben ist, der Abscheidegrad für verschiedene Betriebsbedingungen bestimmt werden. Die Ergebnisse werden weiter hinten diskutiert.
Die Modellierung zeigt, dass der Durchsatz der Pilotanlage bei einer Erhöhung der Sättigung durchaus noch gesteigert werden kann. Höhere Gasgeschwindigkeiten bzw. F-Faktoren wären notwendig um die Stoffaustauschpackung im empfohlenen Bereich zu betreiben. Der Prozess könnte dann sehr gut mit dem Delft-Modell beschrieben werden. Problematisch ist, dass dies nur durch eine konstruktive Veränderung, nämlich eine Verkleinerung des Kolonnenquerschnitts erreicht werden kann. Der Gasvolumenstrom ist über die Pumpenkennlinie mit dem Sättigungsdruck gekoppelt und kann nicht beliebig erhöht werden. Der Einsatz eines größeren Pumpentyps wäre ebenfalls denkbar.

6.1.2 Zustandsänderung der Gasphase

Zunächst werden beispielhaft die Ergebnisse einer Modellrechung für die Zustandsänderung der Gasphase bei typischen Betriebsbedingungen vorgestellt. Es wurde ein Betriebszustand der Flüssigkeitsring-Vakuumpumpe nachgebildet, bei dem der Stickstoffstrom von einer Eintrittstemperatur von 95°C und einem Ansaugdruck von 80 mbar auf 1,013 bar komprimiert und auf 19,6°C abgekühlt wurde. Der geförderte Gasvolumenstrom, der am Rotameter gemessen wurde, betrug 3,94 Nm^3/h. Nach Anpassung der Modellparameter ergeben sich die folgenden Zielgrößen: Für einen Stoffübergangskoeffizienten von 0,206 m/s und einen Volumenfaktor von 0,920 ergibt sich ein Normvolumenstrom von 3,94 Nm^3/h und eine Austrittstemperatur von 19,5°C.

Die berechneten Werte von Druck und Temperatur in der Schaufelradzelle sind in Abbildung 6.3 als Funktion des Drehwinkels aufgetragen. Im Diagramm sind außerdem die verschiedenen Drehwinkelbereiche gekennzeichnet, in denen die beobachtete Zelle den Saug- bzw. Druckschlitz in der Steuerscheibe überstreicht.

Sowohl die Anpassungsparameter als auch die Ergebnisse, die das Modell liefert, bewegen sich in einem physikalisch sinnvollen Bereich. Nach Eintritt des Gases ins Schaufelrad findet zunächst eine schlagartige Abkühlung durch Verdampfen von Wasser statt. Da in diesem Bereich die Zelle noch Kontakt zur Saugseite hat und bei Erweiterung des Zellenvolumens heißes Gas nachströmen kann, wird eine weitere Abkühlung zunächst verhindert. Im darauf folgenden Drehwinkelbereich kühlt sich das eingeschlossene Gasvolumen durch adiabate Verdunstung bis auf Umgebungstemperatur ab. Der berechnete Druckverlauf zeigt eine Übereinstimmung mit den in der Literatur angegebenen Verläufen. Bis über den unteren Scheitelpunkt bleibt der Druck nahezu konstant, der Druckanstieg vor Austritt auf der Druckseite ist nicht so stark ausgeprägt wie bei isothermen Bedingungen. Obwohl sich in diesem Bereich das Zellenvolumen verkleinert und der Wasserdampfanteil in der Gasphase zunimmt, wirkt die Temperaturverringerung einem Druckanstieg entgegen. Erst wenn sich die Zelle bei Überstreichen des Druckschlitzes zur Druckseite hin öffnet, stellt sich schlagartig Umgebungsdruck ein.

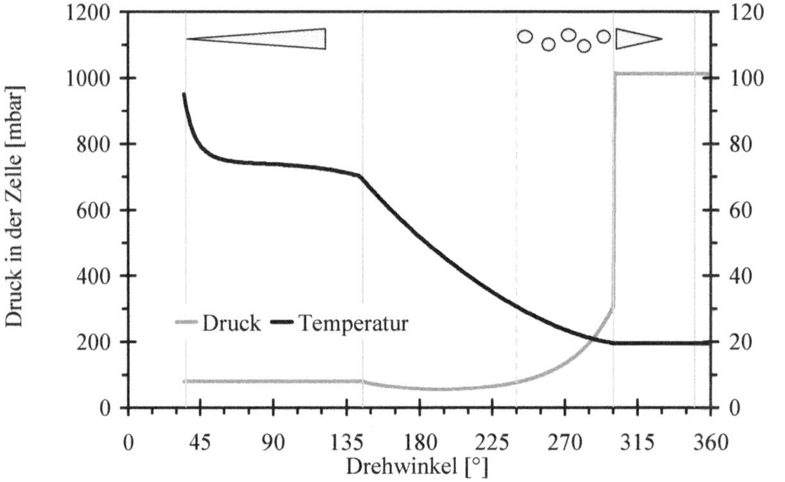

Abbildung 6.3: Druck und Temperatur in einer Schaufelradzelle der Flüssigkeitsring-Vakuumpumpe als Funktion des Drehwinkels, Eintrittsbedingungen: T_{ein} = 95°C und p_{ein} = 80 mbar, Zielgrößen: T_{aus} = 19,6°C und $\dot{V}$ = 3,94 Nm³/h, Anpassungsparameter: β = 0,206 m/s und $f_{disp,V}$ = 0,920.

Die Nachbildung des gesamten Betriebsbereichs der SIHI-Pumpe in der Pilotanlage ist problemlos möglich. Die Anpassungsparameter, die sich bei anderen Betriebsbedingungen ergeben, sind in Tabelle 6.1 zusammengefasst. Anschaulicher als diese beiden Parameter sind daraus abgeleitete Größen wie der Wärmeübergangskoeffizient α und die mittlere, spezifische Austauschfläche a.

Aus den über den Umfangswinkel gemittelten Stoffwerten lässt sich über die Lewis-Beziehung auf den mittleren Wärmeübergangskoeffizienten zurückrechnen. Dieser ist für eine Reihe von untersuchten Betriebszuständen in Abbildung 6.4 dargestellt. Der Wärmeübergangskoeffizient bewegt sich typischerweise in einem Bereich von 3 - 40 W/(m²·K). Diese Größenordnung wird durch die experimentellen Ergebnisse von *Beckmann* bestätigt [5].

Aus den Mittelwerten von $V_{Zelle,disp}$ und $A_{Zelle,disp}$ ergibt sich für jeden stationären Betriebszustand außerdem eine charakteristische, spezifische Austauschfläche a. Für die untersuchten

Betriebsbedingungen hat sie eine Größe von 260 - 1020 m^2/m^3 und liegt damit in einem Größenbereich, der für Stoffaustauschpackungen oder Füllkörperschüttungen typisch ist und sogar darüber hinausgeht. Bei dem intensiven Phasenkontakt im Schaufelraum sind diese Werte durchaus realistisch. Das Modell ist in der Lage, die in den Stroboskoplicht-Aufnahmen beobachtete Tendenz wiederzugeben: Je geringer der Ansaugdruck ist, desto intensiver ist die Versprühung von feindispersen Wassertröpfchen im Zellenraum und desto größer ist die spezifische Austauschfläche. In Abbildung 6.5 ist für eine Reihe verschiedener Betriebszustände die mittlere spezifische Phasengrenzfläche aufgetragen.

Tabelle 6.1: Anpassungsparameter und Ergebnisse der Modellierung der Zustandsänderung für einige typische Betriebszustände.

Betriebsbedingungen im Experiment					**Anpassungsparameter**	
	Eingangsgrößen		**Zielgrößen**			
Versuch Nr.	**p_{ein} [mbar]**	**T_{ein} [°C]**	**T_{aus} [°C]**	**$\dot{V}$ [Nm^3/h]**	**β [m/s]**	**$f_{disp,V}$ [-]**
13-1	40	95	19,3	1,38	0,052	0,625
13-3	80	95	19,6	3,94	0,206	0,920
13-5	120	95	20,2	6,19	0,288	0,958
14-1	40	101	19,6	1,45	0,069	0,690
14-5	80	101	20,5	3,89	0,210	0,918
14-7	120	101	21	6,08	0,290	0,951
19-1	40	110	19,4	1,31	0,065	0,650
19-5	80	110	19,4	3,96	0,285	0,950
19-7	120	110	19,8	5,96	0,328	0,950
22-1	40	118	19,3	1,33	0,070	0,650
22-5	80	118	19,5	3,87	0,275	0,935
22-7	120	118	19,9	5,85	0,345	0,945

Das Produkt aus beiden berechneten Größen ist die spezifische Wärmeübertragungsleistung $\alpha \cdot a$, die eine charakteristische Größe für einen Quenchprozess darstellt. Aus dem Modell ergibt sich für die untersuchte Flüssigkeitsring-Vakuumpumpe eine spezifische Wärmeübertragungsleistung von 2,3 - 11,5 $kW/(m^3 \cdot K)$. Für einen Modellquenchprozess in einem Sprühapparat mit Luft und Wasser hat *Friend* spezifische Wärmeübertragungsleistungen von 1,2 - 3,5 $kW/(m^3 \cdot K)$ gemessen [24]. Der Vergleich bestätigt, dass die Flüssigkeitsring-Vakuumpumpe ein Apparat ist, in dem eine besonders effektive Gaskühlung durch direkten Phasenkontakt möglich ist.

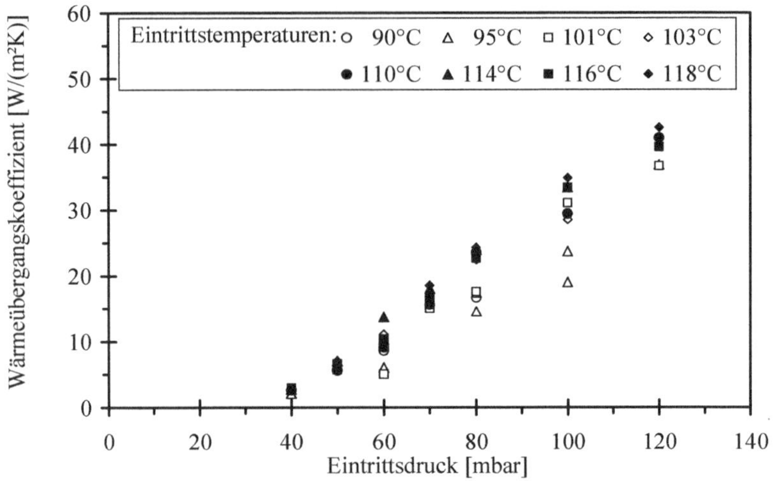

Abbildung 6.4: *Nach dem Modell berechneter, mittlerer Wärmeübergangskoeffizient α für verschiedene, durch Eintrittstemperatur und Eintrittsdruck gekennzeichnete Betriebszustände.*

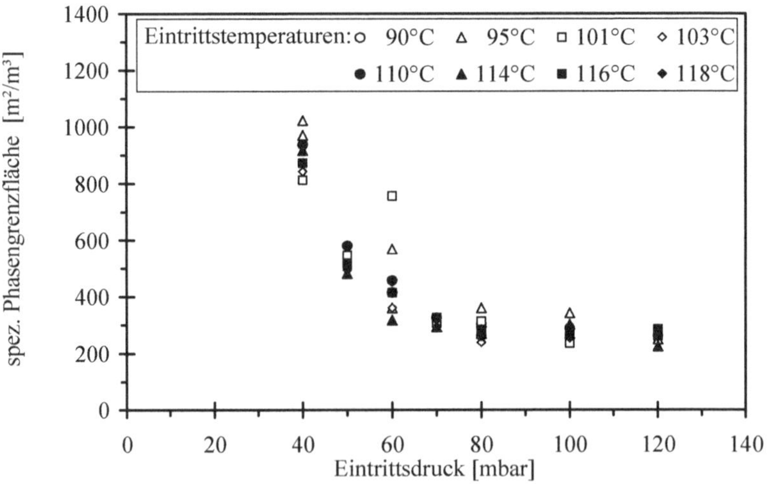

Abbildung 6.5: *Nach dem Modell berechnete mittlere, spezifische Austauschfläche a im Schaufelraum für verschiedene, durch Eintrittstemperatur und Eintrittsdruck gekennzeichnete Betriebszustände.*

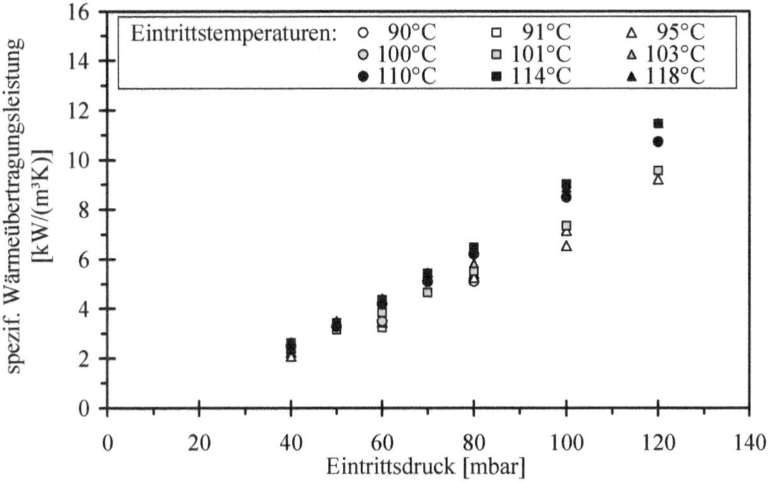

Abbildung 6.6: Nach dem Modell berechnete spezifische Wärmeübertragungsleistung für verschiedene, durch Eintrittstemperatur und Eintrittsdruck gekennzeichnete Betriebszustände.

Trotz der stark vereinfachenden Annahmen ist das Modell gut geeignet, den Wärme- und Stoffübergang bei Kühlung und Kompression der Gasphase in der Flüssigkeitsring-Vakuumpumpe zu beschreiben. Die Ergebnisse sind konsistent und physikalisch sinnvoll.

Die Möglichkeiten des Modells sind dabei noch nicht einmal vollständig ausgeschöpft: Volumen und Phasengrenzfläche einer Zelle können noch genauer definiert werden. Eine wirklichkeitsgetreue Beschreibung der Form der Wasserringoberfläche, sowie die Definition einer vom Betriebszustand abhängigen Tröpfchengröße wären erste, mögliche Erweiterungsschritte. Ebenso könnte der Volumenfaktor $f_{disp,V}$ nicht als globale Größe sondern als Funktion des Drehwinkels angegeben werden. Für eine noch komplexere Betrachtung müssten außerdem die Vorgänge vor und nach dem Ein- bzw. Austritt aus dem Schaufelrad, also im Saug- und Druckstutzen berücksichtigt werden. Um die unbekannten Größen bestimmen und die Zusammenhänge abschätzen zu können, sollten dann Stroboskopaufnahmen der Versuchspumpe bei verschiedenen Betriebsbedingungen zur Verfügung stehen und die Modellierung durch experimentelle Bestimmung der Phasengrenzfläche validiert werden.

6.1.3 Aufbau der Übersättigung

Aus der Zustandsänderung der Gasphase lässt sich für den organischen Versuchsstoff bei bekannter Eintrittssättigung S_{ein} ein Sättigungsprofil berechnen. Die theoretische Sättigung, die sich dann ergibt, wenn kein Phasenübergang stattfindet, ist in den Abbildungen unten für verschiedene Betriebszustände und zwei unterschiedliche Versuchsstoffe als Funktion des Drehwinkels aufgetragen.

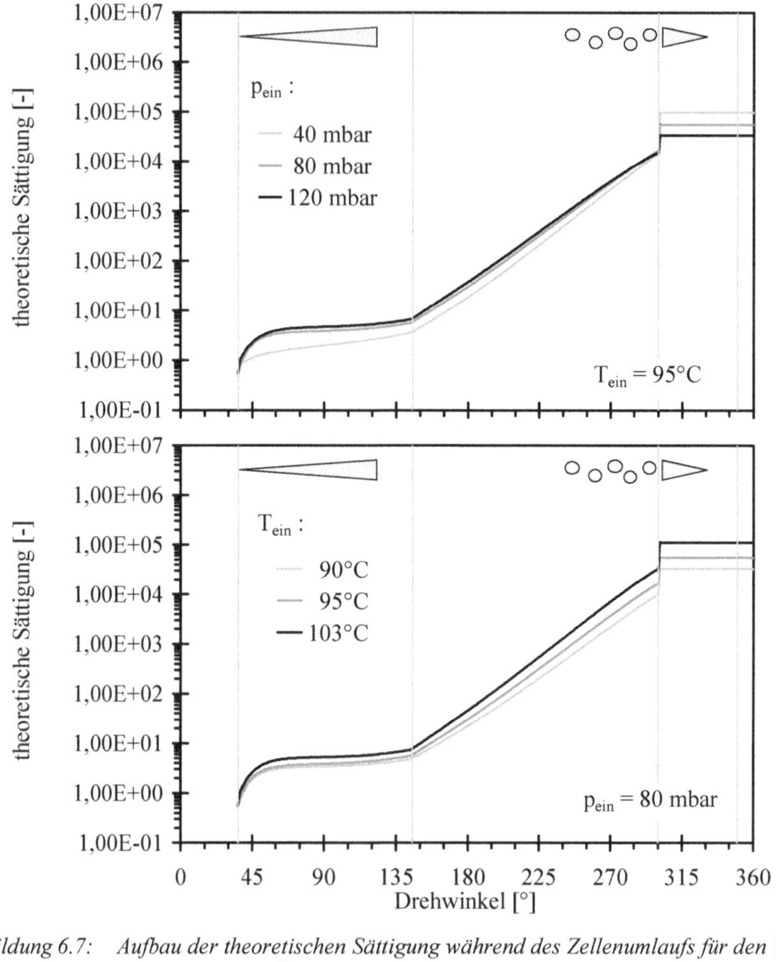

Abbildung 6.7: Aufbau der theoretischen Sättigung während des Zellenumlaufs für den Versuchsstoff Lanette®16 bei verschiedenen Betriebsbedingungen.

Die Profile sind bei beiden Versuchsstoffen für alle Betriebszustände nahezu ähnlich. Trotz Variation von Eintrittsdruck und -temperatur weichen die berechneten Sättigungswerte an gleicher Drehwinkelposition bzw. nach gleicher Verweilzeit nicht mehr als um den Faktor 5 voneinander ab. Am Austritt der Pumpe erreichen die theoretischen Übersättigungen sowohl für Lanette®16 als auch für Eutanol®G Werte in der Größenordnung von 10^5. Die mittlere Sättigungsrate liegt bei einer Verweilzeit von ca. 30 ms im Bereich von 10^6 s^{-1}, kann aber durch den steilen Druckanstieg beim Austritt aus der Pumpe lokal bis zu 10^9 s^{-1} erreichen. Diese Werte belegen nochmals, dass die in Kapitel 2.1 beschriebenen Grundvoraussetzungen zur Bildung feinster Aerosolpartikeln erfüllt sind.

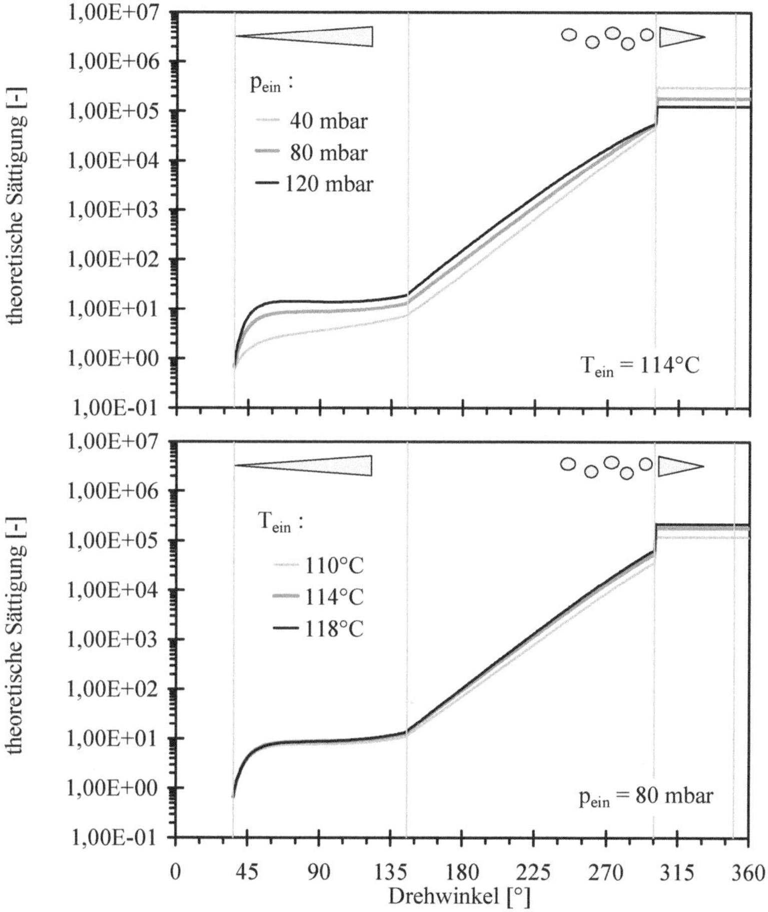

Abbildung 6.8: Aufbau der theoretischen Sättigung während des Zellenumlaufs für den Versuchsstoff Eutanol® G bei verschiedenen Betriebsbedingungen.

Die Verläufe zeigen jedoch auch, dass die Möglichkeiten, durch gezieltes Einstellen einer Übersättigungsrate die Entstehung von Primärpartikeln einer bestimmten Größenordnung zu bewirken, begrenzt sind. Die Variationsbreite von Druck und Temperatur am Pumpeneintritt ist durch verschiedene Faktoren eingeschränkt: Die Parameter müssen so gewählt werden, dass überhaupt ein nennenswerter Stoffdurchsatz erreicht wird. Die Abhängigkeit des Druckes vom Volumenstrom ist über die Kennlinie der Pumpe fest vorgegeben, die thermische Belastungsgrenzen von Anlage und Versuchsstoff sind zu beachten und bei der Bildung von Feststoffpartikeln tritt zusätzlich Schaumbildung im Abscheider auf, die bei hohen Stoffdurchsätzen nicht mehr beherrschbar ist.

6.2 Bildung von Primärpartikeln

Die theoretische Sättigung bzw. Sättigungsrate kann natürlich weder in Form eines Mittelwertes noch eines Maximalwertes als universelle Kenngröße für den Primäpartikelbildungsprozess herangezogen werden. Dennoch machen die Überlegungen in Kapitel 6.1.3 eines deutlich: Es ist nicht zu erwarten, dass bei den untersuchten Betriebsbedingungen eine experimentell erfassbarer Einfluss auf die Primärpartikelgröße festzustellen ist. Diese Feststellung erleichtert das weitere Vorgehen bei der theoretischen Betrachtung des Prozesses: Ausgehend von einer mittleren Primärpartikelgröße kann aus der Sättigung der Gasphase in Abhängigkeit der Betriebsbedingungen die Anzahldichte der Keime bzw. Primärpartikeln ermittelt werden. Diese lässt sich wiederum mit einer aus der theoretischen Sättigung ermittelten Keimbildungsrate und einer entsprechenden Verweilzeit vergleichen. Somit kann beurteilt werden, ob die klassische Keimbildungstheorie überhaupt annähernd in der Lage ist, den betrachteten Partikelbildungsprozess zu beschreiben, ohne gleich eine komplexe Modellierung des Partikelbildungsprozesses durchzuführen.

Die Frage nach der Primärpartikelgröße lässt sich anhand experimenteller Ergebnisse beantworten. REM-Aufnahmen von Lanette®16-Partikeln belegen, dass sich sowohl in der Gasphase als auch in der Flüssigphase kleinste kugelförmige Partikeln mit Durchmessern von 75 - 250 nm befinden.

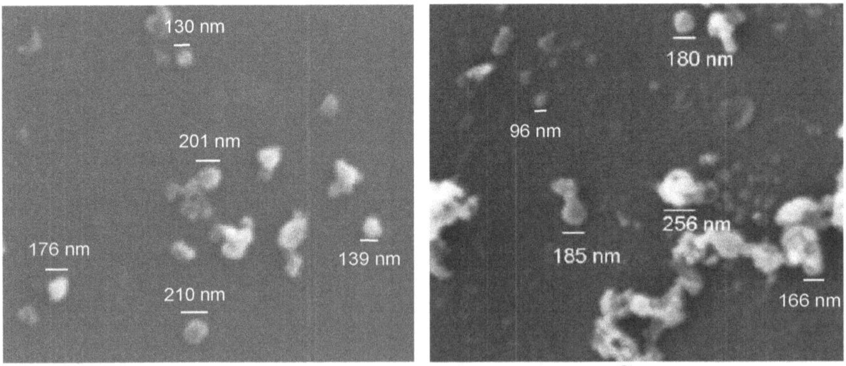

Abbildung 6.9: REM-Aufnahmen kleinster, kugelförmiger Lanette®16-Partikeln in der Gasphase (links: Versuch 37) und in der Flüssigphase (rechts: Versuch 29).

Falls es sich tatsächlich um Primärpartikeln handelt, so sind diese durch homogene Keimbildung und anschließendes Aufwachsen von Keimen entstanden. Dafür spricht ihre ebenmäßige Kugelform, die auch noch zu erkennen ist, nachdem die Partikeln im weiteren Prozessverlauf aufgrund von Agglomeration übergeordnete Strukturen gebildet haben. Außerdem bewegen sich die Partikeldurchmesser in einem recht engen Größenbereich. Sollte während eines frühen Stadiums ihrer Entstehung doch eine Agglomeration und Koaleszenz von Keimen stattgefunden haben, noch bevor das Wachstum beendet war, so kann anhand dieser Partikelgröße zumindest eine minimal erforderliche Keimbildungsrate abgeschätzt und mit der theoretischen verglichen werden.

Die submikronen Partikeln konnten auch mit anderen Messmethoden nachgewiesen werden. Auch mithilfe der 3-WEM-Technik sollte eine Bestimmung der Aerosolpartikelgröße erfolgen. Es zeigte sich jedoch, dass eine Zuordnung der Messwerte nicht möglich war. Es konnten bei den Auswertungen keine expliziten Lösungen für die mittlere Partikelgröße gefunden werden, die die Gleichungen für beide Dispersionskoeffizienten erfüllt. Ursache dafür kann ein unzureichender Schätzwert für den Brechungsindex sein, aber auch die Tatsache, dass sich im Aerosol eben nicht nur Primärpartikeln sondern auch vereinzelt größere Partikelagglomerate befinden. Die Auswertung ist bei einem so stark heterogenen System nicht möglich. Dennoch liefern die Messungen einen entscheidenden Hinweis: In allen Fällen, in denen eine solche Aerosolmessung durchgeführt wurde, zeigten die drei Laserstrahlen beim Durchtritt durch den Aerosolstrom eine unterschiedlich starke Abschwächungen. Beispiele dafür sind im Anhang (Abbildung A.1, Abbildung A.17) dargestellt. Dieser Effekt tritt nur bei Anwesenheit von Partikeln mit einem Durchmesser in der Größenordnung der Wellenlänge auf.

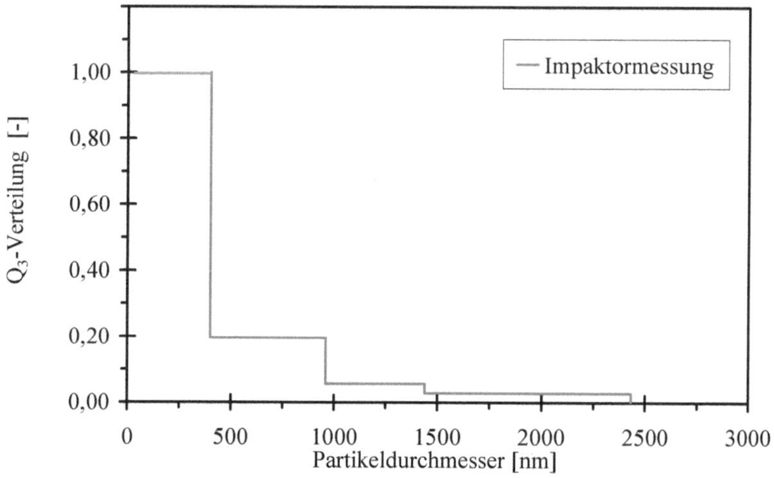

Abbildung 6.10: Stufenförmige, volumengewichtete Summenverteilung der Lanette®16-Aerosolpartikeln aus Beladungs- und Impaktormessung in Versuch 66.

Die Aerosolmessungen, die an der Technikumsanlage durchgeführt wurden, lieferten eindeutigere Ergebnisse. Aus der Aerosolbeladung des Gasstroms, die mit einer Filterhülse und Polizeifilter gravimetrisch ermittelt wurde, und den Ergebnissen der Impaktormessungen konnte in Versuch 66 die in Abbildung 6.10 dargestellte Größenverteilung ermittelt werden. Bei der aufgetragenen Partikelgröße handelt es sich um einen aerodynamischen Äquivalentdurchmesser.

Im austretenden Aerosol konnten einige Partikeln mit einer Größe von bis zu 2,4 µm detektiert werden. Hierbei handelt es sich höchstwahrscheinlich um Agglomerate. Genaueres zu Form und Struktur dieser Partikel wird im nächsten Kapitel besprochen. Der Großteil der Aerosolpartikeln, nämlich über 80 Massen-%, ist jedoch kleiner als 400 nm im Durchmesser. Die genaue Verteilung unterhalb dieser Größe ist nicht bekannt, da diese Partikeln nicht mehr vom Impaktor klassiert werden.

In der Flüssigphase konnten Primärpartikeln fester und flüssiger Versuchsstoffe mit der PCS-Messmethode nachgewiesen werden. Sowohl für Myritol®318 als auch Eutanol®G konnten kleinste Tröpfchen im Größenbereich von 80 nm nachgewiesen werden. Die Messergebnisse für zwei Eutanol®G-Proben sind unten dargestellt, für Myritol®318 ist eine Abbildung im Anhang aufgeführt (Abbildung A.3).

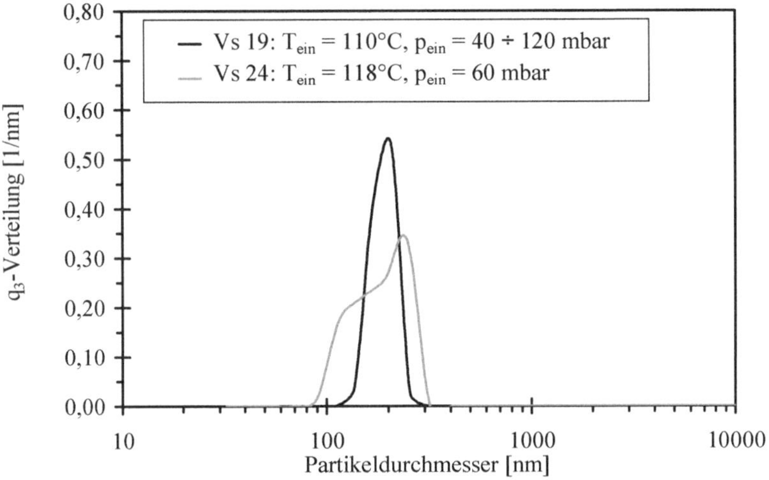

Abbildung 6.11: Volumengewichtete Häufigkeitsverteilung der Eutanol®G-Tröpfchen in Betriebswasserproben aus Versuch 19 und 24 (filtriert mit 0,8µm-Filter, keine US-Behandlung).

Auch Feststoffpartikeln konnten auf diese Weise gemessen werden. Abbildung 6.12 zeigt die Größenverteilung für Betriebswasserproben mit Lanette®16-Partikeln. Diese weisen eine Größe im Bereich von 65 nm bis 1,6 µm auf.

Die gemessenen Partikelgrößen bestätigen nochmals die Aussagen der REM-Aufnahmen: die kleinsten nachgewiesenen Partikeln, bei denen es sich vermutlich um Primärpartikeln handelt, haben eine mittlere Größe von ungefähr 75 nm. Partikeln dieser Größenordnung können nur durch homogene Keimbildung im Gasraum der Schaufelzellen entstanden sein. Die Ergebnisse belegen also, dass die aerosolbasierte Erzeugung von submikronen Partikeln in der Flüssigkeitsring-Vakuumpumpe grundsätzlich funktioniert. Ob die Abschätzungen nach der klassischen Keimbildungstheorie diese Größe bestätigen können, wird auf den nächsten Seiten diskutiert. Darüber hinaus zeigen die Ergebnisse der Partikelgrößenbestimmung, dass sowohl in der Flüssig- als auch in der Gasphase größere Partikeln existieren, vermutlich Agglomerate, die Abmessungen im unteren Mikrometerbereich aufweisen.

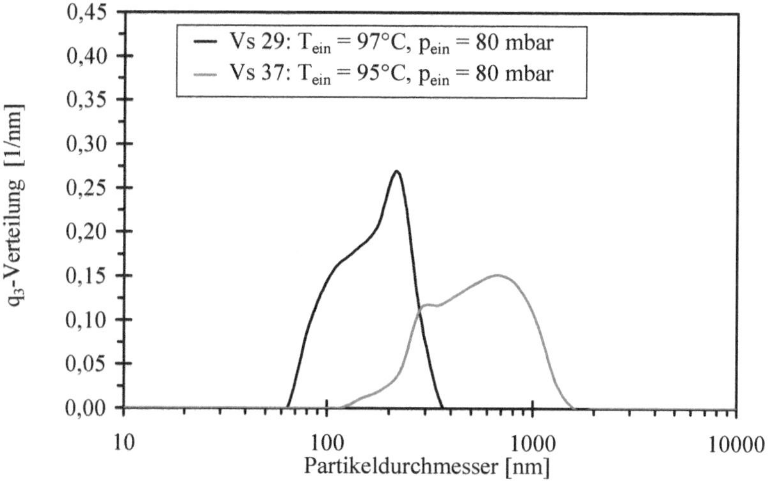

Abbildung 6.12: Volumengewichtete Häufigkeitsverteilung der Lanette®16-Partikeln in Betriebswasserproben aus Versuch 29 und 37 (filtriert mit 3µm- bzw. 5µm-Filter, 5min US).

Selbst wenn im untersuchten Bereich die Primärpartikelgröße durch Wahl der Betriebsbedingungen beeinflusst werden könnten, wäre es schwierig auf Grundlage der Partikelgrößenmessung weitere Aussagen zu treffen. Beispielsweise ist ein Vergleich der Ergebnisse verschiedener Messmethoden nicht ohne weiteres möglich. Jede Messmethode liefert immer nur einen Teilausschnitt der gesamten Partikelgrößenverteilung. Oder anders gesagt: Man erhält aus einer PCS-Messungen den „unteren“ Teil der Partikelgrößenverteilung in der Flüssigphase, aus einer Impaktormessung den „oberen“ Teil der Größenverteilung der Aerosolpartikeln. Hinzukommt, dass jedes Messprinzip eine anderen Äquivalentdurchmesser liefert, der unter der Voraussetzung ideal kugelförmiger Partikeln berechnet wird. Ob die kleinsten detektierten Partikeln tatsächlich kugelförmig sind oder es sich um Agglomerate aus sehr viel kleinern Primärpartikeln handelt, die leicht bei besonders hoher Beladung bzw. Anzahlkonzentration entstehen können, kann nicht gesagt werden. Die REM-Aufnahmen selbst lassen zwar Partikelgrößen erkennen, dienen jedoch mehr zur Strukturaufklärung. Auch hier muss berücksichtigt werden, dass je nach Methode der Probenahme bestimmt Partikelgrößenklassen nicht erfasst werden. Zusammengenommen erlauben die Ergebnisse eine Aussage über die Primärpartikelgröße. Um sich jedoch a posteriori eine genaue Vorstellung des gesamten Partikelentstehungsprozesses zu machen, sind die Ergebnisse zu lückenhaft. Anhand von theoretischen Überlegungen muss deshalb die Wahrscheinlichkeit verschiedener Vorgänge bewertet werden. Diese Betrachtungen werden im nächsten Kapitel fortgesetzt.

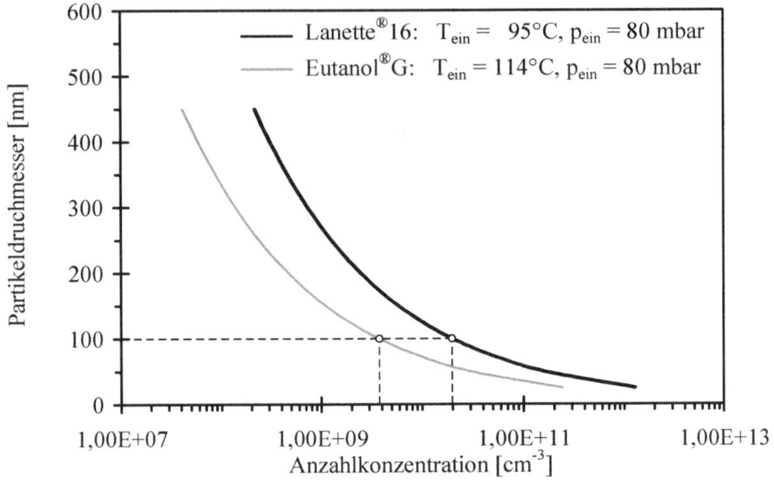

Abbildung 6.13: Zusammenhang zwischen Primärpartikelgröße und Anzahlkonzentration (bei 20°C und 1 bar) für die Versuchsstoffe Lanette®16 und Eutanol®G bei gegebenen Betriebsbedingungen.

Zunächst soll jedoch beurteilt werden, inwieweit die klassische Keimbildungstheorie die homogene Keimbildung der Versuchsstoffe beschreiben kann. Dazu wird aus der ungefähren Primärpartikelgröße zurückgerechnet, welche Anzahldichte an Keimen nach Abschluss des Keimbildungsvorgangs vorlag. Zur Veranschaulichung wurde für die Versuchsstoffe Lanette®16 und Eutanol®G die Stoffmasse pro Gasvolumen berechnet, die bei typischen Bedingungen zur Aerosolbildung zur Verfügung steht. Diese ergibt sich aus der Beladung des Gasstroms in der Packungskolonne (siehe Kapitel 4.5 und 5.1). Für den Fall eines monodispersen Aerosols lassen sich die in Abbildung 6.13 gezeigten Zusammenhänge ableiten. Eine Primärpartikelgröße von 75 nm würde eine Anzahlkonzentration von $4{,}7 \cdot 10^{10}$ bzw. $8{,}9 \cdot 10^{9}$ Keimen pro Kubikzentimeter voraussetzen (bezogen auf das Volumen bei 20°C und 1 bar).

Aus dem Sättigungsverlauf und nach den Gleichungen der klassischen Keimbildungstheorie aus Kapitel 5.3 lassen sich theoretische Keimbildungsraten berechnen, die in Abbildung 6.14 aufgetragen sind. Auch hier wurde zur Vergleichbarkeit die Keimbildungsrate auf das Volumen bei Austrittsbedingungen (20°C, 1 bar) umgerechnet.

Im Prinzip ist ein Gas-Dampf-Gemisch bereits beim ersten Überschreiten der Gleichgewichtsättigung in der Lage, Partikeln zu bilden. Aber die Zeit, die dann zur Bildung einer nennenswerten Partikelanzahl benötigt wird, ist sehr viel länger als die Verweilzeit in der Pumpe. Der Übersättigungsaufbau erfolgt im Vergleich dazu sehr viel schneller. Abbildung 6.14 macht deutlich, dass erst kurz vor dem Austritt aus der Pumpe Keimbildungsraten erreicht werden, die bei schlagartiger Bildung von Keimen zu der erwarteten Anzahlkonzentration führen.

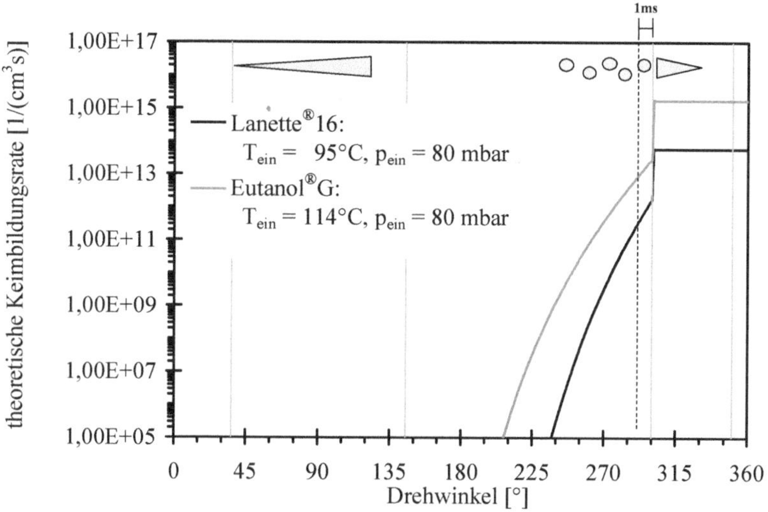

Abbildung 6.14: Theoretische Keimbildungsraten (bezogen auf das Volumen bei Austrittsbedingungen) für die Versuchsstoffe Lanette®16 und Eutanol®G bei gegebenen Betriebsbedingungen.

Schlagartig bedeutet, dass der Keimbildungsvorgang schneller ablaufen muss, als das Wachstum der Partikeln. Eine Berechnung des Partikelwachstums ist ohne einen komplexen Computercode nicht möglich. Für die weitere Diskussion soll deshalb ein Anhaltswert von 1 Millisekunde als charakteristische Zeit angenommen werden. Diese Annahme ist gerechtfertigt, wenn man berücksichtigt, dass sowohl typische Partikelwachstumszeiten bis zur Größe von 1 µm in dieser Größenordnung liegen, als auch, dass die verbleibende Verweilzeit des Gases in der Pumpe beim Erreichen relevanter Keimbildungsraten (8,7° Drehwinkel =1 ms) im Millisekundenbereich liegt. Das heißt, dass bei den gegebenen Betriebsbedingungen für den Stoff Lanette®16 eine Keimbildungsrate von $4{,}7 \cdot 10^{13}$ $cm^{-3}s^{-1}$ notwendig wäre, für den Stoff Eutanol®G eine Rate von $8{,}9 \cdot 10^{12}$ $cm^{-3}s^{-1}$.

Die klassische Keimbildungstheorie bestätigt für beide Stoffe, dass diese Keimbildungsraten, die zur Bildung von Primärpartikeln mit entsprechender Anzahldichte und einem Durchmesser von 75 nm erforderlich sind, erreicht werden können. Die entsprechenden Keimbildungsraten werden jedoch erst kurz vor oder beim Austritt aus der Schaufelradzelle erreicht. In der Literatur ist dokumentiert, dass die klassische Keimbildungstheorie für längerkettige aliphatische Alkane, Alkohole und für Moleküle mit Wasserstoffbrückenbindungen eine Keimbildungsrate vorhersagt, die bis um den Faktor 10^4 bis 10^8 niedriger ist als die experimentell ermittelte [43, 48, 83]. Dies trifft insbesondere bei geringen Temperaturen zu und ist vermutlich darauf zurückzuführen, dass die Grenzflächenspannung der Moleküle im Keim nur unzureichend durch die der Bulkphase beschrieben wird. Für die hier untersuchten Stoffgruppen kann man von einer ähnlichen Abweichung ausgehen, zumal beim Feststoff die Stoffeigenschaften unter den Schmelzpunkt hinaus extrapoliert wurden. Dennoch ist anzunehmen, dass die Primärpartikeln erst nach dem Durchlaufen des Scheitelpunktes, also tatsächlich nur wenige Millisekunden vor Erreichen des Druckschlitzes gebildet werden. Experimentelle Untersuchungen in einer Nebelkammer könnten Aussagen dazu liefern, inwieweit die klassische Keimbildungstheorie für die Versuchstoffe angepasst werden muss.

6.3 Entstehung von Partikelkollektiven unter dem Einfluss von Agglomeration und Abscheidung

Von der homogenen Keimbildung bis zur Probenahme und Analyse am Ende des Prozesses kann ein Partikelkollektiv zahlreiche Veränderungen erfahren, die Einfluss auf seine Anzahldichte, sowie Struktur, Größe und Gesamtmasse seiner Partikeln haben. Im untersuchten Prozess fallen Partikelkollektive in zwei verschiedenen Phasen an und haben entsprechend unterschiedliche Entstehungsgeschichten. Ein Teil der in der Gasphase gebildeten Partikeln wird in Flüssigkeit abgeschieden. Hier muss geklärt werden, auf welchen Mechanismus die Abscheidung zurückzuführen ist, inwieweit es sich um eine Klassierung handelt, wie die Abscheidung verläuft und in welchem Ausmaß sie auftritt. Auch die umgekehrte Möglichkeit, dass ein Teil der Partikeln an einer Stelle im Prozess wieder von der Flüssig- in die Gasphase übergeht, kann prinzipiell nicht ausgeschlossen werden. Daneben kann über den ganzen Prozessverlauf hinweg Agglomeration von Partikeln stattfinden. Die experimentellen Ergebnisse zeigen, dass sowohl in der Gas- als auch in der Flüssigphase Partikeln bis zu einer Größe von 5µm vorliegen.

In diesem Kapitel sollen mögliche Szenarien der Agglomerations- und Abscheidevorgänge betrachtete werden und deren Wahrscheinlichkeit beurteilt werden.

6.3.1 Verlauf von Abscheidung und Abscheidgrad

Für die Betrachtung des Prozesses ist es wichtig zu unterscheiden, in welcher Weise die Partikelkollektive in Gas- und Flüssigphase während des Versuchs anfallen. Bei den Partikeln, die die Anlage in Form eines Aerosolstroms verlassen, kann man davon ausgehen, dass diese bei stationären Betriebsbedingungen immer in gleicher Anzahldichte und Partikelgröße auftreten. Die Partikeln hingegen, die in der Flüssigphase abgeschieden werden, reichern sich dort an und verbleiben über die gesamte Versuchsdauer im Abscheider. Wechselwirkungsvorgänge, die eine gewisse Verweilzeit erfordern, werden dadurch ermöglicht bzw. Vorgänge die im Zusammenhang mit der Partikelkonzentration stehen, beeinflusst.

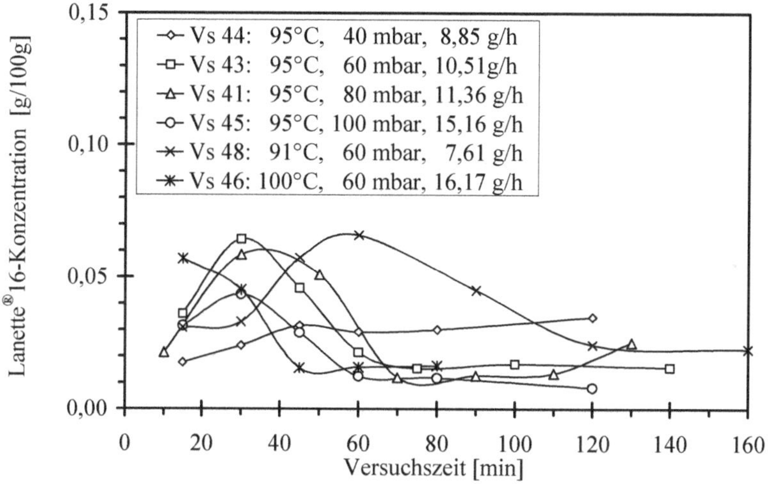

Abbildung 6.15: Verlauf der Lanette®16-Konzentration im Betriebswasser über die Versuchszeit. Angegeben sind Eintrittstemperatur und –druck in die Pumpe sowie der Massenstrom an Versuchsstoff, der kontinuierlich in der Flüssigphase abgeschieden wird (= $\dot{m}_{i,ein} - \dot{m}_{i,Aer}$*, siehe Kapitel 4.5).*

Der Verlauf der Abscheidung wurde untersucht, indem während der Versuche Betriebswasserproben entnommen wurden und die Konzentration an Versuchsstoff in diesen Proben bestimmt wurde. Abbildung 6.15 zeigt den Verlauf der Betriebswasserkonzentration über die Versuchszeit für die Versuche 41 - 48. Die Probenahme erfolgte vor dem Wiedereintritt des Wassers in die Flüssigkeitsring-Vakuumpumpe. Die gemessene Konzentration umfasst sowohl den Gehalt an partikulärem Versuchsstoff als auch den Gehalt an gelöstem Versuchstoff, der jedoch naturgemäß sehr gering und somit zu vernachlässigen ist.
Die Anreicherung im Betriebswasser beginnt mit einer kontinuierlichen Konzentrationszunahme bis zu einer maximalen Konzentration. Je nach eingetragener Stoffmenge wird die maximale Konzentration früher oder später, mindestens innerhalb von 60 Minuten, erreicht. Sie liegt im Bereich von 0,04 – 0,07 Massen-%. Im weiteren Versuchsverlauf fällt die Konzentration wieder ab, bis ein Gleichgewichtswert von ca. 0,01 - 0,03 Massen-% erreicht ist. Diese Konzentration bleibt dann über die restliche Versuchszeit konstant. Während des Versuchs ist zu beobachten, dass nach dem Zeitpunkt, zu dem die maximale Konzentration erreicht wurde, eine starke Schaumbildung im Abscheider einsetzt. Durch einen Flotationseffekt bildet sich eine feststoffreiche Schaumschicht aus, die auf dem Betriebswasser aufschwimmt und nicht wieder in die umlaufende Betriebsflüssigkeit eingemischt wird. In gleichem Maß, in dem weiterhin Partikeln abgeschieden werden, nimmt das Schaumvolumen im Abscheider zu.

Die Auswertung der Aerosolmessungen nach Kapitel 4.5 ergibt den Abscheidegrad. Dieser ist in Abbildung 6.16 für den Stoff Lanette®16 bei verschiedenen Versuchsbedingungen dargestellt.

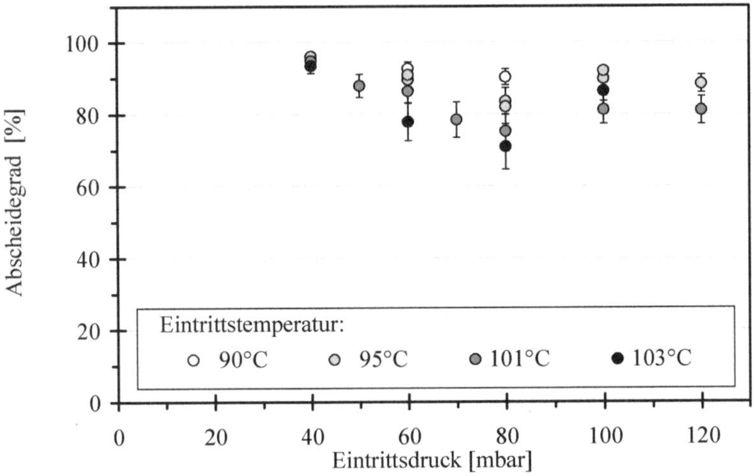

Abbildung 6.16: Der Abscheidegrad für Lanette®16-Partikeln bei verschiedenen Versuchsbedingungen (Versuche 12-15 und 41-48).

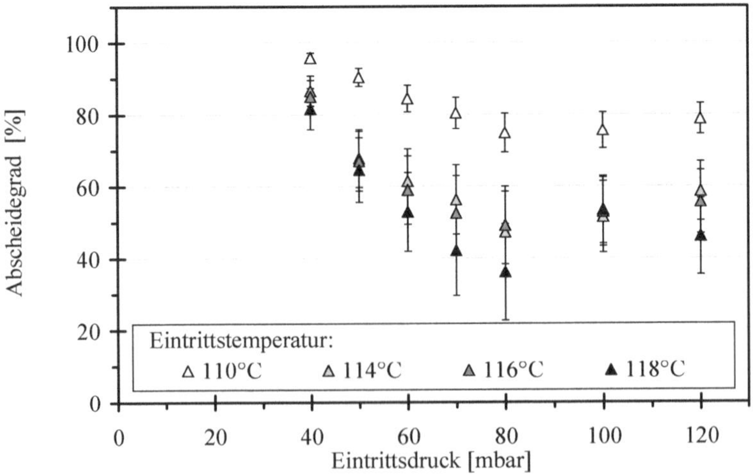

Abbildung 6.17: Der Abscheidegrad für Eutanol®G-Tröpfchen bei verschiedenen Versuchsbedingungen (Versuche 19-22).

Auch für die Versuche mit flüssigem Versuchsstoff Eutanol®G wurde diese Auswertung durchgeführt (Abbildung 6.17). Die Ergebnisse zeigen, dass der Abscheidegrad bei den meisten Versuchen ausgesprochen hoch ist. Es bleiben 71-96% der durchgesetzten Lanette®16-Masse und 36-96% der Eutanol®G-Masse in der Flüssigphase zurück. Tendenziell ist die Abscheidung bei geringeren Eintrittstemperaturen effektiver. Bei einem Eintrittsdruck von 80 mbar weist der Abscheidegrad ein Minimum auf. Bei 100 mbar Eintrittsdruck scheint bei beiden Stoffen die Temperaturabhängigkeit weniger stark ausgeprägt zu sein.

Allein die Betrachtung der Abhängigkeit von Eintrittsdruck und –temperatur reicht aber nicht zur Beantwortung der Frage aus, auf welchem Mechanismus die Abscheidung beruht und wo sie genau stattfindet.

Abscheidung und Agglomeration in der Pumpe

Die Partikelgrößenanalysen belegen, dass Primärpartikeln in großer Anzahl in der Flüssigphase vorhanden sind. Es ist also denkbar, dass Primärpartikeln nach ihrer Entstehung durch diffusiven Transport an die Phasengrenzfläche gelangen und so abgeschieden werden. Agglomerationsprozesse können bei einer optimistischen Rechnung zunächst vernachlässigt werden, da bei größeren Partikeln in geringerer Anzahldichte der diffusive Transport weniger stark ausgeprägt ist. Nach den Überlegungen aus Kapitel 6.2 verweilen die Primärpartikeln nach ihrer Entstehung noch einige Millisekunden in der Schaufelradzelle. Der maximale Abscheidgrad für die Diffusionsabscheidung kann für diesen Fall wie in Kapitel 5.4 beschrieben abgeschätzt werden. Für typische Bedingungen, wie sie kurz vor Erreichen des Druckschlitzes in der Schaufelradzelle herrschen, haben Partikeln mit einer Größe von 75 nm einen Diffusionskoeffizienten von ungefähr $4 \cdot 10^{-9}$ m²/s. Die Anzahldichte der Keime beträgt bei diesen Bedingungen ca. 10^{9} cm^{-3}. Nach dem oben beschriebenen Modell ist mit einer maximalen spezifischen Phasengrenzfläche von 1000 m²/m³ zu rechnen. Der unter diesen Vorraussetzung berechnet Abscheidegrad ist in Abbildung 6.18 als Funktion der Verweilzeit aufgetragen.

Trotz optimistischer Annahmen ist selbst bei einer Verweilzeit von 10 ms nicht mit einem Abscheidegrad von über 5% zu rechnen. Nach dieser theoretischen Abschätzung kann der hohe Abscheidgrad also nicht allein auf die Diffusionsabscheidung innerhalb der Schaufelradzelle zurückgeführt werden.

Auch für die nachfolgende Rohrströmung liefert die theoretische Abschätzung ähnlich geringe Werte. Für einen Volumenstrom von 1,5 – 6,5 m³/h werden nach Gleichung (2.16) und (2.17) über eine Rohrlänge von 0,5 m nicht mehr als 1% der Partikeln aufgrund von konvektiver Diffusion an den benetzten Rohrwänden abgeschieden. Die Verweilzeit beträgt hier weniger als 1 Sekunde.

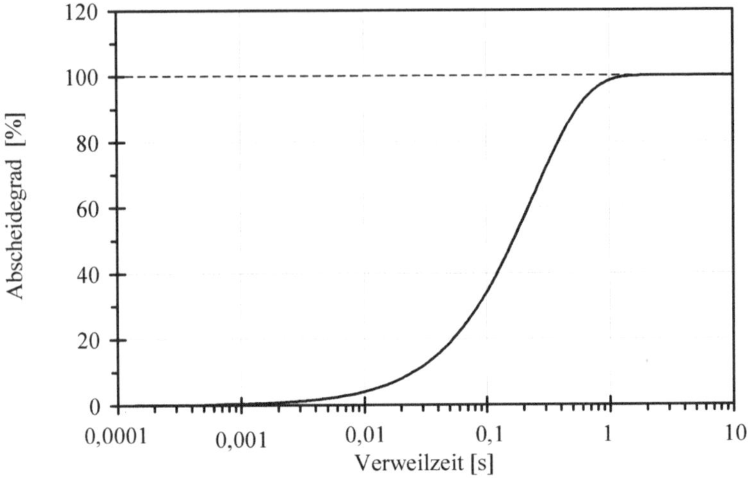

Abbildung 6.18: Der nach der Theorie maximal zu erwartender Abscheidegrad für Diffusionsabscheidung der Primärpartikeln in der Schaufelradzelle als Funktion der Verweilzeit (p= 250 mbar, T= 20°C, d= 75 nm, $c_{N,0}=10^9 cm^{-3}$, a = 1000 m²/m³, δ= 1 µm).

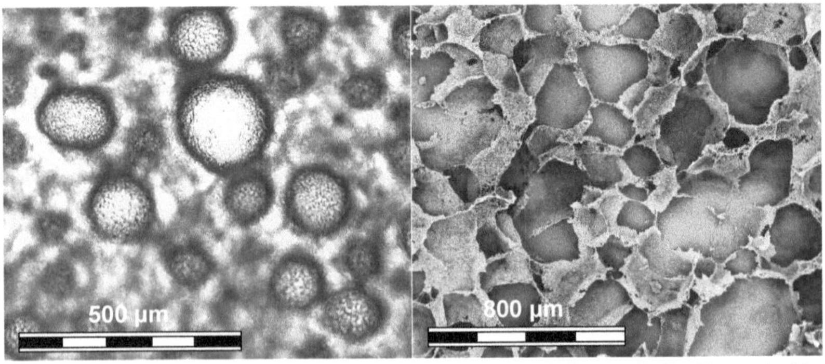

Abbildung 6.19: Mikroskopische Aufnahmen von feuchtem Schaum (links, Versuch 66) und elektronenmikroskopische Aufnahmen von getrocknetem Schaum (rechts, Versuch 29), der sich bei Partikelerzeugung mit Lanette®16 im Abscheider ansammelt.

Ein höherer Abscheidegrad ist bei den genannten Bedingungen nur dann möglich, wenn die spezifische Phasengrenzfläche des Systems sehr viel größer ist. Das ist beispielsweise dann der Fall, wenn das Gas-Dampf-Gemisch bzw. das Aerosol in besonders kleinen Gasblasen eingeschlossen wäre. Dass solche Blasen existieren, belegen Aufnahmen des Schaums, der sich bei Versuchen mit Feststoffpartikeln im Abscheider ansammelt. Sie zeigen, dass dieser

Gasblasen mit einer Größe von 80-200 µm enthält. Der feuchte Schaum in Abbildung 6.19 zeigt aufgrund des geringen Gasanteils kugelförmige Gasblasen. Beim Trocknen bildet sich bei Erreichen eines höheren Gasanteils eine Polyederstruktur aus, wie sie in der Abbildung rechts zu sehen ist. Die Hohlräume sind dann entsprechend größer.

Hebecker beschreibt, an welcher Stelle im Prozess Gasblasen in die Flüssigkeit eingetragen werden [36]: Auf der Druckseite des Schaufelrades, also kurz vor Erreichen des Druckschlitzes hebt sich der Wasserring meist so weit von der Laufradnabe ab, dass die Schaufelspitzen aus der Flüssigkeitsoberfläche austauchen. Dabei bildet sich in diesem Bereich eine intensive Schaumströmung aus, die auch bei *Segebrecht* deutlich in stroboskopischen Aufnahmen zu erkennen ist [89]. *Hebecker* weist nach, dass Blasen, die einen Durchmesser von 0,1 - 1 mm haben nicht mehr an die Wasseroberfläche aufsteigen und in die Flüssigkeit eingemischt werden. Die Schaumphase kann zwischen den Zellen überströmen und sogar über den oberen Scheitelpunkt des Laufrades transportiert werden. Die Verweilzeit der Blasen in der Pumpe kann sich somit deutlich erhöhen. Genau an der Stelle, an der der Gaseintrag in die Flüssigphase stattfindet, setzt auch die Keimbildung ein. Durch den Einschluss in eine Gasblase steht plötzlich eine sehr viel höhere spezifische Austauschfläche zur Verfügung, die eine stärkere Abkühlung und damit sprunghaftes Ansteigen der Übersättigung zu Folge hat. Auch haben die eben entstandenen Primärpartikeln somit sehr viel kürzere Diffusionswege bzw. es steht ihnen eine größere spezifische Phasengrenzfläche zur Abscheidung zur Verfügung. In Abbildung 6.20 ist dargestellt, welcher Abscheidegrad für die Diffusionsabscheidung von Primärpartikeln unter sonst gleichen Bedingungen aber eben bei Einschluss in Gasblasen zu erwarten ist.

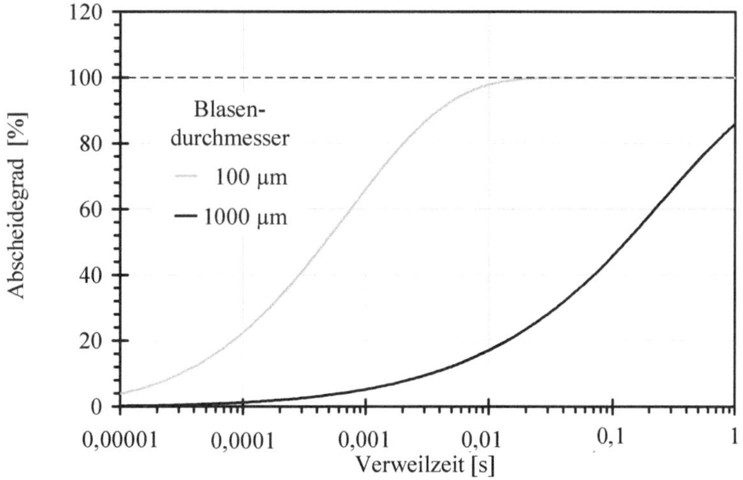

Abbildung 6.20: Abscheidegrad als Funktion der Verweilzeit bei Diffusionsabscheidung von Partikeln (d= 75 nm, $c_{N,0}$= 10^9 cm^{-3}) an der Innenfläche kugelförmiger Blasen.

Bei kleinen Blasendurchmessern werden schon nach sehr kurzer Verweilzeit fast alle Partikeln an der Phasengrenzfläche abgeschieden. Auch bei größeren Blasen ist mit einem hohen Abscheidegrad zu rechnen, weil die Blasen bei Einmischung in die Betriebsflüssigkeit deutlich länger als einige Millisekunden in der Pumpe verweilen können. Wie groß der Beitrag dieses Abscheideeffekts zum Gesamtabscheidegrad ist, hängt letztendlich davon ab, wie groß der Anteil an eingeschlossenem Aerosol im Vergleich zum gesamten Zellenvolumen ist. Zahlreiche Einflussfaktoren sind hier denkbar. Wie stark die Phasengrenzfläche auf der Druckseite der Pumpe aufreißt bzw. aufschäumt, kann von den Betriebsbedingungen abhängen, aber auch dadurch beeinflusst werden, wie viel Versuchsstoff sich bereits in der umlaufenden Betriebsflüssigkeit befindet. Schätzungsweise kann es sich um nicht mehr als 20% des gesamten Gasvolumens handeln, das in sehr feinen Gasblasen eingeschlossen wird. Ein Abscheidgrad von über 90% kann also nicht allein auf diesen Mechanismus zurückgeführt werden.

Auch für die Überlegung in welchem Maß Agglomeration der Primärpartikeln in der Gasphase auftreten kann ist es wichtig, zwei Fälle zu unterscheiden: Die Partikeln halten sich nach ihrer Entstehung entweder wenige Millisekunden im „großen" Volumen der Schaufelradzelle auf oder sie werden in kleinen Gasblasen eingeschlossen und können so längere Zeit im Pumpenraum verweilen. Der Verlauf der Agglomeration bei den entsprechenden Bedingungen wurde ebenfalls für das beschriebene Primärpartikelkollektiv berechnet. Das Ergebnis ist in Abbildung 6.21 zu sehen.

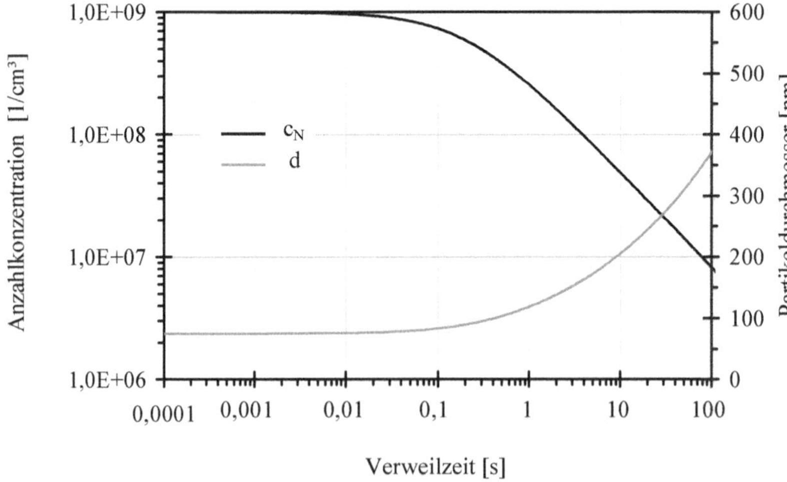

Abbildung 6.21: Abnahme der Anzahlkonzentration und Zunahme der mittleren Partikelgröße als Folge thermischer Koagulation von Partikeln (d= 75 nm, $c_{N,0}$= 10^9 cm^{-3}) bei den Bedingungen kurz vor Pumpenaustritt.

Bei Aerosolpartikeln, die nach wenigen Millisekunden durch den Druckschlitz aus der Pumpe austreten, ist die Verweilzeit viel zu kurz, als dass die Agglomeration einen Einfluss auf Anzahldichte und Partikelgröße haben könnte. Den Aerosolpartikeln, die in Gasblasen eingeschlossen werden, steht zwar eine längere Verweilzeit zur Verfügung, aber die Abnahme der Partikelkonzentration durch gleichzeitige Abscheidung hat zur Folge, dass die Agglomeration im verdünnten Aerosol nicht mehr mit der oben dargestellten Kinetik abläuft sondern so stark gehemmt wird, dass auch in diesem Fall nicht mit thermischer Koagulation in der Gasphase zu rechnen ist.

An dieser Stelle soll noch darauf hingewiesen werden, dass die große Phasengrenzfläche, die sich beim „Aufschäumen“ auf der Druckseite ergibt und die für die Abscheidung eine bedeutende Rolle spielt, eigentlich auch im Modell für die Verdunstung berücksichtigt werden müsste. Da nicht genau quantifiziert werden kann, inwieweit sich die spezifische Phasengrenzfläche im letzten Drehwinkelbereich erhöht, wird im Rahmen dieser Arbeit jedoch darauf verzichtet. Es wurde lediglich überprüft, dass auch unter der Annahme, dass die spezifische Phasengrenzfläche in diesem Bereich auf bis zu $3 \cdot 10^4$ m^2/m^3 ansteigt (das entspricht der spezifischen Grenzfläche Blase mit d=100 µm), das Modell plausible Parameter liefert. Wärme- und Stoffübergangskoeffizienten sind dann entsprechend geringer, bewegen sich aber noch in der gleichen Größenordnung.

6.3.2 Abscheidung und Agglomeration beim Austritt aus der Pumpe

Bisher wurden ausschließlich die Vorgänge im Pumpenraum, d.h. innerhalb des Gasraums der umlaufenden Schaufelradzelle bzw. innerhalb der Gasblasen in der Schaumschicht des Wasserrings diskutiert. Abscheidemechanismen wurden identifiziert, die jedoch alleine nicht einen Gesamtabscheidegrad von über 90% erklären können. Die theoretische Betrachtung zeigte, dass die Bildung größerer Agglomerate in der Gasphase für den betrachteten Prozessabschnitt nahezu ausgeschlossen ist. Dennoch belegen die Versuchsergebnisse, dass bei der Verarbeitung von Feststoffen neben den kugelförmigen Primärpartikeln auch größere, plättchenförmige Partikeln existieren. Die folgenden Abbildungen zeigen Beispiele.

Die Plättchen haben in der Fläche eine Ausdehnung von 2 – 6 µm, sind aber meist nicht dicker als 300 nm. Die Partikeln, die in der Gasphase auftreten (Abbildung 6.22, rechts), konnten auch mit der Impaktormessung nachgewiesen werden. Die Plättchen bewegen sich einzeln in der Gasphase und sind nicht etwa, wie die REM-Aufnahme vermuten lässt, durch Feststoffbrücken miteinander verbunden. Bei der Klassierung im Impaktor sind sie einem mittlerem aerodynamischem Durchmesser von ungefähr 2 µm zuzuordnen. Insgesamt macht ihr Anteil im austretenden Aerosolstrom weniger als 5 Massen-% aus.

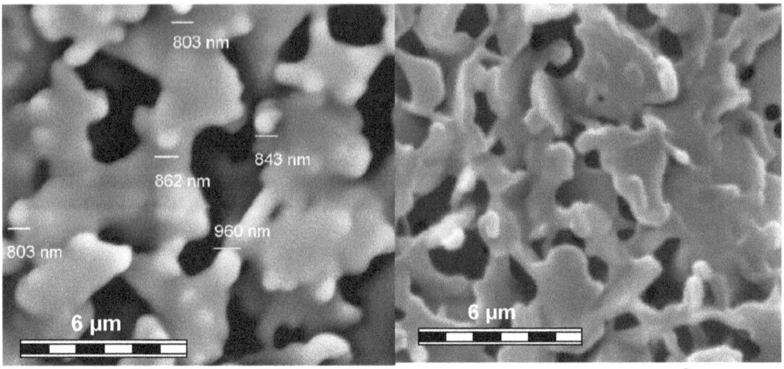

Abbildung 6.22: REM-Aufnahmen von größeren, plättchenförmigen Lanette®16 -Partikeln, die in der Flüssigphase (links, Versuch 29) und der in Gasphase (rechts, Versuch 66) auftreten.

In der Flüssigphase lagern sich die Partikeln an der Grenzfläche zwischen Flüssigkeit und Gasphase an und stabilisieren Gasblasen. Auch hier sieht es auf der REM-Aufnahme (Abbildung 6.23) so aus, also ob die Partikeln eine durch Feststoffbrücken verbundene Hülle um die vormals vorhandene Gasblase bilden. Man könnte vermuten, dass die Partikeln bei Präparation für die elektronenmikroskopischen Aufnahmen zu Plättchen zusammengeschmolzen sind. Aber auch auf lichtmikroskopischen Aufnahmen sind diese eindeutig zu erkennen. Bei Betrachtung der feuchten, unbehandelten Schaumprobe unter dem Lichtmikroskop zeigt sich, dass die Plättchen beweglich an der gekrümmten Grenzfläche der Luftblasen im Betriebswasser angelagert sind. Plättchen, die sich in der Flüssigphase befinden, bilden geschichtete Agglomerate mit einer Ausdehnung von bis zu 50 µm. In beiden Fällen können sich die Partikeln noch gegeneinander verschieben. Eine Abschätzung über das Volumen macht deutlich, dass zur Bildung eines einzigen Plättchens der Zusammenschluss von 10^3-10^4 Primärpartikel erforderlich ist. Die Oberfläche der Plättchen lässt jedoch keinerlei Strukturen in der Größenordnung der Primärpartikeln erkennen

Um zu klären, wie die sekundären Partikelstrukturen entstehen und wie der hohe Abscheidegrad zustande kommt, sollen die Vorgänge beim Austritt aus der Pumpe betrachtet werden. Durch den Druckschlitz der Flüssigkeitsring-Vakuumpumpe tritt eine Drei-Phasenströmung aus. Sie besteht aus Betriebswasser, dem Inertgasstrom sowie in der Flüssigkeit suspendierten Gasblasen. Sowohl in den Bulkphasen, mehrheitlich aber an den Grenzflächen dieser beiden Phasen befinden sich die eben gebildeten Feststoffpartikeln bzw. Öltröpfchen. Die Inertgasphase ist zudem mit Wasserdampf beladen. Der plötzliche Druckanstieg hat zwei Effekte zur Folge: Mit dem Druckanstieg kondensiert der Wasserdampf im Inertgas schlagartig aus. Nach der Modellrechnung für die Zustandsänderung des Gases beträgt die Beladung am Pumpenaustritt je nach Betriebsbedingungen zwischen 0,027 und 0,04 (g Wasser pro g Stickstoff). Die Gleichgewichtsbeladung bei 1 bar und 20°C liegt bei nur 0,015. Die Kondensation kann auf zwei Wegen erfolgen: Die vorhandenen Primärpartikeln können als Kondensationskeime für das Wasser wirken. Diese Möglichkeit scheint bei stark hydrophoben Stoffen jedoch eher unwahrscheinlich. Kondensiert das Wasser aber an der Flüssigkeitsgrenzfläche so hat dies zur Folge, dass die Partikeln eine diffusophoretische Kraft erfahren, die sie in Richtung Grenzfläche bewegt. Da es sich um einen instationären Zustand handelt, ist eine einfache Abschätzung der diffusophoretischen Geschwindigkeit anhand von Gleichung (2.20) nicht möglich. Die phänomenologischen Beschreibungen, die sich in der Literatur finden, lassen jedoch den Schluss zu, dass dieser Abscheidemechanismus äußerst effektiv ist und wahrscheinlich auch im betrachteten Prozess eine entscheidende Rolle spielt [26].

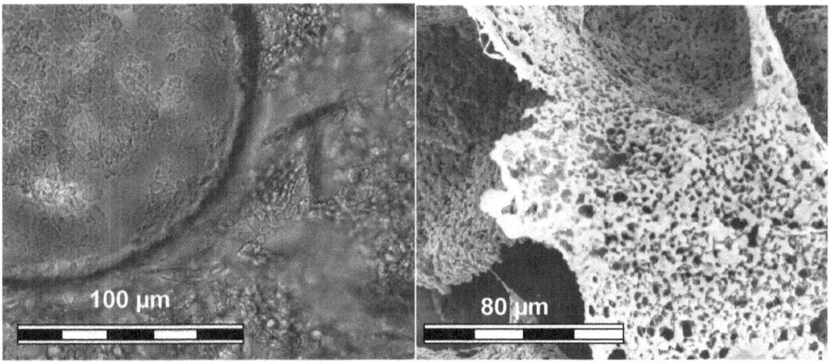

Abbildung 6.23: REM-Aufnahme von getrocknetem Schaum mit Lanette®16–Partikeln (links, Versuch 29) und lichtmikroskopische Aufnahme von feuchtem Schaum mit Lanette®16–Partikeln (rechts, Versuch 66).

Ein weiterer Effekt ist, dass die suspendierten Gasbläschen bei plötzlichem Druckanstieg kollabieren. Alle Partikeln, die sich bis dahin an der Phasengrenzfläche angelagert haben, werden durch Schrumpfen der Grenzflächen zueinander bewegt und verdichtet. Es ist denkbar, dass bei diesem Vorgang eine Verfestigung von zuvor weichen, d.h. aus losen Partikeln bestehenden Agglomeraten auftritt. Die flache Plättchenform weist daraufhin, dass die Agglomerate an einer Grenzfläche gebildet werden. Die Ausbildung einer solchen Plättchenform durch Zusammenlagerung von Primärpartikeln aufgrund von Brown'scher Diffusion in der gas- oder Flüssigphase ist eher unwahrscheinlich. Fraglich ist, ob die wirkenden Grenzflächenkräfte tatsächlich ausreichen, die Primärpartikeln völlig im neu gebildeten Agglomerat aufgehen zulassen, also eine Art Sintern zu bewirken und das unter der Voraussetzung, dass diese Vorgänge sehr schnell ablaufen. Es muss auch berücksichtigt werden, dass im stationären Zustand das umlaufende Betriebswasser bereits Partikeln enthält, auf die die neu gebildeten Primärpartikeln auftreffen können. Sind diese beispielsweise noch nicht mit der Umgebungstemperatur im Gleichgewicht und gerade noch flüssig oder sehr weich, so ist auch ein Zusammenschmelzen beim Aufeinandertreffen möglich. Auch sollte nicht vernachlässigt werden, dass die diffusophoretischen Kräfte bei der Kondensation von Wasserdampf zu einer kinematischen Koagulation führen können. Auf dem Weg zur Grenzfläche können Partikeln, die sich am schnellsten bewegen, andere „einsammeln" und ein Agglomerat bilden.

Dass die Partikeln nur bis zu einer gewissen einheitlichen Größe aufwachsen, kann dadurch erklärt werden, dass sie an anderer Stelle im Prozess durch einen Trennprozess ausgeschleust werden. Vorausgesetzt es besteht ein Zusammenhang zwischen Plättchengröße und Größe der stabilisierten Gasblasen, sieht dieser Trennprozess wie folgt aus: Genau die Partikeln werden durch Flotation im Abscheider ausgeschleust, die in der Lage sind, Gasblasen zu stabilisieren, die unter den entsprechenden Bedingungen, also Strömungsverhältnissen, im Abscheider aufschwimmen können.
Auch wenn die Stabilisierung von Gasblasen durch Partikeln z.Zt. intensiv untersucht wird, ist es dennoch nicht ohne weiteres möglich, Grenzflächenkräfte abzuschätzen um evtl. den Zusammenhang zwischen Partikelgröße bzw. -form und Blasengröße herzuleiten. Der Kontaktwinkel plättchenförmiger Partikeln, die zudem noch an der Grenzfläche „geformt" werden, ist dabei die unbekannte Größe. Existiert der beschriebene Zusammenhang wäre letztendlich eine Kontrolle der Plättchengröße über eine Steuerung der Blasentrenngröße möglich. Dies könnte z.B. durch Modifikationen des Abscheiders in Form von Ruhezonen, Füllhöhe oder Rührereinsatz geschehen. Beim Einsatz eines Rührers im Abscheider der Technikumsanlage konnte die Konzentration an Lanette®16 im umlaufenden Betriebswasser um den Faktor 10 im Vergleich zu den in Abbildung 6.15 gezeigten Werten erhöht werden. Ob sich dadurch Auswirkung auf Partikelform bzw. –größe ergeben, wurde nicht systematisch untersucht.

Denkbar wäre auch, dass die Plättchen erst nach dem Trennprozess entstehen. An den Gasblasen anhaftende Primärpartikelagglomerate verweilen nach dem Aufschwimmen in der Schaumphase im Abscheider. In dieser Zeit haben die Partikel Gelegenheit zur Diffusion und könnten sich in dem durch die Schaumlamelle vorgegebenen (flachen) Raum anordnen. Dabei könnte auch molekulare Diffusion bzw. Sintern auftreten. Dagegen spricht allerdings, dass die Plättchen schon nach kurzer Versuchszeit zu finden sind und sie trotz einer breiten Verweilzeitverteilung eine recht enge Größenverteilung aufzuweisen scheinen.

In der Flüssigphase finden sich wie bereits erwähnt auch Primärpartikeln. Werden diese ohne Kontakt zu anderen Partikeln an der Phasengrenzfläche abgeschieden unterliegen sie aufgrund ihrer Größe und Form nicht den gleichen Grenzflächenkräften wie die größeren plättchenförmigen Partikeln. Sie wirken nicht stabilisierend und können auch ohne weiteres in die Flüssigphase eintauchen. Das belegen REM-Aufnahmen zahlreicher Betriebswasserproben. In der Flüssigphase agglomerieren die kugelförmigen Partikeln und bilden dreidimensionale netzartige Strukturen. Die Primärpartikelform bleibt dabei identifizierbar.

Es ist vorstellbar, dass diese netzartigen Strukturen mit zunehmender Masse oder Ausdehnung auch eine Affinität zur Grenzfläche entwickeln. Immer wieder beim Durchlaufen der Pumpe können diese Strukturen an den Grenzflächen von Gasblasen verschiedenste Einflüsse erfahren: Es kann eine Verdichtung sowie ein Auffüllen der Struktur mit neuen Partikeln kurz vor bzw. beim Austritt aus der Pumpe stattfinden. Umgekehrt können Gasblasen, die aus dem Abscheider wieder in die Pumpe eintreten abhängig von ihrer Position im Wasserring und je nach Ansaugdruck, Strömungsgeschwindigkeit, hydrostatischem Druck und Zentrifugalkraft unterschiedliche Verformungen erfahren, die sich wiederum auf die ihnen angelagerten Partikelstrukturen auswirken. Dass die Partikeln in der Flüssigkeit auf der Saugseite der Pumpe die Temperatur des heißen Gases „spüren" sollte bei schlagartiger Verdunstungskühlung nicht der Fall sein.

Die Entstehung der Plättchenstrukturen konnte nicht nur für den Versuchsstoff Lanette®16 sondern auch für die Feststoffe Lanette®18 und Edenor®C16 nachgewiesen werden. Aufnahmen der beiden letztgenannten Stoffe zeigen ebenfalls flache Partikeln mit Abmessungen bis zu 10 µm (siehe Abbildung A.25 und Abbildung A.26). Auch diese Aufnahmen belegen nochmals, dass kleine, kugelförmige Primärpartikeln (< 100 nm) existieren, die nur durch homogene Keimbildung entstanden sein können. Die größeren Strukturen sind ihrem Aussehen nach durch Anlagerung von Primärpartikeln sowie Verdichtung und Sintern dreidimensionaler Netzstrukturen entstanden.

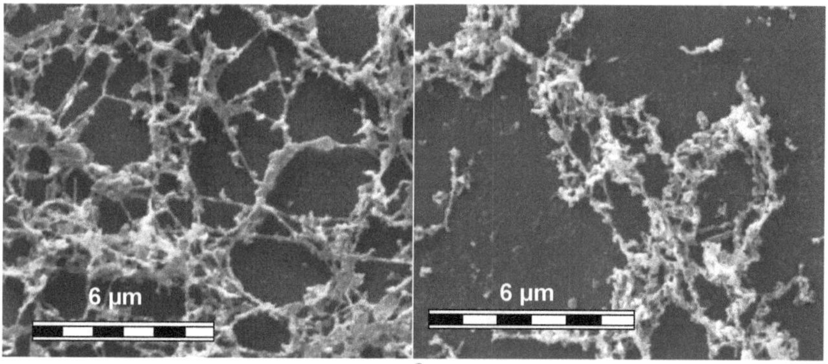

Abbildung 6.24: REM-Aufnahme von Lanette®16–Partikeln im Betriebswasser (links: Versuch 29, rechts: Versuch 58).

Die Plättchen konnten aber eben auch in der Gasphase gefunden werden. Auch für die Bedingungen nach Austritt aus der Pumpe (1 bar, 20°C) kann ein theoretischer Agglomerationsverlauf wie in Abbildung 6.21 berechnet werden. Trotz des Druckanstiegs ist die Ausgangspartikelkonzentration geringer, da bereits ein Großteil der Partikeln abgeschieden wurde. Die Agglomeration verläuft deshalb langsamer als in der Pumpe. Auch bei einer Verweilzeit von über 100 Sekunden reduziert sich die Anzahldichte um nicht mehr als den Faktor 10. Dass die Plättchen durch thermische Koagulation von mehr als 10^3 Partikeln entstehen, ist damit ausgeschlossen. Tritt tatsächlich eine kinematische Koagulation bei der Kondensation von Wasserdampf auf, so ist die Bildung von Agglomeraten in der Gasphase sehr viel wahrscheinlicher. Wie dabei eine Plättchenform entstehen kann, ist jedoch unklar.
Zwei weitere Erklärungen für die Anwesenheit der Plättchen in der Gasphase sind möglich: Entsteht beim Eintritt des Gases in die Pumpe wie im Modell angenommen ein Tröpfchennebel, so können diese Tropfen, besonders wenn sie sehr klein sind, bei Kontakt mit dem heißen

Gase verdampfen. Partikeln im Tropfen können dann in der Gasphase zurückbleiben. Wahrscheinlicher ist jedoch, dass Partikeln aus dem Abscheider mit dem Gasstrom ausgetragen werden. Dabei von Austrocknen des Schaums zu sprechen ist nicht richtig, da der austretende Stickstoffstrom mit Wasser gesättigt ist. Aber Partikeln an exponierten Stellen können durch Gravitation oder Kapillarkräfte in den Schaumlamellen entnetzt werden und sich lösen.

An dieser Stelle soll noch darauf hingewiesen werden, dass die große Phasengrenzfläche, die sich beim Aufschäumen auf der Druckseite ergibt und die für die Abscheidung eine bedeutende Rolle spielt, auch im Modell für die Verdunstung berücksichtigt werden müsste. Da nicht genau quantifiziert werden kann, inwieweit sich die spezifische Phasengrenzfläche im letzten Drehwinkelbereich erhöht, soll im Rahmen dieser Arbeit darauf verzichtet werden. Es wurde lediglich überprüft, dass auch unter der Annahme, dass die spezifische Phasengrenzfläche in diesem Bereich auf bis zu $3 \cdot 10^4$ m^2/m^3 ansteigt (entspricht einer Blase mit d=100 µm) das Modell plausible Lösungen ergibt. Wärme- und Stoffübergangskoeffizienten sind dann entsprechend geringer.

6.3.3 Diskussion verschiedener Aspekte anhand experimenteller Ergebnisse

Vergleich von Tröpfchen und Feststoffpartikeln

Der oben beschriebene Strukturbildungsprozess trifft in erster Linie auf die Entstehung von Feststoffpartikeln zu. Beim Einsatz flüssiger Versuchsstoffe ist der entscheidende Unterschied, dass Öltröpfchen nicht in der Lage sind, Gasblasen in der Flüssigkeit zu stabilisieren. Die Abscheidevorgänge sind vermutlich dieselben. Falls die Tropfen eine Affinität zur Phasengrenzfläche aufweisen, ist auch eine Koaleszenz unter dem Einfluss der Grenzflächenkräfte möglich. Da dabei aber keine festen Strukturen entstehen, die die Gasblasen stabilisieren, werden diese spätestens im Abscheider koaleszieren und aufschwimmen, so dass hier eine vollständige Gas-Flüssig-Trennung stattfindet. Das Betriebswasser neigt voraussichtlich auch weniger zur Bildung eines Schaumregimes auf der Druckseite der Pumpe, so dass der Abscheideeffekt durch Einschluss in den Gasblasen geringer ausfällt. Zur besseren Interpretation der Agglomerationsmechanismen fehlen hier Aussagen über die Partikelgröße der Aerosoltröpfchen. Da die 3WEM-Ergebnisse nur hinsichtlich Volumenkonzentration, nicht aber Partikelgröße und Anzahldichte auswertbar waren, sollte diese Fragestellung durch Impaktormessungen geklärt werden.

Zugabe von Tensiden ins Betriebswasser

Sowohl in der Pilot- als auch in der Technikumsanlage wurden Versuche durchgeführt, bei denen das Betriebswasser der Pumpe mit Tensiden versetzt wurde. Durch die grenzflächenaktive Stoffe sollten die abgeschiedenen Primärpartikeln im Betriebswasser suspendiert und stabilisiert werden, so dass sie vor Agglomeration geschützt sind und eine wirkliche Nanosuspension entsteht. Problematisch dabei ist, dass die Schaumentwicklung im Abscheider

auch bei geringen Tensidkonzentrationen sehr viel stärker ist und die Versuche nach kurzer Zeit abgebrochen werden müssen.
In der Technikumsanlage wurden Lanette®18-Partikeln in Tensidlösungen unterschiedlicher Tensidart und -konzentration abgeschieden. Lichtmikroskopische Analysen zeigen, dass die Betriebswasserproben sowohl Partikeln in der Größenordnung von bis zu 5 µm als auch submikrone Partikeln enthalten. Es ist zu vermuten, dass auch hier die oben beschriebenen Agglomerationsprozesse ablaufen. Inwieweit diese aber durch die Tensidzugabe, die z.B. eine Veränderung der Grenzflächenspannung bewirkt, beeinflusst werden, kann nicht gesagt werden. Der Einfluss der Tensidkonzentration konnte bei diesen Versuchen nicht unabhängig vom Einfluss der Partikelkonzentration in Flüssigphase untersucht werden.
Bei den Versuchen 50 und 51 in der Pilotanlage konnte festgestellt werden, dass die Tensidzugabe bei Feststoffpartikeln keinen Einfluss auf den Abscheidgrad hat. Beim flüssigen Versuchsstoff Eutanol®G konnte der Abscheidegrad bei nahezu gleichen Betriebsbedingungen um über 10% erhöht werden. Da die Diffusophorese von der Tensidzugabe kaum beeinflusst wird ist davon auszugehen, dass die verstärkte Abscheidung auf stärkere Schaum- bzw. Blasenbildung auf der Druckseite der Pumpe zurückzuführen ist. Bei Anwesenheit von Feststoffpartikeln ist dieser Effekt ohnehin schon ausgeprägter und wird deshalb durch Tensidzugabe nicht wesentlich verstärkt.

Einsatz eines Pumpendeckels ohne Ventiltechnik

Einen wichtigen Hinweis lieferte ein Versuch bei dem der Deckel der Flüssigkeitsring-Vakuumpumpe gegen einen ventillosen Deckel ausgetauscht wurde (siehe Abbildung 4.2). Die Ergebnisse der Lanette®16-Massenbilanz zeigten, dass dieser Austausch bei sonst nahezu gleichen Versuchsbedingungen keinen Einfluss auf den Abscheidegrad hat (Versuch 52). Das bedeutet, dass die Abscheidmechanismen unabhängig von den Strömungsbedingungen sind, die beim Austritt aus der Pumpe herrschen. Dieses Ergebnis bestätigt die Vermutung, dass die Partikelabscheidung hauptsächlich auf Diffusion in Gasblasen und Kondensation von Wasserdampf zurückzuführen ist. Diese werden von Betriebsbedingungen wie Temperatur, Druck oder auch durch die Schaufelradgeometrie beeinflusst, nicht jedoch durch Veränderungen in der Peripherie. Interessanterweise ist bei diesem Versuch der Verlauf der Betriebswasserkonzentration anders als bei Verwendung des herkömmlichen Pumpendeckels. Das Maximum der Betriebswasserkonzentration ist deutlich höher, wird aber auch erst sehr viel später erreicht (siehe Tabelle A.25). Das kann dadurch erklärt werden, dass die Pumpe bei Verwendung des Deckels ohne Ventiltechnik einen geringeren Betriebswasserbedarf hat. Bei dieser Betriebsweise „plätschert“ das Wasser eher in den Abscheider und läuft weniger an der Wand ab. Die Untermischung des Schaums im Abscheider kann deshalb wie beim Einsatz eines Rührers stärker ausgeprägt sein.

Wasserdampfzugabe auf der Saugseite

In Versuch 41 wurde bereits untersucht, ob es möglich ist durch diffusophoretische Kräfte die Abscheidung der Partikeln zu verbessern. Dazu wurde Wasserdampf auf der Saugseite der Pumpe aufgegeben. Dieser sollte in der Pumpe kondensieren und die Partikeln mit niederschlagen. Der Versuch schlug fehl, weil schon im Saugstutzen der Flüssigkeitsring-

Vakuumpumpe Oberflächenkondensation auftrat und ein Großteil des Versuchsstoffes dort auskondensierte.

6.4 Anwendung der erzeugten Partikeln

Die Tatsache, dass Partikeln, die durch homogene Keimbildung in der Gasphase erzeugt werden, direkt nach ihrer Entstehung in der Flüssigphase abgeschieden werden macht das Verfahren besonders attraktiv. Gerade submikrone Partikeln sind in technischen Prozessen oft besonders schwer abzuscheiden. Neben grundlegenden, theoretischen Untersuchungen zur Klärung der Keimbildungs-, Agglomerations- und Abscheidevorgängen wurde deshalb auch eine mögliche Anwendung der erzeugten Partikelsuspension eruiert. Der Vorteil, dass die hydrophoben Partikeln bei der Abscheidung bereits mit Flüssigkeit benetzt werden, sollte bei der Einarbeitung in eine typische Formulierung genutzt werden. Durch den Flotationseffekt im Abscheider der Pumpe hat man außerdem beim Verarbeiten fester Versuchstoffe die Möglichkeit die Schaumphase mit einem Feststoffanteil von bis zu 10% aus dem Prozess auszuschleusen.

Mit der Verarbeitung der Lanette®16-haltigen Schaumphase aus Versuch 68 konnte Folgendes gezeigt werden: Durch Kalteinarbeitung von Fettalkholpartikeln konnte eine Formulierung hergestellt werden, die im Vergleich zur heiß hergestellten Referenzformulierung die gleiche Leistung und sogar bessere Anwendungseigenschaften zeigte. Allerdings war die kalt hergestellte Formulierung in ihrer Konsistenz sehr schaumig und nicht lagerstabil. Dennoch weist das Ergebnis dieses ersten einfachen Versuchs eine möglich Richtung für die Entwicklung des neuen Verfahrens auf. Es besteht ein großes Interesse daran Produkte herzustellen, die hydrophobe Partikeln in Form von Pulvern oder hochkonzentrierten Suspensionen enthalten und kalt in wässrige Systeme eingearbeitet werden können. Heißprozesse wie beispielsweise das Schmelzemulgieren erfordern meist ein Aufwärmen und Rühren der gesamten Wasserphase. Es wäre also wünschenswert Partikeln in entsprechend kleinen Abmessungen in einem energetisch günstigeren Verfahren herzustellen und später kalt einzuarbeiten. Um die Partikeln vor Agglomeration zu schützen und dispergierbar zu machen ist die Zugabe geeigneter grenzflächenaktiver Stoffe notwendig. Ohne entsprechende Stabilisierung neigen die submikronen Partikeln zur Agglomeration. Partikelgrößenmessungen von Lanette®16-Partikeln (Versuch 29) zeigen, dass sich innerhalb von 6 Tagen der Größenbereich von 70-400 nm auf 100-1000 nm verschiebt. Nach mindestens zwei Wochen schwimmt eine partikelreiche Phase auf dem Wasser auf. Betriebswasserproben, die zusätzlich Tensid enthielten (Versuch 64), waren dagegen makroskopisch betrachtet über Wochen stabil. Das Verfahren mit der Flüssigkeitsring-Vakuumpumpe lässt hier noch viele Möglichkeiten offen, mit Stoffpaarungen zu experimentieren.

7 Zusammenfassung und Ausblick

Eine neue Verfahrenidee zur Herstellung von Nanopartikeln aus temperaturempfindlichen, schlecht wasserlöslichen, organischen Stoffen wurde untersucht. Bei diesem Verfahren werden durch Kompression und Abkühlung eines heißen Gas-Dampfgemischs in einer Flüssigkeitsring-Vakuumpumpe Partikeln im Gasraum der Schaufelradzellen gebildet und zum Großteil im Betriebswasser der Pumpe abgeschieden. In dieser Arbeit wurden die Möglichkeiten des Verfahrens in Versuchen an eigens dafür entwickelten Anlagen untersucht und die einzelnen Prozessschritte mit theoretischen Ansätzen und einfachen Modellen beschrieben.

Im ersten Schritt des Prozesses wird der organische Stoff unter Vakuum bei 40-120 mbar und bei Temperaturen im Bereich von 90-120°C in den Inertgasstrom verdampft. Die Beladung am Austritt der Sättigerkolonne der Pilotanlage konnte mit einem modifizierten Modell für den Stoffübergang nach dem HTU-NTU-Konzept berechnet werden. Die Werte wurden mit experimentell bestimmten Stoffmassen abgeglichen. Experiment und Berechnung zeigten, dass die Sättigerkolonne nicht optimal ausgelegt ist und die Sättigung vor Pumpeneintritt nur ungefähr 50% beträgt. Der Massenstrom an Versuchstoff kann bei den in der Pilotanlage untersuchten Stoffen bis zu 30 g/h betragen. Der Gasvolumenstrom liegt bei 1,5 - 6 Nm^3/h.
Zur Beschreibung der Zustandsänderung der Gasphase wurde ein einfaches Modell für die Pumpe in der Pilotanlage entwickelt. Als Funktion des Drehwinkels werden Geometrie und spezifische Oberfläche einer Schaufelradzelle berechnet. In dieser Zelle findet eine adiabate Verdunstung von Betriebswasser bei Kontakt mit heißem Gas statt. Der Stoffübergang, Kühlung und Kompression werden diskret für den gesamten Drehwinkelbereich berechnet. Über zwei Anpassungsparameter kann die Berechnung an die experimentell erfassten Betriebsparameter angepasst werden. Das Modell ist in der Lage, den gesamten Betriebsbereich der Pilotanlage abzubilden. Die berechneten Werte und Anpassungsparameter sind konsistent und plausibel. Die Zustandsänderung in der Pumpe ist demnach mit einem besonders effektiven Quenchprozess vergleichbar. Die spezifische Wärmeübertragungsleistung beträgt bis zu 12 $kW/(m^3K)$. Die spezifische Austauschfläche erreicht maximal Werte von bis zu 1000 m^2/m^3 und ist wie erwartet bei geringen Ansaugdrücken am größten, da hier intensive Versprühung des Betriebswassers auftritt.
Verlauf von Druck und Temperatur als Funktion des Drehwinkels sowie die Eintrittsbeladung sind Grundlage für die Berechnung eines Übersättigungsverlaufs in Bezug auf den Versuchstoff in der Gasphase. Für die beiden untersuchten Fettalkohole (fest und flüssig) ergaben sich danach maximale theoretische Übersättigungen von bis zu 10^5 und lokale Sättigungsraten von bis zu 10^9 s^{-1}.

Die experimentellen Ergebnisse der Partikelgrößenmessungen wurden zur Diskussion der Primärpartikelbildung herangezogen. Dabei muss berücksichtigt werden, dass die verwendeten Messverfahren kritisch zu bewerten sind: Jede Messmethode erfasst nur einen kleinen Ausschnitt des gesamten Partikelkollektivs. Die Äquivalentdurchmesser sind nur bedingt vergleichbar. Die gemeinsame qualitative Aussage aller Messungen, sowohl in Gas- als auch in

Flüssigphase ist, dass kleinste Partikeln mit einer Größe von 75 nm gefunden wurden. Man kann davon ausgehen, dass es sich um Primärpartikeln handelt, die tatsächlich durch homogene Keimbildung entstanden sind.

Basierend auf der Primärpartikelgröße kann zurückgerechnet werden, welche Anzahldichten und somit Keimbildungsraten für die beiden untersuchten Stoffe zu erwarten sind. Bei Keimkonzentrationen von $10^{10}/cm^3_{(20°C,1bar)}$ ergeben sich bei einer geschätzten Keimbildungszeit von 1 Millisekunde Keimbildungsraten von $10^{13}/(cm^3\ s)$. Die klassische Keimbildungstheorie bestätigt diese Werte bei gegebenem Sättigungsverlauf. Die Keimbildung würde dann kurz vor oder bei Austritt aus dem Druckschlitz der Pumpe auftreten.
Die gebildeten Primärpartikeln unterliegen zahlreichen Einflüssen. Durch Agglomeration und Abscheidung werden Partikelkollektive im Betriebswasser und in der Gasphase gebildet. Als Aerosol austretende Partikeln haben im stationären Zustand unveränderte Konzentration und Größe. Die im Betriebswasser abgeschiedenen Partikeln reichern sich immer weiter an. Bei Feststoffpartikeln zeigt sich, dass nach einer gewissen Versuchszeit starke Schaumbildung im Abscheider der Pumpe auftritt. Partikeln haften an Gasblasen im Betriebswasser an und schwimmen mit diesen auf. Die Feststoffkonzentration des umlaufenden Betriebswasser bleibt konstant. In gleichem Maße, in dem Partikeln durch Abscheidung hinzukommen, nimmt das Volumen der Schaumphase weiter zu. Je nach Betriebsbedingungen werden über 90% der durchgesetzten Stoffmasse in der Flüssigphase abgeschieden. Dieser Aspekt macht das Verfahren noch viel versprechender.

Theoretische Abschätzungen des Abscheidgrads bei Diffusion von Primärpartikeln in der Schaufelradzelle oder der Rohrströmung nach Pumpenaustritt zeigen, dass dieser Mechanismus nicht allein für den hohen Gesamtabscheidegrad verantwortlich sein kann. Zwei weitere Erklärungen sind denkbar: Das Auftauchen der Schaufeln aus dem Wasserring auf der Druckseite der Pumpe hat den Einschluss feinster Gasbläschen im Betriebswasser zur Folge. Das Gas enthält an dieser Stelle bereits Keime oder Primärpartikeln. In den Blasen haben die Partikeln eine große spezifische Abscheidefläche sowie kurze Diffusionswege. Blasen in der Größenordnung von 0,1-1mm werden außerdem wegen der Strömungs- und Zentrifugalkräfte im Wasserring nicht wieder aufschwimmen und evtl. länger in der Pumpe verweilen. Die Partikeln innerhalb der Blasen werden deshalb vermutlich komplett abgeschieden. Es handelt sich dabei aber schätzungsweise um nicht mehr als 20% des gesamten Aerosolvolumens. Der zweite mögliche und wahrscheinlich effektivere Mechanismus ist die Diffusophorese aufgrund der Wasserdampfkondensation bei Pumpenaustritt. Bis zu 0,025g Wasser pro g Stickstoff können dabei kondensieren. Das gleichzeitige Auftreten von Diffusophorese und ein Kollabieren der Blasen bei Erreichen des Umgebungsdrucks am Druckschlitz kann auch Agglomeration fördern und Strukturbildungsprozesse beeinflussen. Im Schaum, der bei festen Versuchsstoffen entsteht, werden Gasblasen in einer Größe von 100-200 µm durch plättchenförmige Partikeln mit Ausdehnungen von 2-6 µm und einer Dicke von ca. 300nm stabilisiert. Die flache Form dieser Partikeln ist ein Hinweis darauf, dass sie an einer Grenzfläche entstehen, beispielsweise durch Verdichtung und Auffüllen der dreidimensionalen Primärpartikelnetze, von denen Fragmente in der Flüssigphase gefunden wurden. Die Überlegungen zeigen, dass zahlreiche komplexe Einflüsse bei der Strukturbildung eine Rolle spielen dürften. Die gezielte Kontrolle der Partikelgröße ist bei diesem Verfahren also nicht allein über die Übersättigung und homogene Keimbildung möglich.

Erste Versuche zum Einsatz von Tensiden im Betriebswasser und zur Weiterverarbeitung der erzeugten Partikeln zeigen auf, dass diese Wege möglich sind, aber noch intensive Forschung erfordern. Bei weiterführenden Versuchen scheint es lohnenswert, zunächst die Herstellung von Emulsionen beim Einsatz flüssiger Versuchsstoffe zu untersuchen. Hier ist bei Tensidzugabe, besser noch bei einer Zudosierung während des Versuchs, die Schaumbildung kontrollierbar. Die Partikelmesstechnik ist für Tröpfchen wegen der geringeren Abweichung von der Kugelform besser anzuwenden.

Um die theoretische Durchdringung des Verfahrens zu verfeinern empfiehlt sich in erster Linie eine zuverlässige Bestimmung der spezifischen Austauschfläche als Funktion der Betriebsbedingungen. Mit dieser Information könnte schon das bereits existierende einfache Modell verbessert werden. Eine experimentelle Bestimmung, beispielsweise mit der Kohlendioxidabsorptionsmethode nach *Weimer,* wäre denkbar [116]. Hier besteht allerdings die Herausforderung diese Methode auf variablen Druck zu erweitern. Besonders hilfreich wären auch Stroboskoplichtaufnahmen, des untersuchten Pumpentyps, die den Zustand der Wasserringoberfläche und Tröpfchen oder Blasengrößen erkennen lassen. Der letzte Schritt wäre eine komplexe strömungsmechanische Simulation.

Auch Keimbildung und -wachstum können in weiteren Arbeiten mit komplexeren Modellen bei entsprechender Rechenleistung simuliert werden. Hier können mit zusätzlichen Experimenten zur Bestimmung des Keimbildungsverhaltens (z.B. in einer Nebelkammer) Aussagen zur Anpassung der klassischen Keimbildungstheorie gewonnen werden.

Anhang

A1 Versuchsübersicht

Die folgenden Tabellen geben einen Überblick darüber, unter welchen Bedingungen die Versuche durchgeführt wurden und welche Analysemethoden dabei angewandt wurden. Außerdem sollen sie veranschaulichen, welche Zielsetzung mit den einzelnen Versuchen bzw. Versuchsreihen verfolgt wurde.

Tabelle A.1: Versuche an der Pilotanlage.

Nr.	Stoff	p_{ein} [mbar]	T_{ein} [°C]	3WEM	PCS	Sonstiges
- Testversuch zum Verhalten der Pilotanlage						
2	M318	50 - 100	128 - 152	ja	ja	Foto des Betriebswassers
- Aerosolmessung bei isothermen Betriebsbedingungen						
12	L16	60 - 80	90	ja	-	
13	L16	40 - 120	95	ja	-	
14	L16	40 - 120	101	ja	-	
15	L16	40 - 100	103	ja	-	
19	EutG	40 - 120	110	ja	ja	
20	EutG	40 - 120	114	ja	-	
21	EutG	40 - 120	116	ja	-	
22	EutG	40 - 120	118	ja	-	
- Massenbilanz über Einsatzmenge						
23	EutG	40	118	ja	-	
24	EutG	60	118	ja	ja	
25	EutG	80	118	ja	-	
- Versuche zur Untersuchung von Partikelgröße/-struktur						
29	L16	80	97	-	ja	REM-Aufnahmen
37	L16	80	95	-	ja	REM-Aufnahmen
- Testversuch mit einem weiteren Feststoff						
38	CutCP	80	133	-	ja	
- Zugabe von Wasserdampf anstelle von Inertgas						
39	L16	45, 80	95	-	-	
- Massenbilanz zur Bestimmung des Abscheidegrads						
41	L16	80	95	ja	-	Bestimmung der Konzentration in Aerosol, Schaum und Betriebswasser während und nach dem Versuch
43	L16	60	95	ja	-	
44	L16	40	95	ja	-	
45	L16	100	95	ja	-	
46	L16	60	100	ja	-	
48	L16	60	91	ja	-	

Nr.	Stoff	p_{ein} [mbar]	T_{ein} [°C]	3WEM	PCS	Sonstiges
- Zugabe von Tensid ins Betriebswassers						
50	L16	80	95	-	ja	
51	EutG	80	118	-	ja	
- Einsatz eines Pumpendeckels ohne Ventiltechnik						
52	L16	75	98	ja	-	Bestimmung der Konzentration in Aerosol, Schaum und Betriebswasser während und nach dem Versuch
- Einsatz einer Wasserstrahlpumpe						
53	L16	100	124			

Tabelle A.2: Versuche an der Technikumsanlage.

Nr.	Stoff	p_{ein} [mbar]	T_{ein} [°C]	PCS	Sonstiges
- Testversuch zum Verhalten der Pilotanlage					
54	L16	102	115	-	Bestimmung der Konzentration im Betriebswasser bei Rühereinsatz
55	L16	102	120	-	
56	L16	150	115	-	
57	L16	150	117	-	
- Versuche mit besonders hoher bzw. besonders niedriger theoretischer Übersättigung					
58	L16	58	125	-	Bestimmung der Konzentration in der Schaumphase, REM-Aufnahmen
59	L16	118	88	-	
60	L18	60	119	-	
61	L18	119	101	-	
62	EdC16	60	140	-	
63	EdC16	116	109	-	
- Zugabe von Tensid ins Betriebswassers					
64	L18	145	120	ja	Mikroskopaufnahmen der Schaumphase, Trocknung von Schaum
- Aerosolmessungen					
66	L16	75	105	-	Beladungsmessung, Impaktormessung, Mikroskopaufnahmen der Schaumphase, REM-Aufnahmen von beladenem Aerosolfilter
67	L16	75	95	-	Impaktormessung
- Weiterverarbeitung der Schaumphase					
68	L16	60	125	-	Redispergieren der Schaumphase, Kalteinarbeiten in Formulierungen

A2 Versuchsergebnisse

Dieses Kapitel enthält ausführliche Zusammenfassung aller Versuchsergebnisse. Aufgeführt sind sowohl die detaillierten Versuchsbedingungen sowie je nach Zielsetzung des Versuchs verschiedene Messergebnisse aus Partikelgrößen- und Konzentrationsbestimmungen, berechnete Größen (siehe dazu Kapitel „4.5 Versuchsauswertung“ und „5.1 Sättigung in der Packungskolonne“) sowie (elektronen-)mikroskopische und fotographische Aufnahmen.

Versuch 2

Dieser Versuch war einer der ersten Testversuche und zeigt beispielhaft, wie sich die Pilotanlage bei Änderungen der Betriebsbedingungen (d.h. Änderung von Druck und/oder Temperatur im Sättiger) verhält und wie dies durch Messungen des austretenden Aerosols verfolgt werden kann.

Tabelle A.3: Versuchsbedingungen in Versuch 2.

Zustand	p_{ein} [mbar]	T_{ein} [°C]
2-1	80	136
2-2	50	136
2-3	100	136
2-4	80	136
2-5	80	136 → 145
2-6	80	145
2-7	80	145 → 152
2-8	80	152
2-9	80	152 → 128

Die Betriebsbedingungen wurden wie in Tabelle A.3 aufgeführt variiert. In Abbildung A.1 ist dargestellt, wie bei kontinuierlicher Messung des austretenden Aerosols der Transmissionsgrad für die drei Laserstrahlen ab- bzw. zunimmt. Bei allen Betriebsbedingungen werden die drei Laserstrahlen unterschiedlich stark abgeschwächt. Auffällig ist, dass eine Erhöhung des Ansaugdruckes sowohl zu einer stärkeren als auch zu einer schwächeren Transmission führen kann. Bei einer Veränderung der Temperatur ist der Einfluss eindeutig: Bei hohen Sättigungstemperaturen tritt ein dichteres Aerosol aus als bei geringeren Sättigungstemperaturen. Bei Variation der Betriebsparameter stellt sich innerhalb kurzer Zeit ein stationärer Zustand ein. Auf Druckveränderungen reagiert die „Aerosolbildung“ sofort, Temperaturveränderungen folgt das System etwas träger. Die Messungen sind bei gleichen Versuchsbedingungen reproduzierbar.

Nach Versuchsende wurde aus dem Betriebswasser im Abscheider eine Probe entnommen. Wie auf dem Foto in Abbildung A.2 zu erkenne ist handelt sich um eine milchig, weiße Emulsion. Diese Emulsion wurde kurz nach Versuchsende mittels PCS vermessen. Die Ergebnisse der Messung sind in Abbildung A.3 dargestellt. Die gemessene Größenverteilung zeigt, dass die unbehandelte Probe Myritol®318-Tröpfchen im Größenbereich von 80 - 2000 µm enthält. Am darauf folgenden Tag konnte die Messung schon nicht mehr wiederholt werden. Die Probe war nicht mehr homogen, auf der Oberfläche zeigte sich ein dünner Ölfilm.

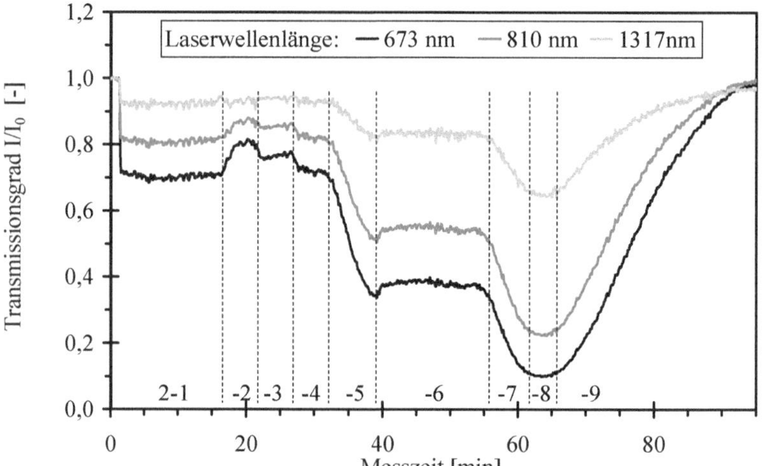

Abbildung A.1: Abschwächung der drei Laserstrahlen unterschiedlicher Wellenlänge bei Messung eines Myritol®318-Aerosols unter Variation der Versuchsbedingungen in Versuch 2 (24 cm Messlänge).

Abbildung A.2: Aufnahme einer milchig trüben Betriebswasserprobe aus Versuch 2.

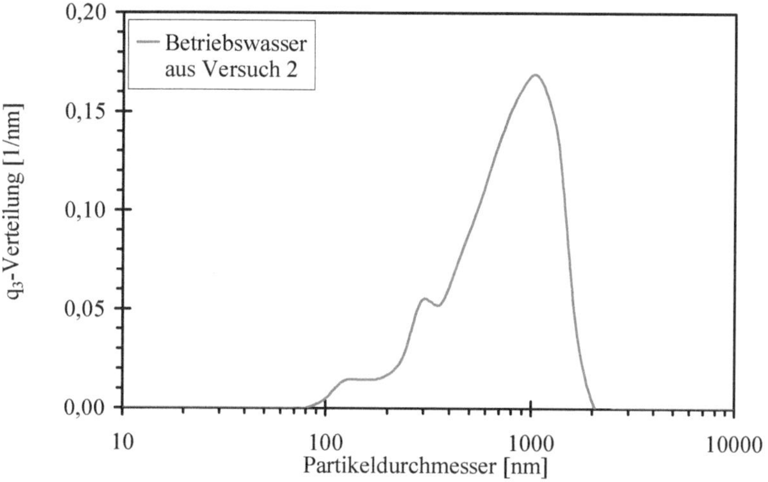

Abbildung A.3: Volumengewichtete Häufigkeitsverteilung der Myritol®318-Tröpfchen in einer Betriebswasserprobe aus Versuch 2 (unfiltriert, keine US-Behandlung).

Versuch 12-15

Bei den Versuchen 12-15 wurden Lanette®16-Partikeln bei jeweils konstanter Sättigungstemperatur aber verschiedenen Sättigungsdrücken erzeugt und in der Gasphase vermessen.

Tabelle A.4: Versuchsbedingungen, Messergebnisse und berechnete Werte für Versuch 12, Lanette®16 , T_{ein} = 90°C, 44 cm Messlänge.

Zustand	p_{ein} [mbar]	$\dot{V}_{N_2}$ [Nm³/h]	T_{aus} [°C]	$c_{v,Aer}$ [-]	$\dot{m}_{Aer}$ [g/h]	S_{ein} [%]	$\dot{m}_{L16,ein}$ [g/h]	A [%]
12-1	60	2,76 ± 0,20	19,4	$2{,}03 \cdot 10^{-7}$	0,58 ± 0,07	47,6 ± 3,0	7,9 ± 1,7	92,6 ± 1,9
12-2	80	4,00 ± 0,20	19,7	$2{,}22 \cdot 10^{-7}$	0,93 ± 0,10	52,7 ± 2,6	9,5 ± 1,9	90,3 ± 2,2

Tabelle A.5: Versuchsbedingungen, Messergebnisse und berechnete Werte für Versuch 13, Lanette®16 , T_{ein} = 95°C, 34 cm Messlänge.

Zustand	p_{ein} [mbar]	$\dot{V}_{N_2}$ [Nm³/h]	T_{aus} [°C]	$c_{v,Aer}$ [-]	$\dot{m}_{Aer}$ [g/h]	S_{ein} [%]	$\dot{m}_{L16,ein}$ [g/h]	A [%]
13-1	40	1,38 ± 0,19	19,3	$2{,}70 \cdot 10^{-7}$	0,39 ± 0,07	46,5 ± 6,1	8,6 ± 2,5	95,7 ± 1,4
13-2	60	2,82 ± 0,19	19,4	$4{,}69 \cdot 10^{-7}$	1,38 ± 0,15	50,1 ± 3,0	10,3 ± 2,3	89,6 ± 2,5
13-3	80	3,94 ± 0,19	19,6	$5{,}99 \cdot 10^{-7}$	2,46 ± 0,27	54,3 ± 2,6	14,7 ± 2,9	83,6 ± 3,7
13-4	100	4,94 ± 0,20	20,1	$3{,}23 \cdot 10^{-7}$	1,66 ± 0,18	59,0 ± 2,3	15,9 ± 3,0	89,8 ± 2,2
13-5	120	6,19 ± 0,20	20,5	$3{,}27 \cdot 10^{-7}$	2,12 ± 0,22	63,1 ± 2,1	16,5 ± 3,0	88,4 ± 2,4

Tabelle A.6: Versuchsbedingungen, Messergebnisse und berechnete Werte für Versuch 14, Lanette®16 , T_{ein} = 101°C, 24 cm Messlänge.

Zu-stand	p_{ein} [mbar]	$\dot{V}_{N_2}$ [Nm³/h]	T_{aus} [°C]	$c_{v,Aer}$ [-]	$\dot{m}_{Aer}$ [g/h]	S_{ein} [%]	$\dot{m}_{L16,ein}$ [g/h]	A [%]
14-1	40	1,45 ± 0,22	19,6	$5{,}56\cdot10^{-7}$	0,84 ± 0,15	46,9 ± 6,1	16,3 ± 4,6	94,9 ± 1,7
14-2	50	2,15 ± 0,21	19,8	$1{,}06\cdot10^{-6}$	2,37 ± 0,33	47,6 ± 3,3	19,6 ± 4,4	87,9 ± 3,2
14-3	60	2,25 ± 0,21	20	$1{,}08\cdot10^{-6}$	2,54 ± 0,34	51,7 ± 3,0	18,7 ± 4,0	86,4 ± 3,4
14-4	70	3,41 ± 0,21	20,2	$1{,}51\cdot10^{-6}$	5,37 ± 0,63	53,2 ± 2,8	24,9 ± 4,9	78,5 ± 4,9
14-5	80	3,89 ± 0,21	20,5	$1{,}59\cdot10^{-6}$	6,46 ± 0,73	55,9 ± 2,6	26,1 ± 4,9	75,3 ± 5,4
14-6	100	5,15 ± 0,21	20,8	$1{,}04\cdot10^{-6}$	5,60 ± 0,60	60,1 ± 2,3	29,8 ± 5,3	81,2 ± 3,9
14-7	120	6,08 ± 0,21	21	$9{,}30\cdot10^{-7}$	5,92 ± 0,63	64,1 ± 2,1	31,3 ± 5,4	81,1 ± 3,9

Tabelle A.7: Versuchsbedingungen, Messergebnisse und berechnete Werte für Versuch 15, Lanette®16 , T_{ein} = 103°C, 24 cm Messlänge.

Zu-stand	p_{ein} [mbar]	$\dot{V}_{N_2}$ [Nm³/h]	T_{aus} [°C]	$c_{v,Aer}$ [-]	$\dot{m}_{Aer}$ [g/h]	S_{ein} [%]	$\dot{m}_{L16,ein}$ [g/h]	A [%]
15-1	40	1,44 ± 0,20	18,8	$8{,}11\cdot10^{-7}$	1,22 ± 0,21	47,6 ± 5,9	18,7 ± 5,1	93,5 ± 2,1
15-2	60	2,82 ± 0,20	19,2	$1{,}96\cdot10^{-6}$	5,75 ± 0,71	51,0 ± 3,0	26,0 ± 5,3	77,9 ± 5,2
15-3	80	4,08 ± 0,20	19,8	$2{,}12\cdot10^{-6}$	9,02 ± 1,01	56,1 ± 2,6	31,1 ± 5,7	71,0 ± 6,3
15-4	100	4,99 ± 0,20	20	$8{,}59\cdot10^{-7}$	4,47 ± 0,48	60,9 ± 2,3	33,0 ± 5,8	86,5 ± 2,8

Versuche 19-22

Diese Versuche wurden wie die Versuche 12-15 durchgeführt, jedoch mit Eutanol®G als Versuchsstoff.

Tabelle A.8: Versuchsbedingungen, Messergebnisse und berechnete Werte für Versuch 19, Eutanol®G, T_{ein} = 110°C, 44 cm Messlänge.

Zu-stand	p_{ein} [mbar]	$\dot{V}_{N_2}$ [Nm³/h]	T_{aus} [°C]	$c_{v,Aer}$ [-]	$\dot{m}_{Aer}$ [g/h]	S_{ein} [%]	$\dot{m}_{EutG,ein}$ [g/h]	A [%]
19-1	40	1,31 ± 0,18	19,4	$1{,}22\cdot10^{-7}$	0,14 ± 0,02	57,6 ±6,6	3,5 ±0,9	95,8 ±1,3
19-2	50	2,01 ± 0,18	19,6	$2{,}17\cdot10^{-7}$	0,39 ± 0,05	55,8 ±4,0	4,1 ±0,9	90,4 ±2,5
19-3	60	2,60 ± 0,18	19,2	$3{,}10\cdot10^{-7}$	0,72 ± 0,09	59,1 ±3,4	4,7 ±1,0	84,5 ±3,7
19-4	70	3,29 ± 0,18	19,3	$3{,}50\cdot10^{-7}$	1,04 ± 0,12	61,6 ±3,1	5,3 ±1,0	80,4 ±4,4
19-5	80	3,96 ± 0,19	19,4	$4{,}08\cdot10^{-7}$	1,45 ± 0,16	63,9 ±2,8	5,8 ±1,1	74,9 ±5,4
19-6	100	4,87 ± 0,19	19,6	$3{,}40\cdot10^{-7}$	1,49 ± 0,16	68,6 ±2,5	6,1 ±1,1	75,6 ±5,1
19-7	120	5,96 ± 0,20	19,8	$2{,}59\cdot10^{-7}$	1,39 ± 0,15	72,1 ±2,2	6,5 ±1,1	78,7 ±4,3

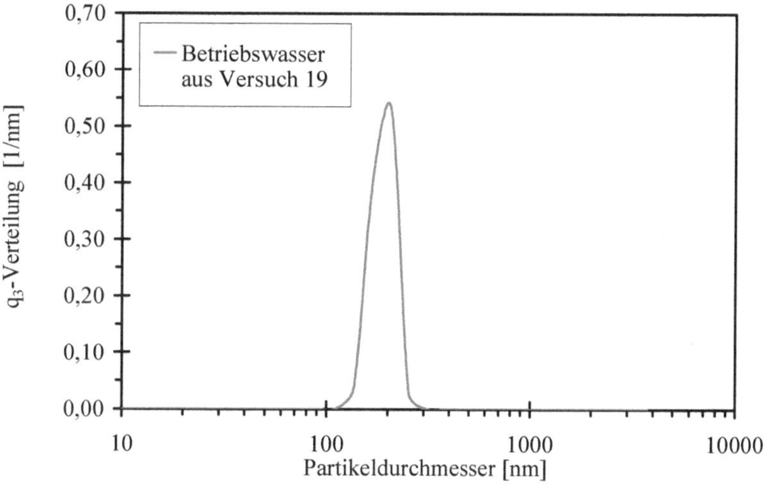

Abbildung A.4: Volumengewichtete Häufigkeitsverteilung der Eutanol®G-Tröpfchen in einer Betriebswasserprobe aus Versuch 19 (filtriert mit 0,8µm-Filter, keine US-Behandlung).

Tabelle A.9: Versuchsbedingungen, Messergebnisse und berechnete Werte für Versuch 20, Eutanol®G, T_{ein} = 114°C, 44 cm Messlänge.

Zustand	p_{ein} [mbar]	$\dot{V}_{N_2}$ [Nm³/h]	T_{aus} [°C]	$c_{V,Aer}$ [-]	$\dot{m}_{Aer}$ [g/h]	S_{ein} [%]	$\dot{m}_{EutG,ein}$ [g/h]	A [%]
20-1	40	1,34 ± 0,18	19,1	$5{,}51 \cdot 10^{-7}$	0,66 ± 0,11	58,9 ±6,5	5,0 ±1,3	86,6 ±4,2
20-2	50	2,14 ± 0,18	19,2	$1{,}03 \cdot 10^{-6}$	1,99 ± 0,26	57,2 ±3,6	6,2 ±1,3	67,8 ±8,1
20-3	60	2,82 ± 0,18	19,1	$1{,}08 \cdot 10^{-6}$	2,74 ± 0,33	60,2 ±3,4	7,1 ±1,4	61,5 ±8,9
20-4	70	3,36 ± 0,18	19,3	$1{,}10 \cdot 10^{-6}$	3,33 ± 0,38	63,0 ±3,0	7,6 ±1,4	56,3 ±9,6
20-5	80	3,91 ± 0,19	18,8	$1{,}21 \cdot 10^{-6}$	4,25 ± 0,47	65,6 ±2,8	8,1 ±1,5	47,3 ±11,2
20-6	100	4,90 ± 0,19	18,9	$9{,}50 \cdot 10^{-7}$	4,19 ± 0,54	70,0 ±2,4	8,6 ±1,5	51,6 ±9,9
20-7	120	6,08 ± 0,20	19,1	$7{,}08 \cdot 10^{-7}$	3,87 ± 0,41	73,4 ±2,2	9,4 ±1,6	58,7 ±8,2

Tabelle A.10: *Versuchsbedingungen, Messergebnisse und berechnete Werte für Versuch 21, Eutanol®G, T_{ein} = 116°C, 34 cm Messlänge.*

Zustand	p_{ein} [mbar]	$\dot{V}_{N_2}$ [Nm³/h]	T_{aus} [°C]	$c_{v,Aer}$ [-]	$\dot{m}_{Aer}$ [g/h]	S_{ein} [%]	$\dot{m}_{EutG,ein}$ [g/h]	A [%]
21-1	40	1,38 ± 0,18	19,1	$7{,}27\cdot10^{-7}$	0,90 ± 0,15	59,2 ±6,5	6,0 ±1,6	85,0 ±4,6
21-2	50	2,11 ± 0,18	19,5	$1{,}25\cdot10^{-6}$	2,38 ± 0,31	58,0 ±3,8	7,2 ±1,5	67,0 ±8,3
21-3	60	2,68 ± 0,18	19,6	$1{,}37\cdot10^{-6}$	3,31 ± 0,40	61,3 ±3,4	8,1 ±1,6	59,0 ±9,5
21-4	70	3,26 ± 0,18	19,5	$1{,}42\cdot10^{-6}$	4,18 ± 0,48	64,0 ±3,0	8,8 ±1,6	52,5 ±10,4
21-5	80	3,85 ± 0,19	19,6	$1{,}38\cdot10^{-6}$	4,79 ± 0,53	66,4 ±2,8	9,4 ±1,7	49,2 ±10,8
21-6	100	4,89 ± 0,19	19,7	$1{,}09\cdot10^{-7}$	4,80 ± 0,52	70,8 ±2,4	10,2 ±1,8	52,9 ±9,6
21-7	120	5,81 ± 0,19	19,9	$8{,}99\cdot10^{-7}$	4,71 ± 0,50	74,5 ±2,1	10,6 ±1,8	55,7 ±8,8

Tabelle A.11: *Versuchsbedingungen, Messergebnisse und berechnete Werte für Versuch 22, Eutanol®G, T_{ein} = 118°C, 24 cm Messlänge.*

Zustand	p_{ein} [mbar]	$\dot{V}_{N_2}$ [Nm³/h]	T_{aus} [°C]	$c_{v,Aer}$ [-]	$\dot{m}_{Aer}$ [g/h]	S_{ein} [%]	$\dot{m}_{EutG,ein}$ [g/h]	A [%]
22-1	40	1,33 ± 0,18	19,3	$1{,}07\cdot10^{-6}$	1,28 ± 0,21	60,8 ±6,6	7,0 ±1,8	81,6 ±5,7
22-2	50	2,05 ± 0,18	19,3	$1{,}59\cdot10^{-6}$	2,93 ± 0,39	58,6 ±4,0	8,3 ±1,8	64,6 ±9,0
22-3	60	2,58 ± 0,18	19,4	$1{,}87\cdot10^{-6}$	4,35 ± 0,53	62,3 ±3,4	9,2 ±1,8	52,9 ±10,9
22-4	70	3,33 ± 0,18	19,6	$2{,}04\cdot10^{-6}$	6,12 ± 0,70	64,6 ±3,0	10,6 ±2,0	42,2 ±12,6
22-5	80	3,87 ± 0,19	19,5	$2{,}05\cdot10^{-6}$	7,15 ± 0,79	67,2 ±2,8	11,2 ±2,0	36,1 ±13,4
22-6	100	4,92 ± 0,19	19,8	$1{,}27\cdot10^{-6}$	5,64 ± 0,60	71,5 ±2,4	12,1 ±2,1	53,5 ±9,4
22-7	120	5,85 ± 0,19	19,9	$1{,}29\cdot10^{-6}$	6,80 ± 0,72	75,1 ±2,1	12,6 ±2,1	46,1 ±10,6

Versuch 23-25

Tabelle A.12: *Versuchsbedingungen und berechnete Werte für Versuch 23-25, Eutanol®G, T_{ein} = 118°C.*

Versuch	p_{ein} [mbar]	$\dot{V}_{N_2}$ [Nm³/h]	t [min]	$\dot{m}_{EutG,max}$ [g/h]	$\Delta m_{EutG,max}$ [g]
23	40	1,38 ± 0,18	458	11,90 ± 2,83	90,8 ± 21,6
24	60	2,71 ± 0,18	430	15,59 ± 2,94	111,7 ± 21,1
25	80	3,90 ± 0,19	422	16,80 ± 2,92	118,2 ± 20,5

In den Versuchen 23, 24 und 25 sollte die Sättigung des Gasstroms, der die Kolonne verlässt bestimmt werden. Dazu wurden bei konstanten Bedingungen Langzeitversuche von über 7 Stunden gefahren. Durch Verwiegen der Einsatzmenge in der Kolonne vor und nach dem Versuch sollte die Menge an ausgetragenem Eutanol®G bestimmt werden. Die Berechnungen in Tabelle A.12 zeigen jedoch, dass auch bei 100% Sättigung nach 7 Stunden nicht mehr als 118 g Gewichtsunterschied zu erwarten sind. Im Versuch zeigte sich, dass der Messfehler beim Bestimmen der Restmenge, die man nach Versuchsende aus der Kolonne auslaufen lassen muss, zu groß ist um aussagekräftige Ergebnisse zu liefern.

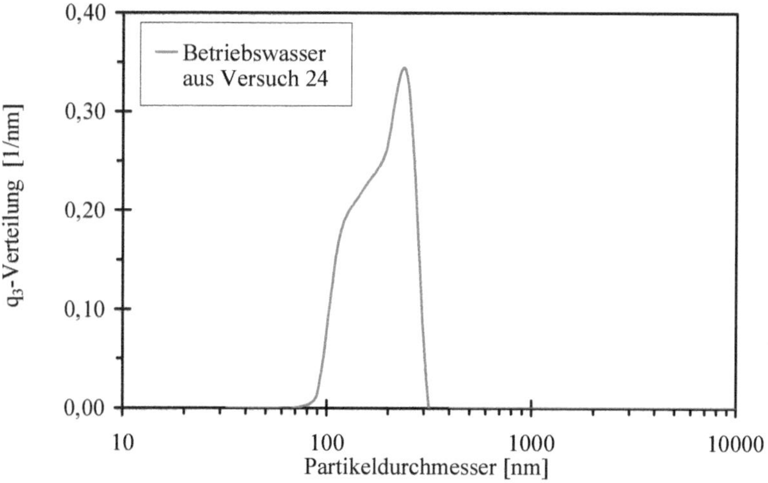

Abbildung A.5: Volumengewichtete Häufigkeitsverteilung der Eutanol®G-Tröpfchen in einer Betriebswasserprobe aus Versuch 24 (filtriert mit 0,8µm-Filter, keine US-Behandlung).

Versuch 29

In diesem Versuch wurden unter definierten Bedingungen Lanette®16 -Partikeln hergestellt und die im Betriebswasser abgeschiedenen Partikeln untersucht. Direkt nach Versuchsende wurde eine Betriebswasserprobe entnommen, mit Filtern unterschiedlicher Porengröße filtriert und mittels PCS vermessen. Vor der Messung wurden die Proben kurz im Ultraschallbad entgast. Nach 3 und 6 Tagen wurden die gleichen Proben erneut vermessen. Im Vergleich zu Versuchen mit flüssigen Versuchsstoffen trat eine starke Schaumbildung im Abscheider auf (siehe z.B. Abbildung A.16). Von dem Schaum wurden Proben (verdünnt und unverdünnt) auf Deckgläsern aufgetrocknet und davon REM-Aufnahmen angefertigt. Die Ergebnisse und Aufnahmen sind in den nachfolgenden Abbildungen dargestellt.

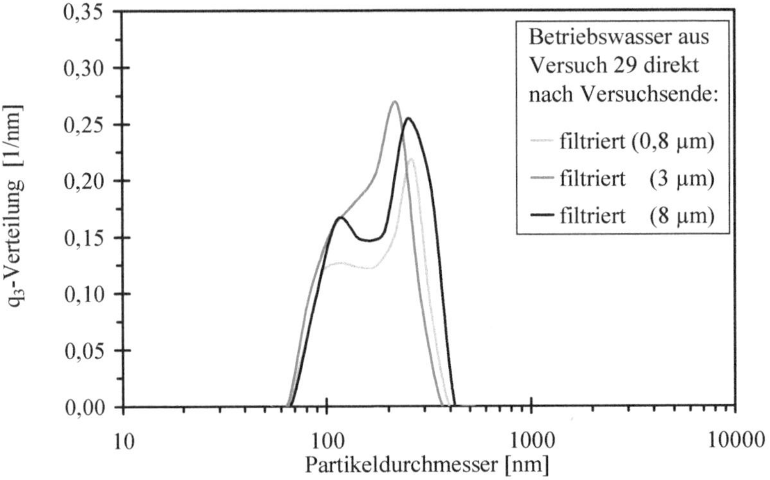

Abbildung A.6: Volumengewichtete Häufigkeitsverteilung der Lanette®16 -Partikeln in einer Betriebswasserprobe aus Versuch 29 direkt nach Versuchsende (filtriert, 5min US).

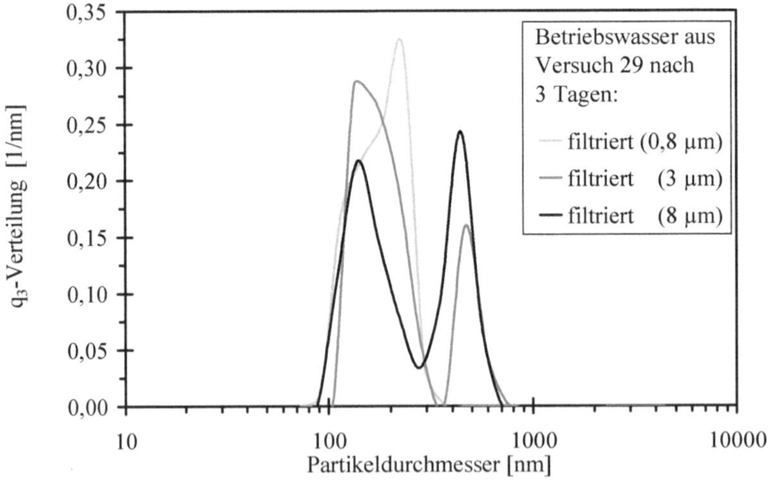

Abbildung A.7: Volumengewichtete Häufigkeitsverteilung der Lanette®16 -Partikeln in einer Betriebswasserprobe aus Versuch 29 nach 3 Tagen (filtriert, 5min US).

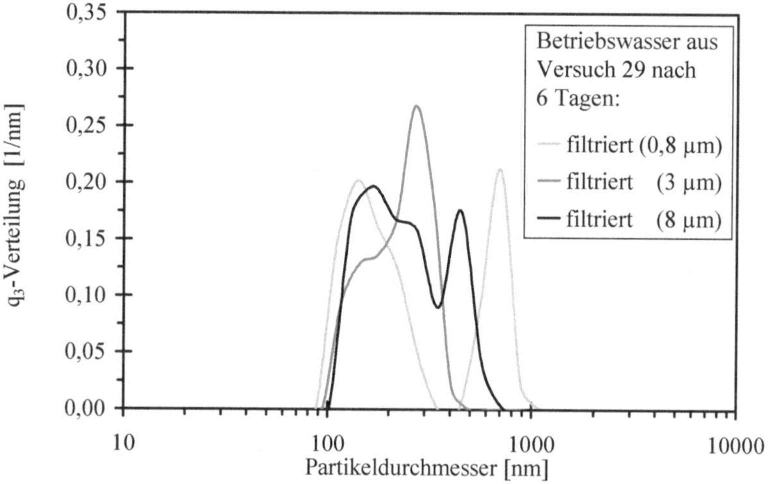

Abbildung A.8: Volumengewichtete Häufigkeitsverteilung der Lanette®16-Partikeln in einer Betriebswasserprobe aus Versuch 29 nach 6 Tagen (filtriert, 5min US).

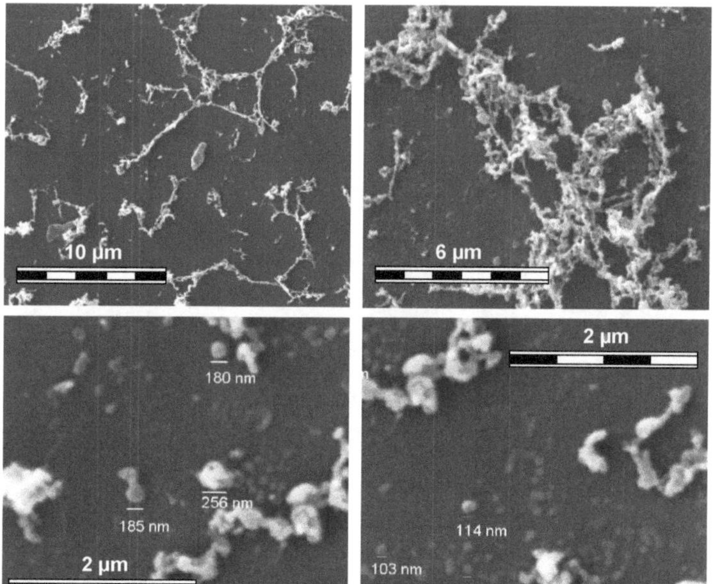

Abbildung A.9: REM-Aufnahmen von Lanette®16 -Partikeln aus verdünntem und getrocknetem Schaum (Versuch 29).

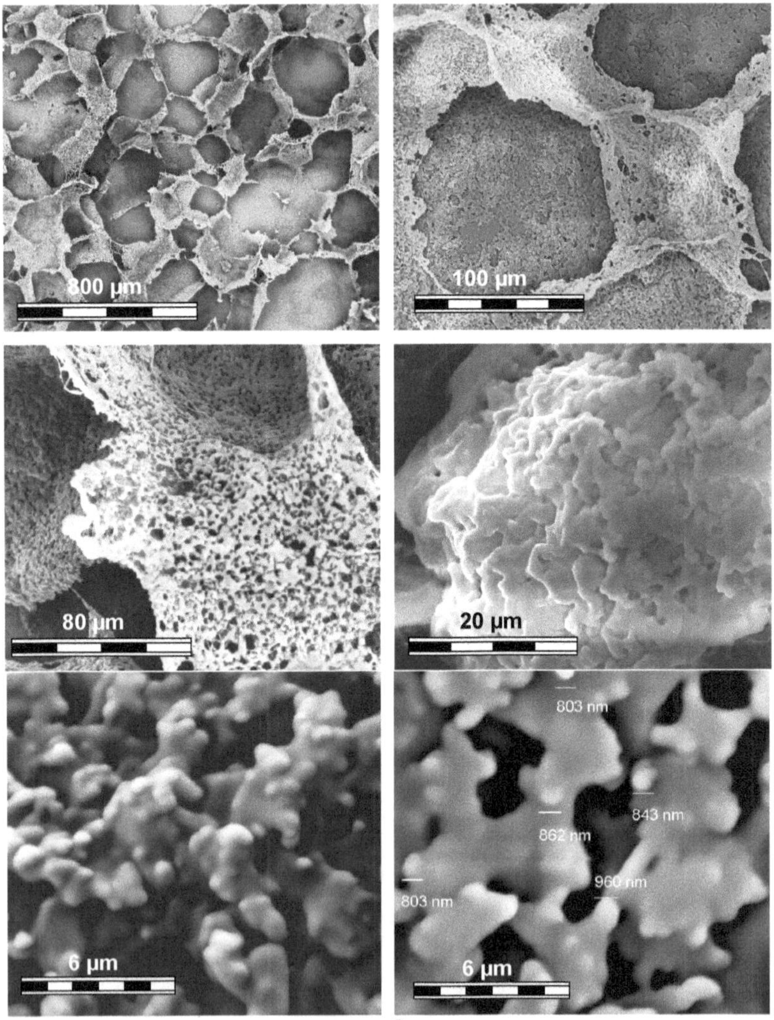

Abbildung A.10: REM-Aufnahmen von Lanette®16-Partikeln aus getrocknetem Schaum (Versuch 29).

Versuch 37

Auch hier wurden wie in Versuch 29 konstante Betriebsbedingungen gefahren und Proben aus Schaumphase, Betriebswasser und Aerosol für REM-Aufnahmen präpariert.

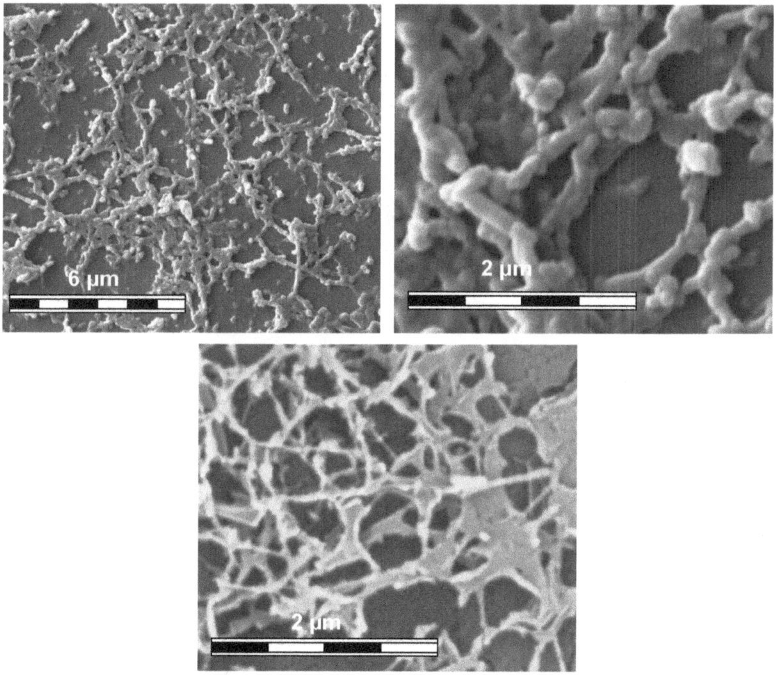

Abbildung A.11: REM-Aufnahmen von Lanette®16 -Partikeln aus getrocknetem Schaum (Versuch 37).

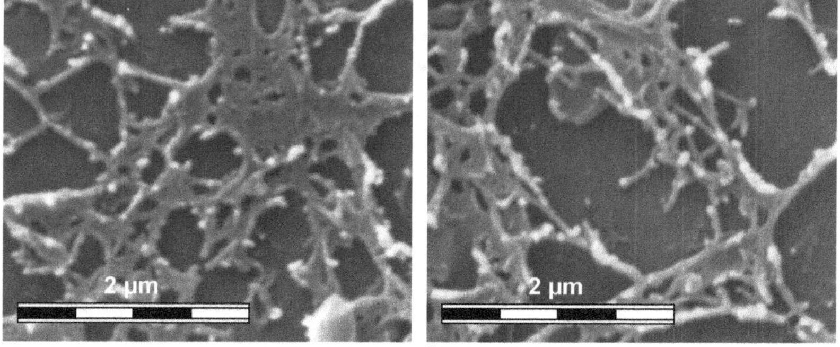

Abbildung A.12: REM-Aufnahmen von Lanette®16 -Partikeln aus getrocknetem Betriebswasser (Versuch 37).

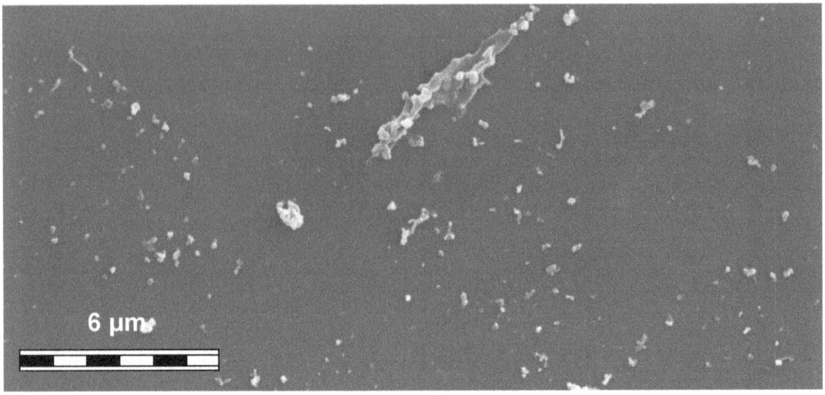

Abbildung A.13: REM-Aufnahmen von Lanette®16 -Aerosolpartikeln (Versuch 37).

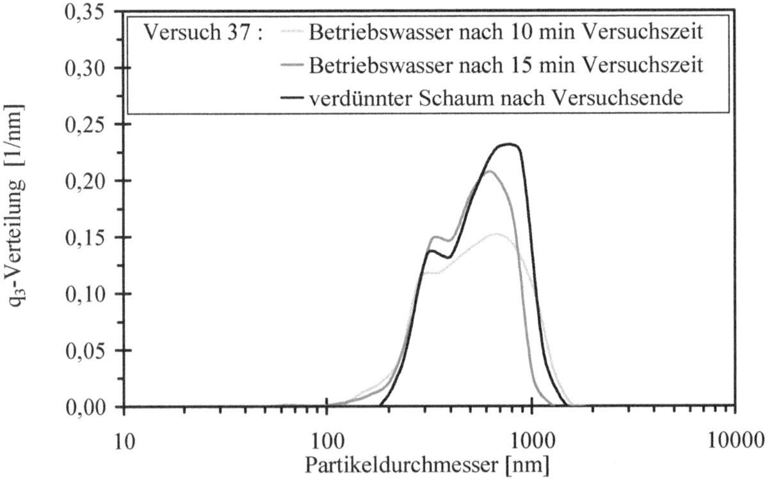

Abbildung A.14: Volumengewichtete Häufigkeitsverteilung der Lanette®16 -Partikeln in Betriebswasserproben zu verschiedenen Versuchszeiten und in einer 10-fach verdünnten Schaumprobe aus Versuch 37 (filtriert mit 5µm-Filter, 5min US).

Versuch 38

In diesem Versuch wurde unter definierten Bedingungen ein anderer Feststoff als Lanette®16 verarbeitet, um zu sehen, ob auch hier Schaumbildung auftritt. Das war der Fall. Es wurden eine verdünnte Schaumprobe und eine Betriebswasserprobe mittels PCS vermessen.

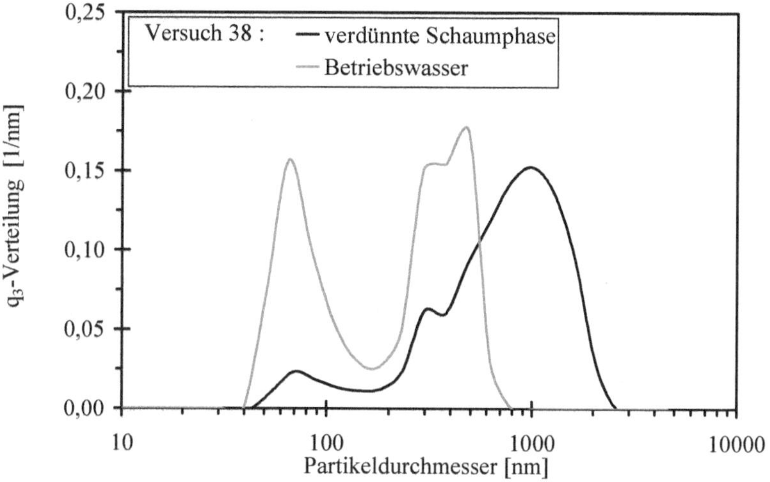

Abbildung A.15: Volumengewichtete Häufigkeitsverteilung der Cutina®CP-Partikeln in verdünnter Schaumprobe und im Betriebswasser aus Versuch 38 (filtriert mit 5µm-Filter, 5min US).

Versuch 41-48

Vier der Versuche wurden bei gleicher Temperatur, aber unterschiedlichen Ansaugdrücken gefahren, drei der Versuche bei gleichem Ansaugdruck, aber verschiedenen Sättigungstemperaturen. Es wurde jeweils die aus der Pumpe austretende Lanette®16 Masse in allen drei „Erscheinungsformen", sprich Schaum, Betriebswasser und Aerosol bilanziert. Aus den experimentell ermittelten Werten wurden Sättigung in der Packungskolonne und Abscheidegrad bestimmt. Zusätzlich wurde die Konzentration an Lanette®16 im Betriebswasser zu verschiedenen Versuchszeiten bestimmt. Die Berechnungsgrundlagen zur Auswertung finden sich Kapitel 4.5.

Tabelle A.13: Versuchsbedingungen und berechnete Werte für Versuch 41-48, Lanette®16.

Versuch	p_{ein} [mbar]	T_{ein} [°C]	$\dot{V}_{N_2}$ [Nm³/h]	t [min]	T_{aus} [°C]	$\dot{m}_{L16,max}$ [g/h]
41	80	95	3,80 ± 0,19	140	20,5	25,43 ± 4,81
43	60	95	2,51 ± 0,18	150	21,8	23,36 ± 4,75
44	40	95	1,37 ± 0,18	150	22,0	20,04 ± 4,97
45	100	95	4,78 ± 0,19	150	22,3	27,93 ± 5,08
46	60	100	2,54 ± 0,18	90	23,0	37,51 ± 7,39
48	60	91	2,54 ± 0,18	180	22,7	16,72 ± 3,47

Abbildung A.16: Blick von oben in den geöffneten Abscheider: Lanette®16 -Schaum, der zum Versuchsende nach Ablassen des Betriebswassers zurückbleibt.

Tabelle A.14: Während und nach den Versuchen bestimmte Konzentrationen und Massen an Lanette®16 im Aerosol, im Betriebswasser und im Schaum (Versuch 41-48).

Versuch	$c_{v,Aer}$ [-]	$m_{L16,Aer}$ [g]	m_{BW} [g]	c_{BW} [g/100g]	$m_{L16,BW}$ [g]	m_{Sch} [g]	c_{Sch} [g/100g]	$m_{L16,Sch}$ [g]
41	$5{,}90 \cdot 10^{-7}$	5,46	8340	0,0429	3,58 ± 0,25	495	4,34	21,46 ± 1,16
43	$4{,}49 \cdot 10^{-7}$	2,95	8960	0,0477	4,27 ± 0,30	535	4,72	25,25 ± 1,35
44	$2{,}41 \cdot 10^{-7}$	0,87	9630	0,0140	1,35 ± 0,10	475	4,24	20,11 ± 1,09
45	$2{,}59 \cdot 10^{-7}$	3,26	9060	0,0370	3,35 ± 0,24	846	4,02	34,01 ± 1,75
46	$1{,}12 \cdot 10^{-7}$	4,49	9330	0,0428	3,99 ± 0,28	654	3,27	21,37 ± 1,12
48	$1{,}74 \cdot 10^{-7}$	1,39	9800	0,0236	2,31 ± 0,16	521	3,90	20,31 ± 1,09

Abbildung A.17 zeigt am Beispiel der Extinktionsmessung in Versuch 43, dass ungefähr 10 Minuten nach dem Einschalten der Flüssigkeitsring-Vakuumpumpe ein stationärer Zustand hinsichtlich der Aerosolerzeugung eintritt. Über die gesamte Versuchsdauer ist die Aerosolvolumenkonzentration konstant, der Transmissionsgrad der Laserstrahlen schwankt leicht mit Veränderungen des durchgesetzten Gasvolumenstroms.

Tabelle A.15: Aus den Ergebnissen in Tabelle A.13 und Tabelle A.14 bestimmte Sättigung in der Packungskolonne und Abscheidegrad in der Flüssigkeitsring-Vakuumpumpe (Versuch 41-48).

Versuch	$S_{ein,exp}$ [%]	A_{exp} [%]
41	51,4 ± 10,0	82,1 ± 2,1
43	55,6 ± 11,6	90,9 ± 1,2
44	44, 6 ± 11,3	96,1 ± 0,7
45	58,2 ± 10,9	92,0 ± 0,9
46	53,1 ± 10,7	84,9 ± 2,0
48	48,0 ± 10,2	94,2 ± 0,8

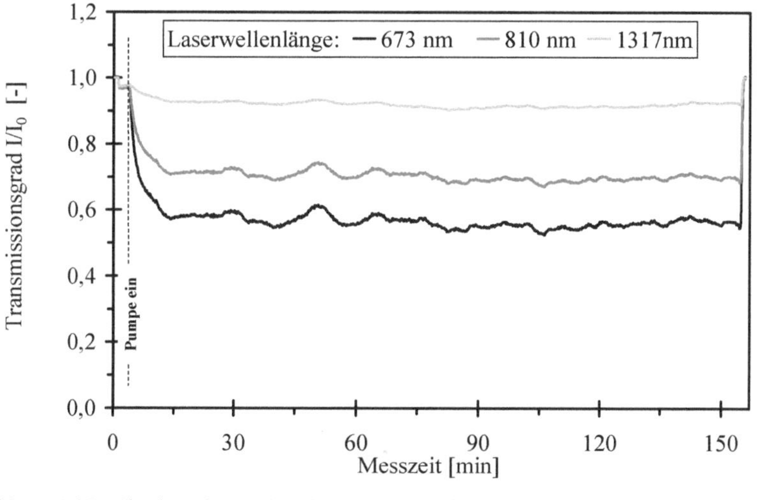

Abbildung A.17: Abschwächung der drei Laserstrahlen unterschiedlicher Wellenlänge bei Messung eines Lanette®16 -Aerosols in Versuch 43 (44 cm Messlänge).

Die Konzentrationen an Lanette®16 in Betriebswasserproben, die zu bestimmten Versuchszeiten genommen wurden, sind in nachfolgender Tabelle aufgelistet.

Tabelle A.16: Konzentrationen an Lanette®16 im Betriebswasser zu verschiedenen Versuchszeiten (Versuch 41-48).

	Lanette®16 - Konzentration [g/100g]					
Versuchs-zeit [min]	Versuch 41	Versuch 43	Versuch 44	Versuch 45	Versuch 46	Versuch 48
10	0,0214	-	-	-	-	-
15	-	0,0360	0,0176	0,0315	0,0569	0,0307

	Lanette®16 - Konzentration [g/100g]					
Versuchs-zeit [min]	**Versuch 41**	**Versuch 43**	**Versuch 44**	**Versuch 45**	**Versuch 46**	**Versuch 48**
30	0,0584	0,0644	0,0240	0,0434	0,0451	0,0329
45	-	0,0457	0,0316	0,0289	0,0156	0,0573
50	0,0508	-	-	-	-	-
60	-	0,0215	0,0292	0,0124	0,0158	0,0658
70	0,0119	-	-	-	-	-
75	-	0,0154	-	-	-	-
80	-	-	0,0301	0,0118	0,0163	-
90	0,0127	-	-	-	-	0,0449
100	-	0,0171	-	-	-	-
110	0,0135	-	-	-	-	-
120	-	-	0,0349	0,0082	-	0,0243
130	0,0252	-	-	-	-	-
140	-	0,0158	-	-	-	-
160	-	-	-	-	-	0,0227

Versuch 49

In Versuch 49 wurden die Betriebsbedingungen von Versuch 41 nachgestellt. Ein Teil des Inertgasstroms wurde dabei durch Wasserdampf ersetzt um zu überprüfen, ob dies einen Einfluss auf die Abscheidung hat. Die Auswertungen wurden wie bei Versuch 41 durchgeführt.

Tabelle A.17: Versuchsbedingungen und berechnete Werte für Versuch 49 mit Wasserdampfzugabe, Lanette®16 .

Ver-such	p_{ein} ohne WD [mbar]	p_{ein} mit WD [mbar]	T_{ein} [°C]	$\dot{V}_{N_2}$ [Nm³/h]	$\dot{V}_{H_2O}$ [Nm³/h]	t [min]	T_{aus} [°C]	$\dot{m}_{L16,max}$ [g/h]
49	45	80	95 - 96,5	$1,62 \pm 0,18$	$4,48 \pm 0,15$	80	25,8	$42,65 \pm 8,01$

Tabelle A.18: Während und nach den Versuchen bestimmte Konzentrationen und Massen an Lanette®16 im Aerosol, im Betriebswasser und im Schaum (Versuch 49).

Ver-such	$c_{v,Aer}$ [-]	$m_{L16,Aer}$ [g]	m_{BW} [g]	c_{BW} [g/100g]	$m_{L16,BW}$ [g]	m_{Sch} [g]	c_{Sch} [g/100g]	$m_{L16,Sch}$ [g]
49	0	0	12780	0,0206	$2,63 \pm 0,19$	318	6,22	$19,78 \pm 1,17$

Tabelle A.19: *Aus den Ergebnissen in Tabelle A.17 und Tabelle A.18 bestimmte Sättigung in der Packungskolonne und Abscheidegrad in der Flüssigkeitsring-Vakuumpumpe (Versuch 49).*

Versuch	$S_{ein,exp}$ [%]	A_{exp} [%]
41	39,4 ± 8,0	100

Abbildung A. 18: Blick von oben in den Saugstutzen der Flüssigkeitsring-Vakuumpumpe: An unbeheizten Flächen ist nach einem Versuch mit Wasserdampf und Inertgas auskondensiertes Lanette®16 zu sehen (links), bei Versuchen mit Lanette®16 in reinem Inertgas ist keine Oberflächenkondensation auf der Saugseite erkennbar (rechts).

Versuch 50

Bei diesem Versuch wurde das Betriebswasser mit Tensid versetzt und der Einfluss auf den Abscheidegrad überprüft. Da die Schaumbildung durch Tensidzugabe noch verstärkt wurde, war die Konzentration sehr niedrig. Auf 10 Liter Betriebswasser wurden 20g 1%ige Disponil FES 933-Lösung gegeben.

Tabelle A.20: *Versuchsbedingungen, Messergebnisse und berechnete Werte für Versuch 50, Lanette®16 , T_{ein} = 95°C, 54 cm Messlänge.*

p_{ein} [mbar]	$\dot{V}_{N_2}$ [Nm³/h]	T_{aus} [°C]	$c_{v,Aer}$ [-]	$\dot{m}_{Aer}$ [g/h]	S_{ein} [%]	$\dot{m}_{L16,ein}$ [g/h]	A [%]
80	3,87 ± 0,19	21,0	$6{,}42 \cdot 10^{-7}$	2,60 ± 0,29	54,3 ± 2,5	15,3 ± 3,0	83,0 ± 3,8

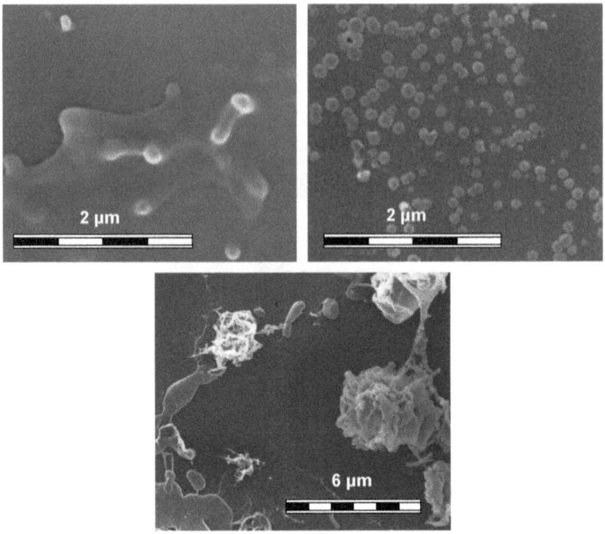

Abbildung A.19: REM-Aufnahmen von Lanette®16 -Partikeln aus Versuch 49: Aufnahmen des getrockneten Schaums (oben links) und des getrockneten Betriebswassers (oben rechts) und Aufnahmen des Aerosols (unten).

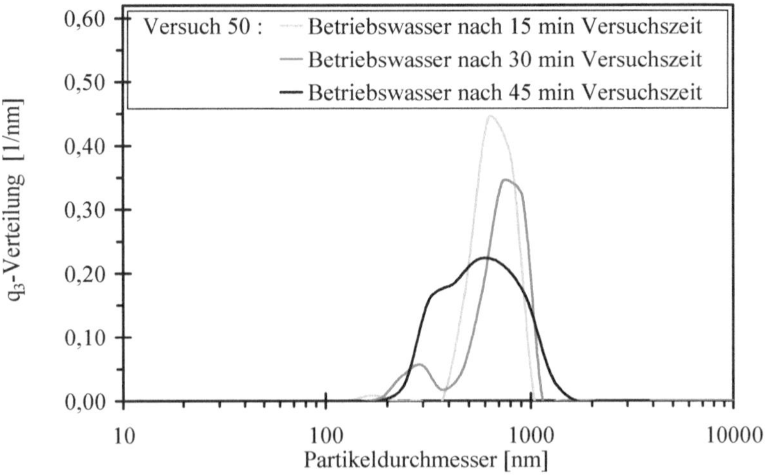

Abbildung A.20: Volumengewichtete Häufigkeitsverteilung der Lanette®16 -Partikeln in tensidhaltigen Betriebswasserproben zu verschiedenen Versuchszeiten (aus Versuch 50, filtriert mit 5µm-Filter, 5min US).

Versuch 51

Dieser Versuch wurde mit gleicher Tensidmenge im Betriebswasser wie bei Versuch 50 durchgeführt, jedoch mit Eutanol®G als Versuchsstoff.

Tabelle A.21: Versuchsbedingungen, Messergebnisse und berechnete Werte für Versuch 51, Eutanol®G, T_{ein} = 117°C, 24 cm Messlänge.

p_{ein} [mbar]	$\dot{V}_{N_2}$ [Nm³/h]	T_{aus} [°C]	$c_{v,Aer}$ [-]	$\dot{m}_{Aer}$ [g/h]	S_{ein} [%]	$\dot{m}_{L16,ein}$ [g/h]	A [%]
80	3,59 ± 0,19	19,8	$1{,}28 \cdot 10^{-6}$	4,15 ± 0,47	67,3 ±2,8	10,0 ±1,8	58,6 ±8,8

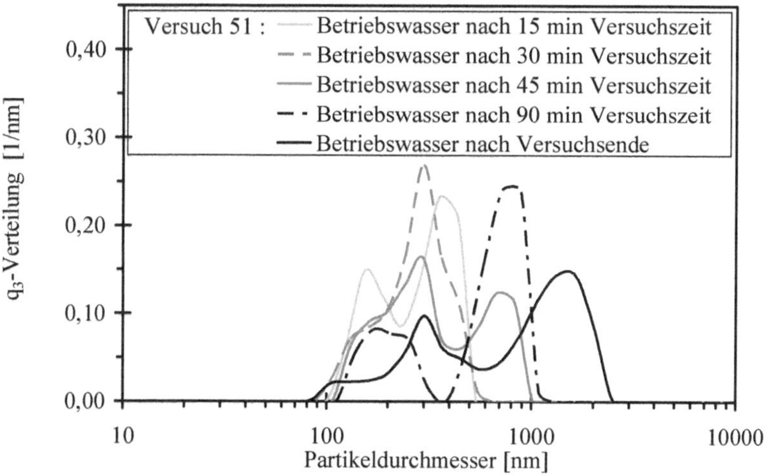

Abbildung A.21: Volumengewichtete Häufigkeitsverteilung der Eutanol®G-Tröpfchen in tensidhaltigen Betriebswasserproben zu verschiedenen Versuchszeiten (aus Versuch 51, filtriert mit 5µm-Filter).

Versuch 52

Bei diesem Versuche war das Vorgehen das gleiche wie bei den Versuchen 41-48. Es wurde jedoch ein Pumpendeckel ohne Ventiltechnik eingesetzt.

Tabelle A.22: Versuchsbedingungen und berechnete Werte für Versuch 52, Lanette®16 .

p_{ein} [mbar]	T_{ein} [°C]	$\dot{V}_{N_2}$ [Nm³/h]	t [min]	T_{aus} [°C]	$\dot{m}_{L16,max}$ [g/h]
75	98	2,14 ± 0,18	150	21,0	21,45 ± 4,25

Tabelle A.23: Während und nach dem Versuch bestimmte Konzentrationen und Masse an Lanette®16 im Aerosol, im Betriebswasser und im Schaum (Versuch 52).

$c_{v,Aer}$ [-]	$m_{L16,Aer}$ [g]	m_{BW} [g]	c_{BW} [g/100g]	$m_{L16,BW}$ [g]	m_{Sch} [g]	c_{Sch} [g/100g]	$m_{L16,Sch}$ [g]
$3{,}07 \cdot 10^{-7}$	1,72	8580	0,0151	$1{,}22 \pm 0{,}09$	472	3,44	19,26

Tabelle A.24: Aus den Ergebnissen in Tabelle A.22 und Tabelle A.23 bestimmte Sättigung in der Packungskolonne und Abscheidegrad in der Flüssigkeitsring-Vakuumpumpe (Versuch 52).

$S_{ein,exp}$ [%]	A_{exp} [%]
$35{,}9 \pm 7{,}50$	$91{,}1 \pm 1{,}3$

Tabelle A.25: Konzentrationen an Lanette®16 im Betriebswasser zu verschiedenen Versuchszeiten (Versuch 52).

Versuchszeit [min]	Lanette®16 - Konzentration [g/100g]
15	0,024
30	0,036
45	0,059
60	0,050
75	0,072
100	0,108
140	0,061

Versuch 53

Bei diesem Versuch wurde die Flüssigkeitsring-Vakuumpumpe gegen eine Wasserstrahlpumpe ausgetauscht. Bei gleichem Ansaugdruck fördert diese Pumpe einen wesentlich geringeren Gasstrom. Weder mit dem bloßen Auge noch mit dem 3WEM-Gerät konnten während des Versuchs austretende Aerosolpartikeln beobachtet werden. Falls Partikeln erzeugt wurden und diese im Betriebswasser abgeschieden wurden, so konnten sie nicht nachgewiesen werden, da die während des Versuchs durchgesetzte Lanette®16 -Menge viel zu gering im Vergleich zur Betriebswassermenge. Nach Versuchsende zeigte sich außerdem, dass an der Düse der Wasserstrahlpumpe Oberflächenkondensation aufgetreten ist.

Abbildung A.22: Beim Einsatz einer Wasserstrahlpumpe in Versuch 53 kondensierte der Versuchsstoff Lanette® 16 an der Düse der Pumpe aus.

Abbildung A.23: Für den Versuch 53 wurde das mittlere Modul, in der die Flüssigkeitsring-Vakuumpumpe untergebracht ist, gegen eine Wasserstrahlpumpe ausgetauscht.

Tabelle A.26: Versuchsbedingungen und berechnete Werte für Versuch 53, Lanette®16 .

p_{ein} [mbar]	T_{ein} [°C]	$\dot{V}_{N_2}$ [Nm³/h]	t [min]	T_{aus} [°C]	$c_{v,Aer}$ [-]	$\dot{m}_{L16,max}$ [g/h]
100	113	$0{,}59 \pm 0{,}17$	145	24,6	0	$13{,}83 \pm 4{,}51$

Versuch 54-57

Mit diesen Versuchen wurde getestet ob mit der Technikumsanlage ebenfalls Partikelerzeugung möglich ist und wie sich die Anlage bezüglich Schaumbildung verhält. Ziel war es, die Anlage möglichst lange zu fahren ohne das ein Abbruch aufgrund von Überschäumen im Abscheider notwendig wird. Dazu wurden zwei Strategien verfolgt: Es wurde im Abscheider ein Blattrührer eingesetzt, der den Schaum ins Betriebswasser untermischen sollte. Es wurden während des Versuchs Betriebswasserproben genommen und die Konzentration bestimmt, um sie mit früheren Versuchen (z.B. 41-48), vergleichen zu können. Die Ergebnisse der Messungen sind in der nachstehenden Tabelle aufgeführt.

Tabelle A.27: Ergebnisse der Konzentrationsbestimmungen bei Betriebswasserproben aus den Versuchen 54-57, Lanette®16 .

	Lanette®16 - Konzentration [g/100g]			
Versuchs-zeit [min]	Versuch 54	Versuch 55	Versuch 56	Versuch 57
15	0,126	-	-	0,124
20	-	0,120	0,124	-
25	-	0,112	0,168	0,100
30	0,124	-	-	-

Es wurde außerdem versucht, den Schaum während des Betriebs kontinuierlich durch eine Öffnung oberhalb des Betriebswasserspiegels aus dem Abscheider auszutragen. Der Schaum erwies sich jedoch als so stabil, dass er nicht durch Öffnung auslief und weiter im Abscheider anstieg.

Versuch 58-63

In diesen Versuchen wurde Lanette®16, Lanette®18 und Edenor®C16 bei Betriebsbedingungen durchgesetzt, die eine besonders hohe oder eine besonders niedrige theoretische Übersättigung ergeben. Ziel war es festzustellen, ob Einflüsse auf Partikelgröße oder -struktur erkennbar sind, d.h. die theoretische Übersättigung mit der im Prozess tatsächlich bei Partikelbildung erreichten Übersättigung korreliert. Die Schaumphase wurde nach Versuchsende abgeschöpft und die Konzentration bestimmt.

Tabelle A.28: Versuchsbedingungen und Ergebnis der Konzentrationsbestimmung aus den Versuchen 58 -63.

Versuch	Stoff	p_{ein} [mbar]	T_{ein} [°C]	T_{aus} [°C]	t [min]	S_{theor} 1) [-]	c_{Sch} [g/100g]
58	L16	58	125	22	35	$1{,}27\cdot10^6$	10,06
59	L16	118	88	24	180	$3{,}42\cdot10^4$	10,29
60	L18	60	119	25	30	$1{,}66\cdot10^6$	5,85
61	L18	119	101	25	180	$1{,}91\cdot10^5$	12,18
62	EdC16	60	140	25	30	$2{,}37\cdot10^6$	3,79
63	EdC16	116	109	25	150	$6{,}16\cdot10^4$	0,159 2)

1) Mit p_v(25°C) für Lanette®16 nach Tabelle A.43, für Lanette®18 und Edenor®C16 mit Schätzwert $p_v(25°C)=1\cdot10^{-4}$ Pa.

2) Es bildete sich keine Schaumphase aus. Die Fettsäurepartikeln bildeten Flocken und sedimentierten sogar nach einiger Zeit. Gemessen wurde eine gut durchmischte Probe des Betriebswassers.

Die REM-Aufnahmen der Partikeln aus allen sechs Versuchen sind in den folgenden Abbildungen zu sehen.

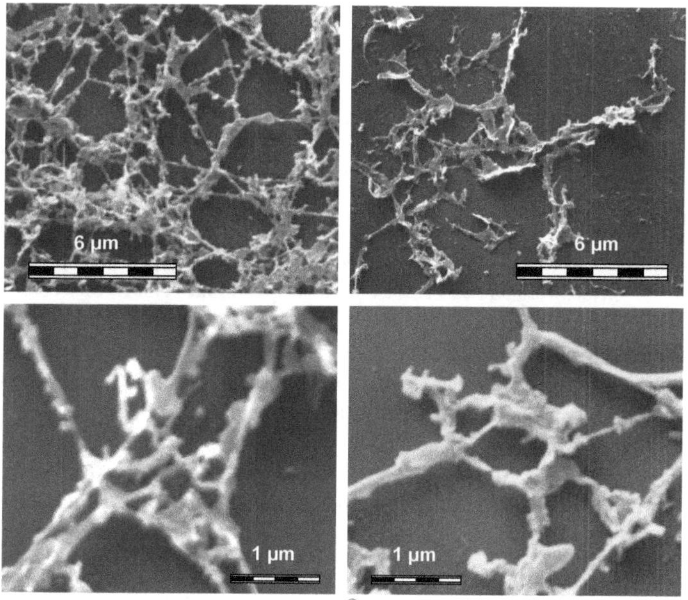

Abbildung A.24: REM-Aufnahmen von Lanette®16 -Partikeln nach Abtrocknen des Betriebswassers aus Versuch 58 (linke Seite) und Versuch 59 (rechte Seite).

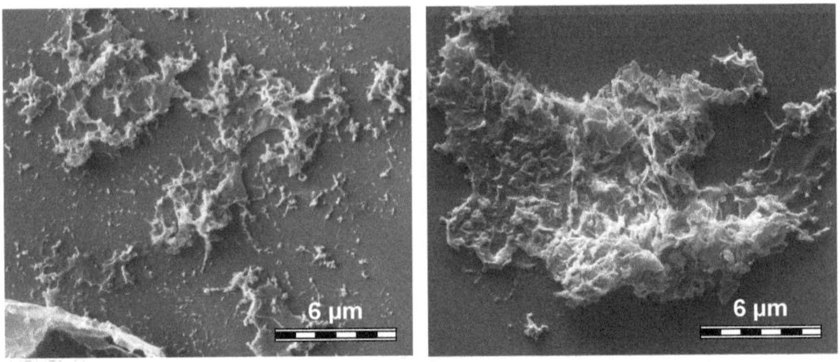

Abbildung A.25: REM-Aufnahmen von Lanette®18 -Partikeln nach Abtrocknen des Betriebswassers aus Versuch 60 (linke Seite) und Versuch 61 (rechte Seite).

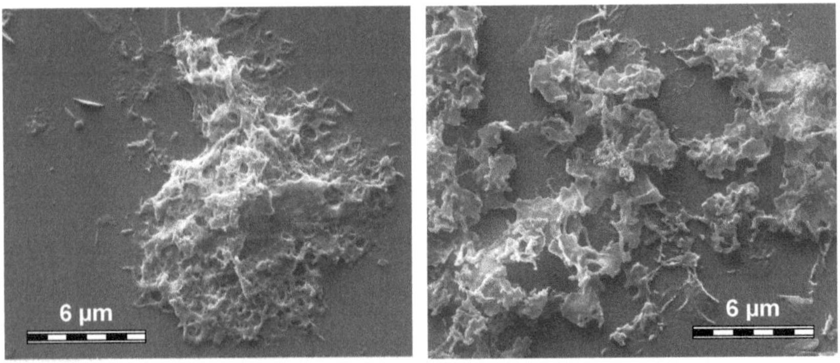

Abbildung A.26: REM-Aufnahmen von Edenor®C16-Partikeln nach Abtrocknen des Betriebswassers aus Versuch 60 (linke Seite) und Versuch 61 (rechte Seite).

Versuch 64

Bei diesem Versuch wurden unter konstanten Bedingungen Lanette®18 Partikeln erzeugt und das Betriebswasser mit zwei verschiedenen Tensidarten in jeweils zwei unterschiedlichen Konzentrationen versetzt. Zwischen den Versuchen wurde die Flüssigkeitsring-Vakuumpumpe ausgeschaltet und das Betriebswasser gewechselt. Von den Betriebswassersuspensionen wurden nach Versuchsende Proben genommen und hinsichtlich Ihrer Partikelgröße untersucht. Die Versuchsbedingungen, sowie Konzentration und Art des Tensids sind im Folgenden angegeben.

Tabelle A.29: Versuchsbedingungen und Tensidart bzw. -konzentration bei Versuch 64, Lanette®18 .

Versuch	Tensid	c_{Tensid} [g/100g]	t [min]
64-1	ohne Tensid	-	20
64-2	Eumulgin HRE 455	0,1	5
64-3	Eumulgin HRE 455	0,05	10
64-4	Texapon N70	0,07	2
64-5	Texapon N70	0,014	25

In Abbildung A.27 sind Aufnahmen der Betriebswassersuspensionen zu sehen. Beim Schütteln zeigen die Suspensionen einen leichten Perlganzeffekt. Das Aussehen blieb mehr als 10 Wochen unverändert, nur bei der Probe 64-5 war nach dieser Zeit ein Aufschwimmen der Fettalkoholpartikeln zu erkennen.

Abbildung A.27: Die in Versuch 64 hergestellten Betriebswassersuspensionen mit Lanette®18 -Partikeln, von links nach rechts: mit 0,014% Texapon N70, mit 0,07% Texapon N70, mit 0,05% Eumulgin HRE 455, mit 0,1% Eumulgin HRE 455.

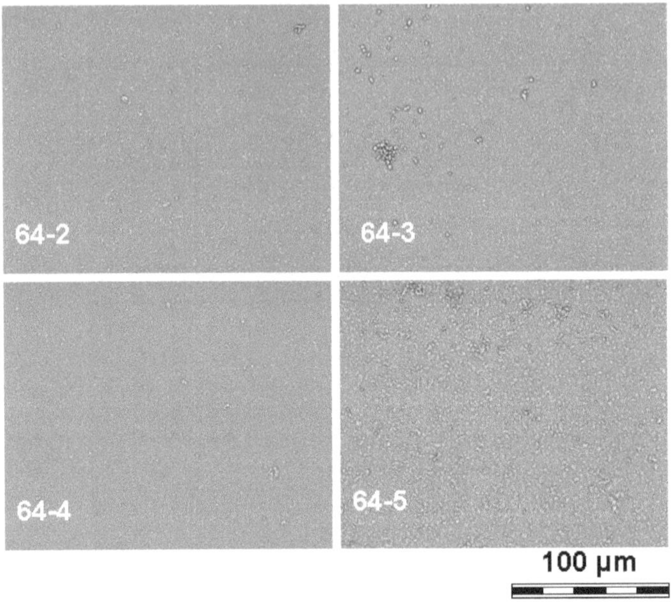

Abbildung A.28: Lichtmikroskopische Aufnahmen der in Versuch 64 hergestellten, tensidhaltigen Betriebswassersuspensionen mit Lanette®18 –Partikeln.

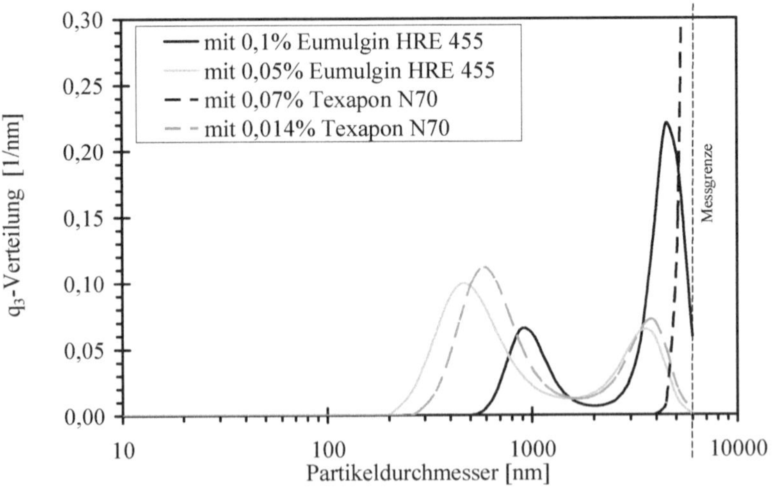

Abbildung A.29: Volumengewichtete Häufigkeitsverteilung der Lanette®18–Partikeln in tensidhaltigen Betriebswasserproben (aus Versuch 64, unbehandelte Probe).

Abbildung A.30: Feines Lanette®18 -Pulver, das durch Trocknen der Schaumphase aus Versuch 64-1 gewonnen wurde (links) und grobdisperses Lanette®18 -Pulver, das durch Zerstoßen der handelsüblichen Pellets im Mörser hergestellt wurde (rechts). In beiden Fällen handelt es sich um eine Menge von 2 g, die Schüttdichte des getrockneten Schaums ist jedoch sehr viel geringer.

Der tensidfreie Schaum aus Versuch 64-1 wurde auf Alufolie ausgestrichen und bei Raumtemperatur getrocknet. Das dadurch erhaltene Pulver hat eine besonders geringe Schüttdichte. Abbildung A.30 zeigt den Vergleich zum grobdispersen Material.

Eine Probe des Schaums aus Versuch 64-1 wurde außerdem in feuchtem Zustand unter einem Lichtmikroskop untersucht. Dabei entstanden die unten gezeigten Aufnahmen.

Versuch 66

In diesem Versuch wurden bei konstanten Betriebsbedingungen Lanette®16 -Partikeln erzeugt und zunächst eine Beladungsmessung im Aerosolstrom durchgeführt. Die Ergebnisse sind in der folgenden Tabelle zusammengefasst.

Tabelle A.30: Ergebnisse der gravimetrischen Beladungsmessung in Versuch 66 .

Messung	durchgesetztes Gasvolumen [Nm^3]	abgeschiedene Masse [mg]	Beladung [g/m^3]
1	0,213	66,7	0,313
2	0,044	24,1	0,547

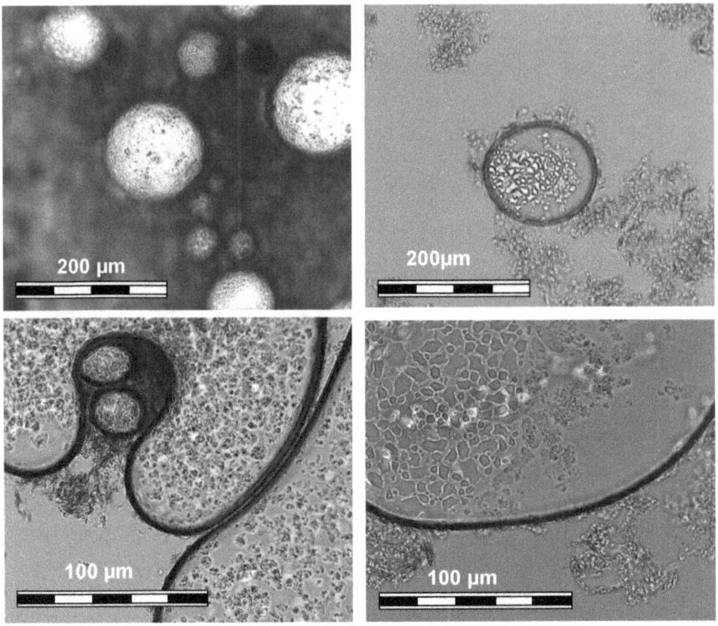

Abbildung A.31: Lichtmikroskopische Aufnahmen des feuchten Schaums, der Lanette®18 - Partikeln enthält (Versuch 64). Die Aufnahme links oben wurde ohne Deckglas gemacht, die anderen mit Deckglas.

Danach wurden Messungen mit dem Impaktor durchgeführt. Bei diesen Messungen konnte jeweils nur auf den vier letzten Stufen eine Massenzunahme aufgrund impaktierter Partikeln mit der vorhandenen Waage festgestellt werden. Auch mit dem bloßen Auge waren die impaktierten Partikeln zu erkennen (siehe Abbildung A.32). Die Messbedingungen und -ergebnisse sind in der nächsten Tabelle zusammengefasst. Die Trennkorngröße, die sich bei den jeweiligen Messbedingungen nach der in Kapitel 4.4.1 beschriebenen Auswertung ergibt, ist unten angegeben.

Tabelle A.31: Messbedingungen und -ergebnisse bei der Impaktormessung in Versuch 66.

Messung	Dauer [min]	durchgesetztes Gasvolumen [Nm³]	impaktierte Masse [mg]			
			Stufe 10	Stufe 9	Stufe 8	Stufe 7
1	2	0,0083	0,5	0,1	0,1	0
2	2	0,0087	0,5	0,1	0,1	0

Tabelle A.32: Trennkorn der Impaktorstufen bei den jeweiligen in Versuch 66.

Messung	Trennkorn d_{50} [µm]			
	Stufe 10	Stufe 9	Stufe 8	Stufe 7
1	0,39	0,94	1,41	2,38
2	0,40	0,96	1,44	2,43

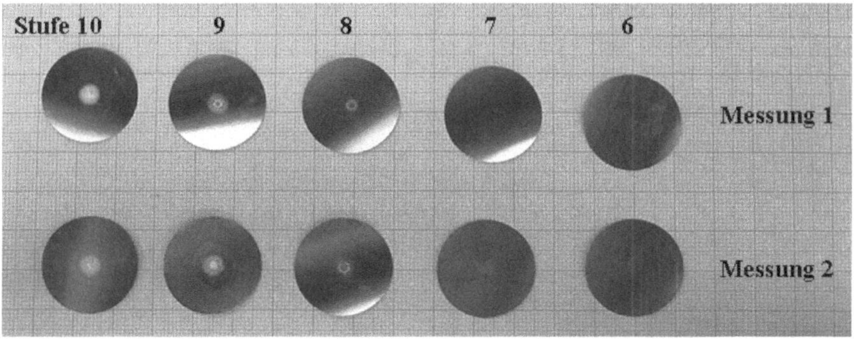

Abbildung A.32: Prallplatten aus den Impaktorstufen 6-10 nach Messung des Aerosolstroms in Versuch 66.

Bei den gleichen Versuchsbedingungen wurden die Aerosolpartikeln auf einem vergoldeten Polycarbonatfilter abgeschieden (Porengröße 0,6-0,8 µm), von dem REM-Aufnahmen angefertigt wurden. Diese Aufnahmen sind in Abbildung A.33 zu sehen.
Hier wurden außerdem die in Abbildung A.33 A.34 gezeigten Mikroskopaufnahmen von einer feuchten Schaumprobe gemacht.

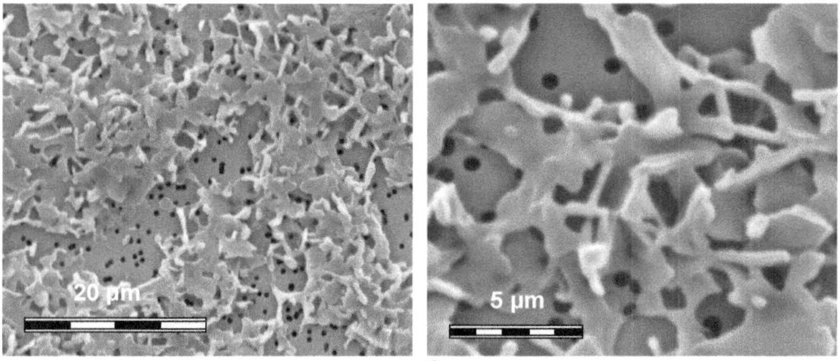

Abbildung A.33: REM-Aufnahmen von Lanette®16 -Aerosolpartikeln, die in Versuch 66 auf einem Polycarbonatfilter abgeschieden wurden.

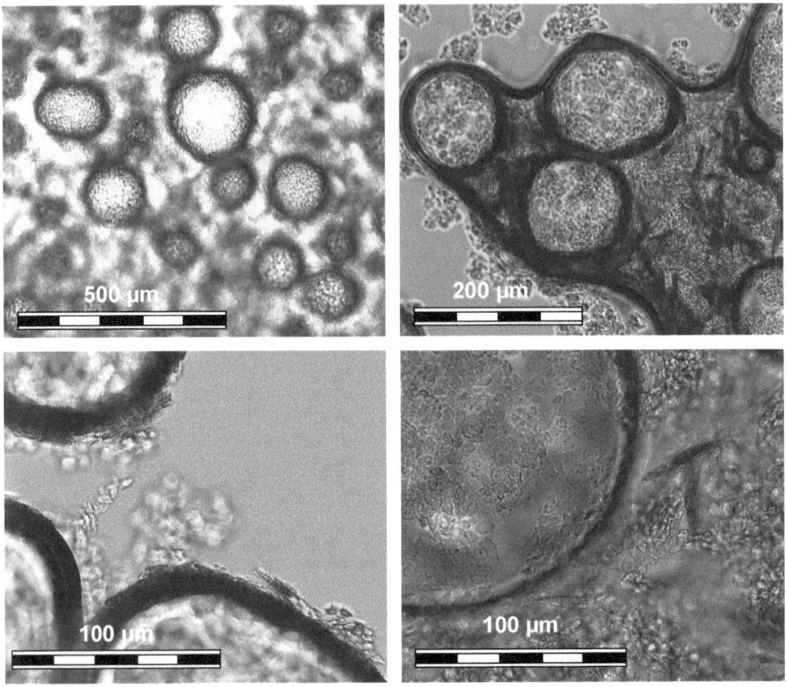

Abbildung A.34: Lichtmikroskopische Aufnahmen des feuchten Schaums, der Lanette®16 - Partikeln enthält (Versuch 66). Die Aufnahme links oben wurde ohne Deckglas gemacht, die anderen mit Deckglas.

Versuch 67

In Versuch 67 wurden Impaktormessungen in der gleichen Vorgehensweise wie bei Versuch 66 durchgeführt. Die Messbedingungen und -ergebnisse sind in der nächsten Tabelle zusammengefasst.

Tabelle A.33: Messbedingungen und -ergebnisse bei der Impaktormessung in Versuch 67.

Messung	**Dauer [min]**	**durchgesetztes Gasvolumen [Nm³]**	**impaktierte Masse [mg]**			
			Stufe 10	**Stufe 9**	**Stufe 8**	**Stufe 7**
1	3	0,0130	0,2	0,1	0,1	0,1
2	4	0,0166	0,2	0,1	0,1	0,1

Tabelle A.34: Trennkorn der Impaktorstufen bei den jeweiligen in Versuch 67.

Messung	**Trennkorn d_{50} [µm]**			
	Stufe 10	**Stufe 9**	**Stufe 8**	**Stufe 7**
1	0,40	0,94	1,42	2,38
2	0,41	0,96	1,45	2,43

Versuch 68

Bei diesem Versuch wurde bei konstanten Betriebsbedingungen eine große Menge an Schaum mit Lanette®16-Partikeln gewonnen.

Der Feststoffgehalt des Schaums lag bei 7,1%. Der Schaum wurde wie in Kapitel 4.4.5 beschrieben in eine Formulierung eingearbeitet und deren Performance in einem vergleichenden Test analysiert. Das Testurteil besagte, dass die beiden Formulierungen eine gleich guten Nass- und Trockenkämmbarkeit zeigten. Die aus Schaum hergestellte Formulierung ließ sich jedoch leichter ins Haar einarbeiten.

Aussehen der Proben sowie Stabilität wurden ebenfalls im Vergleich direkt nach Herstellung und nach 6 Tagen beurteilt (siehe Abbildung A.35). Nach 1 Monat Lagerung bei Raumtemperatur war Formulierung 1 noch unverändert im Aussehen, bei Formulierung 2 zeigte sich unten eine klare Wasserschicht, darüber eine fettalkoholreiche Schicht und oben ein Schaumfilm.

Abbildung A.35: Basisformulierung einer Haarspülung: durch Schmelzemulgieren hergestellt (1) und durch Dispergieren von feststoffhaltigem Schaum hergestellt (2). Direkt nach der Herstellung (Bild links) ist Formulierung 1 homogene, dickflüssig und bläulich weiß und Formulierung 2 weiß und schaumig. Nach 6 Tagen (Bild rechts) ist Formulierung 1 unverändert, bei Formulierung 2 schwimmt oben eine dichte Schaumschicht auf.

A3 Fehlerberechnung

Sowohl für die Berechnung des in die Pumpe der Pilotanlage eintretenden Massenstroms an Versuchsstoff i nach Gleichung (4.11) als auch für die Berechnung des Aerosolmassenstroms nach Gleichung (4.12) und die Berechnung des Abscheidegrads nach Gleichung (4.13) bzw. (4.14) kann ein möglicher Gesamtfehler nach der hier beschriebenen Methode abgeschätzt werden. Es wird angenommen, dass die Abweichungen der unten angegebenen Parameter unabhängig voneinander und zufällig, d.h. aufgrund von Ablesefehlern oder Messungenauigkeiten, zustande kommen.

Für jede der oben genannten Gleichungen der Form $y = y(x_1, x_2, \ldots, x_n)$ wurde der Fehler Δy nach folgender Formel berechnet:

$$\Delta y = \sqrt{\sum_{i=1}^{n}\left(\frac{\partial y}{\partial x_i}\right)^2 \cdot \Delta x_i^2} \qquad \text{(A.1)}$$

Tabelle A.35: Abschätzung der absoluten bzw. relativen Abweichungen der Parameter, die aufgrund von Ablesefehlern oder Messungenauigkeiten auftreten können.

Parameter	**Abweichung Δ**
T_{Rota}	± 2,0 K
P_{Rota}	± 20 mbar
V_{Rota}	± 0,2 m³/h
T_{ein}	± 2,0 K
p_{ein}	± 5 mbar
T_{aus}	± 2,0 K
$c_{i,Aer}$	± 10 %
$c_{i,BW}$	± 7 %
$c_{i,Sch}$	± 7 %
m_{BW}	± 100 g
m_{Sch}	± 10 g

A4 GC-Analysen

Für alle drei Methoden wurden wie beschrieben Kalibrierungen durchgeführt. Der Responsefaktor berechnet sich nach folgender Formel:

$$F_x = \frac{c_{x,St} \cdot V_{St}}{c_{IS} \cdot V_{IS}} \cdot \frac{A_{IS}}{A_x} \qquad (A.2)$$

mit

F_x	Responsefaktor des Versuchstoffes x [-]
$c_{x,St}$	Konzentration des Versuchstoffs x in der Stammlösung [mg/ml]oder [mg/g]
c_{IS}	Konzentration des internen Standards in der Standardlösung [mg/ml] bzw. [mg/g]
V_{St}	eingesetzte Menge an Stammlösung für die Kalibrierlösung [mg] bzw. [ml]
V_{IS}	eingesetzte Menge an Standardlösung für die Kalibrierlösung [mg] bzw. [ml]
A_x	Peakfläche des Versuchstoffs im Chromatogramm der Kalibrierlösung [counts·min]
A_{IS}	Peakfläche des internen Standards im Chromatogramm der Kalibrierlösung [counts·min]

Die Ergebnisse der Kalibrierung sind in den folgenden Diagrammen dargestellt.

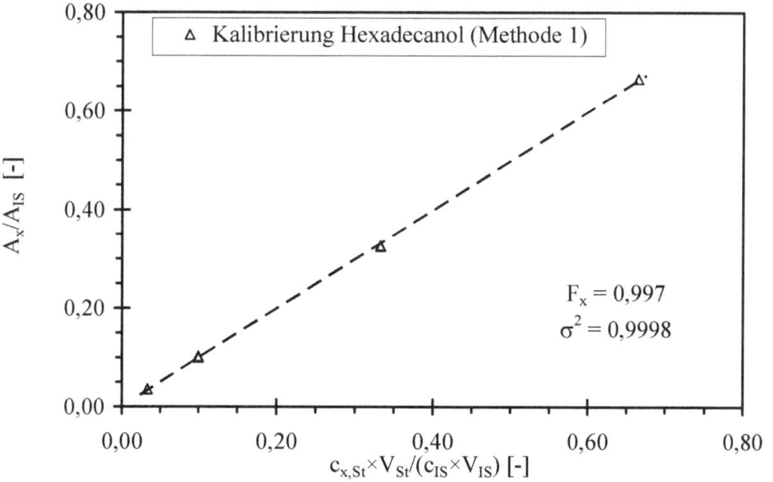

Abbildung A.36: Messwerte der Kalibrierung und der aus linearer Regression ermittelte Responsfaktor der GC-Methode 1 „Bestimmung der Fettalkoholkonzentration nach Derivatisierung der wässrigen Proben".

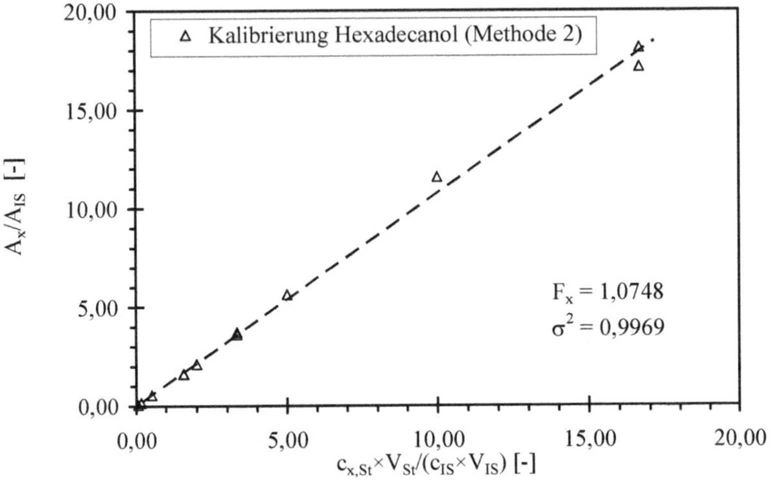

Abbildung A.37: Messwerte der Kalibrierung und der aus linearer Regression ermittelte Responsfaktor der GC-Methode 2 „Bestimmung der Fettalkoholkonzentration nach Lösen der wässrigen Proben in Isopropanol".

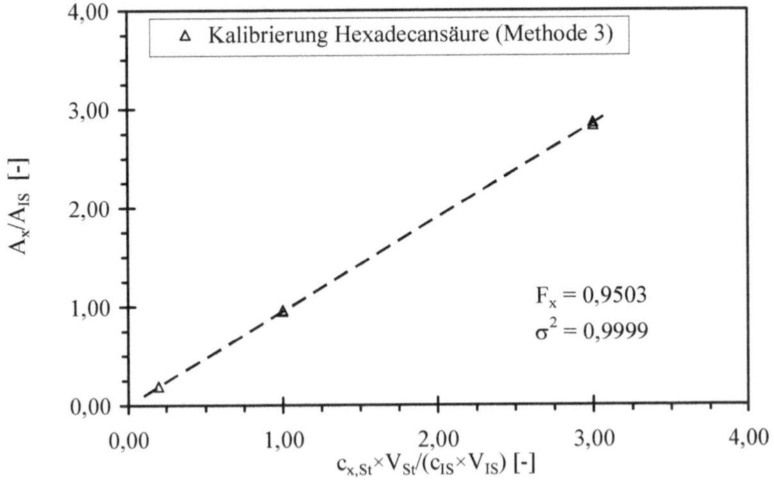

Abbildung A.38: Messwerte der Kalibrierung und der aus linearer Regression ermittelte Responsfaktor der GC-Methode 3 „Bestimmung der Fettsäurekonzentration nach Extraktion der wässrigen Proben mit Isooctan und anschließender Derivatisierung".

Die Konzentrationsbestimmung durch Auswertung eines Probenchromatogramms wurde mittels Gleichung (A.3) durchgeführt.

$$c_{x,P} = F_x \cdot \frac{c_{IS} \cdot V_{IS,P}}{V_P} \cdot \frac{A_{x,P}}{A_{IS,P}} \qquad \text{(A.3)}$$

mit

$c_{x,P}$	Konzentration des Versuchstoffs x in der Probenlösung [mg/ml]oder [mg/g]
V_P	eingesetzte Menge an Probenlösung im GC-Gläschen [mg] bzw. [ml]
$V_{IS,P}$	eingesetzte Menge an Standardlösung im GC-Gläschen [mg] bzw. [ml]
$A_{x,P}$	Peakfläche des Versuchstoffs im Probenchromatogramm [counts·min]
$A_{IS,P}$	Peakfläche des internen Standards im Probenchromatogramm [counts·min]

Die Konzentration der Probenlösung muss letztendlich noch mit dem Verdünnungsfaktor beim Lösen bzw. dem Mischungsverhältnis bei der Extraktion verrechnet werden um die tatsächliche Konzentration der wässrigen Probe zu erhalten.

Sowohl bei den Kalibrierungen als auch bei den eigentlichen Proben wurde der Inhalt jedes Vialglases zur Kontrolle immer zweimal gemessen. Um die Reproduzierbarkeit der Messungen wurden auch einige Proben mehrmals neu angesetzt und vermessen. Dabei betrug die Abweichung der ermittelten Konzentration in allen Fällen weniger als 2%.
Die Messungen von Proben bekannter Konzentration ergaben bei Methode 1 einen Fehler von bis zu 7%, bei Methode 2 und 3 lag der Fehler bei weniger als 3,5%.

Tabelle A.36: Chromatographiebedingungen zur Bestimmung der Fettalkoholkonzentration nach Derivatisierung der wässrigen Proben (Methode 1).

Gerät	GC-FID HP 6890
Kapillarsäule	HP 5 (30 m x 320 µm x 0,25 µm)
Trägergas	Helium
Injektor	Split 250°C
Inj.volumen	2 µl
Ofentemperatur	120°C (1 min), bis 250°C (1 min) mit 10°C/min
Detektor	FID 250°C
Dauer	17 min

Tabelle A.37: Chromatographiebedingungen zur Bestimmung der Fettalkoholkonzentration nach Lösen der wässrigen Proben in Isopropanol (Methode 2).

Gerät	Agilent GC 6890N
Kapillarsäule	ZB-5 HT Inferno (30m x 250 µm x 0,25 µm)
Trägergas	Wasserstoff
Injektor	Split 250°C
Inj.volumen	0,2 µl
Ofentemperatur	60°C (1 min), bis 350°C (1,75 min) mit 40°C/min
Detektor	FID 360°C
Dauer	10 min

Tabelle A.38: Chromatographiebedingungen zur Bestimmung der Fettsäurekonzentration nach Extraktion der wässrigen Proben mit Isooctan und anschließender Derivatisierung (Methode 3).

Gerät	Agilent GC 6890N
Kapillarsäule	ZB-5 HT Inferno (30m x 250 µm x 0,25 µm)
Trägergas	Wasserstoff
Injektor	Split 250°C
Inj.volumen	0,2 µl
Ofentemperatur	80°C (1 min), bis 350°C (2,75 min) mit 40°C/min
Detektor	FID 360°C
Dauer	10,5 min

A5 Berechnung von Stoffeigenschaften

Gasphase

Die Berechnungsformeln für die Eigenschaften der Gasphase, sind falls nicht anders gekennzeichnet, dem VDI-Wärmeatlas entnommen [62]. Sie sind gültig für einen Druckbereich von 0,1 - 10 bar und wurden bei der Berechnung der Sättigung in der Packungskolonne für Stickstoff angewandt, bei der Modellierung der Zustandsänderung in der Flüssigkeitsringvakuumpumpe für ein Stickstoff/Wasserdampf-Gemisch. Die Gasphase wurde in allen betrachteten Fällen als ideales Gas behandelt. Die benötigten Stoffwerte sind im Abschnitt A6 zusammengestellt.

Molare Masse für ein binäres Gemisch

$$M_m = y_1 \cdot M_1 + y_2 \cdot M_2 \qquad \text{(A.4)}$$

Spezifische Wärmeleitfähigkeit für ein binäres Gemisch

$$c_{p,m} = \frac{y_1 \cdot M_1 \cdot c_{p,1} + y_2 \cdot M_2 \cdot c_{p,2}}{M_m} \tag{A.5}$$

Die spezifische Wärmekapazität der reinen Gase ist im betrachteten Druckbereich und unter der Annahme, dass ideales Verhalten vorliegt nur eine Funktion der Temperatur. Sie wird nach folgender Gleichung mit den unten angegebenen Koeffizienten berechnet [98]:

$$c_p = A + B \cdot \left[\frac{\left(C/T \right)}{sinh\left(C/T \right)} \right]^2 + D \cdot \left[\frac{\left(E/T \right)}{sinh\left(E/T \right)} \right]^2 \tag{A.6}$$

mit

Stickstoff:	A = 1,0389 kJ/(kg·K)	Wasserdampf:	A = 1,8517 kJ/(kg·K)
	B = 0,3075 kJ/(kg·K)		B = 1,4875 kJ/(kg·K)
	C = 1701,6 K		C = 2609,3 K
	D = 0,0037 kJ/(kg·K)		D = 0,4934 kJ/(kg·K)
	E = 909,79 K		E = 1167,6 K

Viskosität von Gasen bei niedrigen Drücken

$$\eta^0 = \left[(\eta \cdot \xi)^{r,0} \cdot f_p^0 \cdot f_Q^0 \right] \cdot \frac{1}{\xi} \tag{A.7}$$

mit

$$(\eta \cdot \xi)^{r,0} = 0{,}807 \cdot \left(\frac{T}{T_c} \right)^{0,618} - 0{,}357 \cdot e^{-0,449 \frac{T}{T_c}} + 0{,}340 \cdot e^{-4,058 \frac{T}{T_c}} + 0{,}018 \tag{A.8}$$

$$\xi = \frac{T_c^{1/6} \cdot R^{1/6} \cdot N_A^{1/3}}{M^{1/2} \cdot p_c^{2/3}} \tag{A.9}$$

$$\xi = \frac{T_c^{1/6} \cdot R^{1/6} \cdot N_A^{1/3}}{M^{1/2} \cdot p_c^{2/3}} \tag{A.10}$$

Für Stickstoff gilt:

$$f_p^0 = 1 \tag{A.11}$$

$$f_Q^0 = 1 \tag{A.12}$$

Für Wasserdampf gilt:

$$f_p^0 = 1 + 30{,}55 \cdot (0{,}292 - Z_c)^{1{,}72} \cdot \left[\left|0{,}96 + 0{,}1 \cdot \left(\frac{T}{T_c} - 0{,}7\right)\right|\right] \quad (A.13)$$

$$f_Q^0 = 1 \quad (A.14)$$

Die Viskosität des Stickstoff/Wasserdampfgemischs bei niedrigen Drücken berechnet sich ebenfalls aus den Gleichungen (A.7) - (A.10) , jedoch mit folgenden Mischungsgrößen:

$$T_{c,m} = y_1 \cdot T_{c,1} + y_2 \cdot T_{c,2} \quad (A.15)$$

$$p_{c,m} = \frac{R \cdot (y_1 \cdot Z_{c,1} + y_2 \cdot Z_{c,2}) \cdot T_{c,m}}{y_1 \cdot \upsilon_{c,1} + y_2 \cdot \upsilon_{c,2}} \quad (A.16)$$

$$f_{p,m}^0 = y_1 \cdot f_{p,1}^0 + y_2 \cdot f_{p,2}^0 \quad (A.17)$$

$$f_{Q,m}^0 = y_1 \cdot f_{Q,1}^0 + y_2 \cdot f_{Q,2}^0 \quad (A.18)$$

und M_m nach Gleichung (A.4).

Wärmeleitfähigkeit von Gasen bei niedrigen Drücken

$$\lambda^0 = \left[1{,}3 \cdot (c_p \cdot M - R) + 1{,}762 \cdot R - \frac{0{,}347 \cdot R}{T/T_c}\right] \cdot \frac{\eta^0}{M} \quad (A.19)$$

Für ein Stickstoff/Wasserdampfgemisch ergibt sich die Wärmeleitfähigkeit aus:

$$\lambda_m^0 = \frac{y_1 \cdot \lambda_1^0}{y_1 + y_2 \cdot A_{12}} + \frac{y_2 \cdot \lambda_2^0}{y_1 \cdot A_{21} + y_2} \quad (A.20)$$

mit

$$A_{ij} = \frac{\left[1 + (\eta_i^0/\eta_j^0)^{1/2} \cdot (M_j/M_i)^{1/4}\right]^2}{\left[8 \cdot (1 + M_i/M_j)\right]^{1/2}} \quad (A.21)$$

Die Berechnung des binären **Diffusionskoeffizienten** für Gasgemische bei niedrigem Druck erfolgt nach Gleichung (A.22):

$$D_{12}^{0} = \frac{1{,}013 \cdot 10^{-3} \cdot T^{1{,}75} \cdot \left(\frac{M_1 + M_2}{M_1 \cdot M_2}\right)^{\frac{1}{2}}}{p \cdot \left[\upsilon_{D,1}^{\frac{1}{3}} + \upsilon_{D,2}^{\frac{1}{3}}\right]^2} \tag{A.22}$$

Flüssigphase

Für die Stoffeigenschaften von flüssigem Lanette®16 konnte auf Daten und Berechnungsmethoden zurückgegriffen werden, die in der bei Cognis verwendeten Simulationssoftware ChemCad hinterlegt sind [98]. Für den Versuchsstoff Eutanol®G lagen nur experimentell ermittelte Werte vor, an die die unten genannten Gleichungen angepasst wurden.
Die Eigenschaften der flüssigen Versuchsstoffe wurden zum einen bei der Berechnung des hydraulischen Zustandes während der Sättigung in der Packungskolonne benötigt und zum anderen bei der Modellierung des Keimbildungs- und Wachstumsvorgangs.

Im Folgenden sind die Gleichungen zur Beschreibung der Dichte, Viskosität und Grenzflächenspannung von flüssigem Lanette®16 angegeben.

Dichte von flüssigem Lanette®16:

$$\rho = \frac{A}{B^{\left(1+\left(1-\frac{T}{T_c}\right)^{D}\right)}} \tag{A.23}$$

mit A = 70,20 kg/m³
B = 0,26241
D = 0,33171

Viskosität von flüssigem Lanette®16 :

$$\eta = 1 Pa \cdot s \cdot exp\left(A + \frac{B}{T} + C \cdot ln\left(\frac{T}{[K]}\right)\right) \tag{A.24}$$

mit A = -69,541
B = 6191,9 K
C = 7,946

Grenzflächenspannung von flüssigem Lanette®16 :

$$\sigma = A \cdot \left(1 - \frac{T}{T_c} \right)^B \qquad (A.25)$$

mit A = 0,05898 N/m
B = 1,3138

Mit den folgenden drei Gleichungen wurden die Stoffeigenschaften von Eutanol®G berechnet.

Dichte Eutanol®G:

$$\sigma = A - B \cdot (T - 273K) \qquad (A.26)$$

mit A = 854,45 kg/m³
B = 0,6665 kg/(m³·K)

Viskosität Eutanol®G:

$$\eta = 10^{-3}\, Pa \cdot s \cdot 10^{\left(A \cdot \left(\frac{1}{T} - \frac{1}{B} \right) \right)} \qquad (A.27)$$

mit A = 1923,3 K
B = 395 K

Grenzflächenspannung Eutanol®G:

$$\sigma = A - B \cdot (T - 273K) \qquad (A.28)$$

mit A = 31,55·10-3 N/m
B = 7,56·10-5 N/(m·K)

Dampfdruck/Verdampfungsenthalpie

Der **Dampfdruck** von Wasser wurde nach folgender Gleichung berechnet [98]:

$$p_v = 1 Pa \cdot exp\left(A + \frac{B}{T} + C \cdot ln\left(\tfrac{T}{[K]}\right) + D \cdot \left(\tfrac{T}{[K]}\right)^E \right) \qquad (A.29)$$

mit A = 72,55
B = -7206,7 K
C = -7,1385
D = 4,046·10-6
E = 2

Die **Verdampfungsenthalpie** von Wasser wurde nach Gleichung (A.30) berechnet [98].

$$\Delta h_v = A \cdot \left(1 - \frac{T}{T_c}\right)^{\left(B + C \cdot \frac{T}{T_c} + D \cdot \left(\frac{T}{T_c}\right)^2\right)} \tag{A.30}$$

mit A = 2889,43 kJ/kg
B = 0,3199
C = -0,212
D = 0,258

Der **Dampfdruck** der Stoffe Lanette®16, Lanette®18 und Edenor®C16 kann durch eine Gleichung der unten angegebenen Form beschrieben werden.

$$p_v = 1 Pa \cdot exp\left(A + \frac{B}{T} + C \cdot ln\left(\frac{T}{[K]}\right) + D \cdot \left(\frac{T}{[K]}\right)^E\right) \tag{A.31}$$

Die jeweiligen Koeffizienten sind in Tabelle A.39 gegeben.

Tabelle A.39: Koeffizienten für die Berechnung des Dampfdrucks nach Gleichung (A.31).

	Lanette®16	**Lanette®18**	**Edenor®C16**
A	439,81	451,99	635,03
B	-28664 K	-30091 K	-45621 K
C	-63,961	-65,627	-87,646
D	0,04782	0,04832	$3{,}519 \cdot 10^{-5}$
E	1	1	2

Gleichung (A.32) gibt den **Dampfdruck** von Eutanol®G wieder.

$$p_v = 1 Pa \cdot 10^{\left(\frac{A}{T} + B\right)} \tag{A.32}$$

mit A = -5,1549·103 K
B = 13,5916

A6 Stoffwerte

Wasser

Tabelle A.40: Stoffwerte für Wasser [114, 62].

M [kg/kmol]	18,015
T_c [K]	647,14
p_c [Pa]	$220{,}6 \cdot 10^5$
υ_c [m³/mol]	$56{,}0 \cdot 10^{-6}$
Z_c	0,229
υ_D	12,7

Stickstoff

Tabelle A.41: Stoffwerte für Stickstoff [54, 62].

M [kg/kmol]	28,014
T_c [K]	126,20
p_c [Pa]	$33{,}9 \cdot 10^5$
υ_c [m³/mol]	$89{,}5 \cdot 10^{-6}$
Z_c	0,290
υ_D	17,9

Lanette®18

Tabelle A.42: Stoffwerte für Lanette®18 nach [98].

M [kg/kmol]	270,50
T_{Schmp} [K]	331,05
T_{Sdp} [K]	624
$c_{lös}$ [g/l] (in H_20 bei 25°C)	$1{,}1 \cdot 10^{-6}$
Δh_v [kJ/kg] (bei 60°C)	396

Lanette®16

Tabelle A.43: Stoffwerte für Lanette®16 nach [98].

M [kg/kmol]	242,44
T_{Schmp} [K]	322,35
T_{Sdp} [K]	597,23
Tc [K]	770
υ_D [-]	336,8

n [-] (bei 60°C)	1,436
$c_{lös}$ [g/l] (in H_20 bei 25°C)	$2{,}1\cdot10^{-5}$
ρ [kg/m³] (bei 20°C)	972
p_v [Pa] (bei 25°C)	$6{,}92\cdot10^{-4}$
Δh_v [kJ/kg] (bei 60°C)	402

Eutanol®G

Tabelle A.44: Stoffwerte für Eutanol®G nach [98].

M [kg/kmol]	298,55
T_{Schmp} [K]	< 253
T_{Sdp} [K]	625
υ_D [-]	418,64
n [-] (bei 20°C)	1,454
$c_{lös}$ [g/l] (in H_20 bei 25°C)	$3{,}0\cdot10^{-8}$

Edenor®C16

Tabelle A.45: Stoffwerte für Edenor®C16 nach [98].

M [kg/kmol]	256,43
T_{Schmp} [K]	335,95
T_{Sdp} [K]	624,15
$c_{lös}$ [g/l] (in H_20 bei 25°C)	$4{,}0\cdot10^{-5}$

A7 Stoffübergang in der Packungskolonne nach dem Delft-Modell

Bei konstanten Betriebsparametern p_{ein}, T_{ein} und $\dot{V}_{N_2}$ kann für jeden Betriebszustand der gasseitige Stoffübergangskoeffizient k_G nach den folgenden Gleichungen berechnet werden [25, 72]. Die Stoffeigenschaften der Gas- und Flüssigphase sowie der Diffusionskoeffizient berechnen sich als Funktionen von T_{ein} und p_{ein} nach den Gleichungen in Abschnitt A5.
Für den Flüssigkeitsvolumenstrom kann ein Wert von $\dot{V}_L$ = 6 l/min angenommen werden.

Gasseitiger Stoffübergangskoeffizient

$$k_G = \sqrt{k_{G,lam}^2 + k_{G,turb}^2} \tag{A.33}$$

mit

$$k_{G,lam} = \frac{Sh_{G,lam} \cdot D_G}{d_{hG}} \tag{A.34}$$

$$k_{G,turb} = \frac{Sh_{G,turb} \cdot D_G}{d_{hG}} \tag{A.35}$$

und den Sherwood-Zahlen

$$Sh_{G,lam} = 0{,}664 \cdot Sc_G^{1/3} \cdot \sqrt{Re_{Grv} \cdot \frac{d_{hG}}{l_{G,pe}}} \tag{A.36}$$

$$Sh_{G,turb} = \frac{Re_{Grv} \cdot Sc_G \cdot \frac{\xi_{GL} \cdot \varphi}{8}}{1 + 12{,}7 \cdot \sqrt{\frac{\xi_{GL} \cdot \varphi}{8}} \cdot \left(Sc_G^{2/3} - 1\right)} \cdot \left[1 + \left(\frac{d_{hG}}{l_{G,pe}}\right)^{2/3}\right] \tag{A.37}$$

Schmidt-Zahl

$$Sc_G = \frac{\eta_G}{\rho_G \cdot D_G} \tag{A.38}$$

Reynolds-Zahl

$$Re_{Grv} = \frac{\rho_G \cdot (u_{Ge} + u_{Le}) \cdot d_{hG}}{\eta_G} \tag{A.39}$$

Reibungskoeffizient

$$\xi_{GL} = \left\{-2 \cdot \log\left[\frac{(\delta/d_{hG})}{3{,}7} - \frac{5{,}02}{Re_{Grv}} \cdot \log\left(\frac{(\delta/d_{hG})}{3{,}7} + \frac{14{,}5}{Re_{Grv}}\right)\right]\right\}^{-2} \tag{A.40}$$

Dicke des Flüssigkeitsfilms

$$\delta = \left(\frac{3\eta_L u_{Ls}}{\rho_L g a_p \sin\alpha_L} \right)^{1/3} \tag{A.41}$$

Strömungswinkel der Flüssigkeit

$$\alpha_L = \arctan\left(\frac{\cos(90° - \alpha)}{\sin(90° - \alpha) \cdot \cos\left[\arctan\left(\frac{b}{2 \cdot h}\right)\right]} \right) \tag{A.42}$$

Hydraulischer Durchmesser für die Gasphase

$$d_{hG} = \left\{ \frac{(bh - 2\delta s)^2}{bh} \right\} \Big/ \left\{ \sqrt{\left(\frac{bh - 2\delta s}{2h}\right)^2 + \left(\frac{bh - 2\delta s}{b}\right)^2} + \frac{bh - 2\delta s}{2h} \right\} \tag{A.43}$$

Seitenlänge eines Kanals

$$s = \sqrt{\left(\frac{b^2}{4}\right) + h^2} \tag{A.44}$$

Spezifische Oberfläche der Packung

$$a_p = \frac{4s}{bh} \tag{A.45}$$

Flüssigkeitsanteil im dreieckigen Strömungsquerschnitt

$$\varphi = \frac{2s}{b + 2s} \tag{A.46}$$

Länge eins gasdurchströmten Kanals in einem Packungselement

$$l_{G,pe} = \frac{h_{pe}}{\sin\alpha} \tag{A.47}$$

Flüssigkeitsinhalt der Packung

$$h_l = \delta \cdot a_p \tag{A.48}$$

Gasgeschwindigkeit

$$u_{Gs} = \frac{4 \cdot \dot{V}_G}{\pi \cdot d_k^2} \tag{A.49}$$

Flüssigkeitsgeschwindigkeit

$$u_{Ls} = \frac{4 \cdot \dot{V}_L}{\pi \cdot d_k^2} \tag{A.50}$$

Effektive Gasgeschwindigkeit

$$u_{Ge} = \frac{u_{Gs}}{\left(\varepsilon \cdot (1 - h_l) \cdot \sin \alpha\right)} \tag{A.51}$$

Effektive Flüssigkeitsgeschwindigkeit

$$u_{Le} = \frac{u_{Ls}}{\left(\varepsilon \cdot h_l \cdot \sin \alpha_L\right)} \tag{A.52}$$

Literaturverzeichnis

[1] Aaronson, M.P.: *Influence of hydrophobic particles on the foaming of aqueous surfactant solutions.* Langmuir, 2 (1986), S. 653-659.

[2] Ansmann, A.; Eggers, A.; Brüning, S.: *Verwendung von nanoskaligen Deodorantien.* Patent DE19962860(A1), Cognis GmbH, 2001.

[3] Bakhtar, F.; Young, J.B.; White, A.J.; Simpson, D.A.: *Classical nucleation theory and its application to condensing steam flow calculations.* Proc. IMechE Part C, 219 (2005) S. 1315-1333.

[4] Baron, P.A.; Willeke, K. (Hrsg.): *Aerosol measurements – Principles, techniques and application.* 2. Aufl., Wiley-Interscience, New York, 2001.

[5] Beckmann, W.: *Das Förderverhalten von Wasserringvakuumpumpen bei Förderung von Dampf-Luft-Gemischen.* Dissertation, Techn. Hochschule Stuttgart, 1965.

[6] Biggs, S.R.; Williams, R.A.; Yuan, Q.; Daintree, L.S.: *New membrane emulsification technologies for production of micro- and nanoparticulates.* Cosmetics & Toiletries, 122 (2007) 8, S. 63-70.

[7] Binks, B.P.: *Particles as surfactants – similarities and differences.* Curr. Opinion in Coll. Int. Sci., 7 (2002) , S.21-41.

[8] Borho, K.; Polke, R.; Wintermantel, K.; Schubert, H.; Sommer, K.: *Produkteigenschaften und Verfahrenstechnik.* Sonderdruck CIT, 63 (1991)8, S. 792-808.

[9] Brezesinski, G.; Mögel, H.-J.: *Grenzflächen und Kolloide: physikalisch-chemische Grundlagen.* Spektrum Akad. Verl., Heidelberg, 1993.

[10] Brüning, S.; Ansmann, A.; Spörer, R.; Leonard, M.; Capito, M.: *Wachsdispersionen.* Patent DE10300506(A1), Cognis GmbH, 2004.

[11] Bürkholz, A.: *Abscheidung und Messung sehr feiner flüssiger und fester Partikeln in der chemischen Industrie.* CIT, 63 (1991) 2, S. 212-221.

[12] Bürkholz, A.: *Droplet separation.* VCH, Weinheim, 1989.

[13] Cao, G.-Z.: *Nanostructures and nanomaterials: synthesis, properties and applications.* Imperial College Press, London, 2006.

[14] Crump, J.G.; Flagan, R.C.; Seinfeld, J.H.: *Particle wall loss rates in vessels.* Aer. Sci. Tech., 2 (1983) 3, S. 303-309.

[15] Davies, C.N. (Hrsg.): *Aerosol Science*. Academic Press, New York, 1966.

[16] Debuigne, F.; Jeunieau, L.; Wiame, M.; Nagy, J.B.: *Synthesis of organic nanoparticles in different W/O microemulsions*. Langmuir, 16 (2000), S. 7605-7611.

[17] Dickey, L.C.; Radewonuk, E.R.: *Compressed condensation of water vapor on chilled brine*. Int. J. Multiphase Flow, 20 (1994) 1, S. 179-184.

[18] Dittmann, R.; Feld, H.-J.; Samenfink, W.; Wittig, S.: *Multiple wavelength extinction technique for particle characterization in dense particle clouds*. Part. Part. Syst. Charact., 11 (1994) 5, S. 379-384.

[19] Dolhaine, H.; Stalberg, T.; Schröder, C.: *Verfahren zur Herstellung von Nanopartikel-Suspensionen.* Patent DE10027948(A1), Henkel KgaA, 2001.

[20] Dörfler, H.-D.: *Grenzflächen und kolloid-disperse Systeme, Physik und Chemie*. Springer-Verlag, Berlin/Heidelberg, 2002.

[21] Du, Z.; Bilbao-Montoya, M.P.; Binks, B.P.; Dickinson, E.; Ettelaie, R.; Murray, B.S.: *Outstanding stability of particle-stabilized bubbles*. Langmuir, 19 (2003), S. 3106-3108.

[22] Ehrler, F.; Schaber, K.: *Spontane Kondensation und Aerosolbildung*. In: VDI-Wärmeatlas, Springer-Verlag, 9. Auflage, Abschnitt Je, 2002.

[23] Eisner, M.D.; Jeelani, S.A.K.; Bernhard, L.; Windhab, E.J.: *Stability of foams containing proteins, fat particles and nonionic surfactants.* Chem. Eng. Sci., 62 (2007), S. 1974-1987.

[24] Fair, J.R.: *Designing direct-contact coolers/condensers*. Chem. Eng., 79 (1972) 13, S.91-100.

[25] Fair, J.R.; Seibert, A.F.; Behrens, M.; Saraber, P.P.; Olujic, Ž.: *Structured packing performance – Experimental evaluation of two predictive models.* Ind. Eng. Chem. Res., 39 (2000), S. 1788-1796.

[26] Fayed, M. E.; Otten, L. (Hrsg.): *Handbook of Powder Science and Technology*. Springer-Verlag, 2. Auflage, Online-Ressource, 1997.

[27] Fernandez, P.; André, V.; Rieger, J.; Kühnle, A.: *Nano-emulsion formation by emulsion phase inversion.* Coll. Surf. A: Physicochem. Eng. Aspects, 251 (2004), S. 53-58.

[28] Freier, W.; Grabow, G.: *Anwendungsgebiete von Wasserringvakuumpumpen und -verdichtern.* Maschinenbautechnik, 4 (1955) 3, S. 143-154.

[29] Grabow, G.: *Die Einflüsse verschiedener Schaufelformen auf die Kennlinie von Wasserringluftpumpen.* Maschinenbautechnik, 7 (1958) 12, S. 646-651

[30] Grant, D.J.W.; Brittain, H.G.: *Solubility of pharmaceutical solids. In: Physical characterization of pharmaceutical solids.* Brittain, H.G. (Hrsg.) Marcel Dekker, New York, S. 409-464, 2000

[31] Grimsdale, A.C.; Müllen, K.: *The chemistry of organic nanomaterials.* Angew. Chemie, 44 (2005), S. 5592-5629.

[32] Gurav, A.; Kodas, T; Pluym, T.; Xiong, Y.: *Aerosol processing of materials.* Aer. Sci. Tech., 19 (1993), S. 411-452.

[33] Gyarmathy, G.: *Zur Wachstumsgeschwindigkeit kleiner Flüssigkeitstropfen in einer übersättigten Atmosphäre.* Z. angew. Math. Mech., 14 (1963), S. 280-293.

[34] Hähre, P.: *Ventillose Flüssigkeitsring-Vakuumpumpen.* Vakuum in Forschung und Praxis, 18 (2006) 2, S.11-14.

[35] Hähre, P.: *Wärmetransformation mit Hilfe von Flüssigkeitsringverdichtern.* Dissertation, Universität Halle-Wittenberg, 1995.

[36] Hebecker, D.; Nitzsche, T.: *Energietransport in Flüssigkeitsringmaschinen.* Vakuum in Forschung und Praxis, 17 (2005) 5, S. 252-257.

[37] Heidenreich, S.: *Heterogene Kondensation – Ein Konditionierungsverfahren zur Abscheidung submikroner Partikeln aus Gasströmen.* CIT, 77 (2005) 1-2, S. 35-45.

[38] Helfgen, B., Türk, M., Schaber, K.: *Hydrodynamic and aerosol modelling of the rapid expansion of supercritical solutions (RESS-process).* J. Supercrit. Fluids, 26 (2003) 3, S. 225-242.

[39] Helfgen, B.: *Simulation der Strömung und der Partikelbildung bei der schnellen Expansion überkritischer Lösungen (RESS) zur Herstellung pharmazeutischer Nanopartikeln.* Dissertation, Universität Karlsruhe (TH), 2001.

[40] Hinds, W.C.: *Aerosol Technology - Properties, Behavior and measurement of airborne particles.* Wiley, New York, 1982.

[41] Horn, D.; Rieger, J.: *Organische Nanopartikel in wässriger Phase – Theorie, Experiment und Anwendung.* Angew. Chem. 113 (2001), S. 4460-4492.

[42] Hu, J.; Johnston, K.P.; Williams III, R.O.: *Nanoparticle engineering processes for enhancing the dissolution rates of poorly water soluble drugs.* Drug Dev. Ind. Pharm., 30 (2004) 3, S.233-245.

[43] Hyvärinen, A.-P.; Lihavainen, H.; Viisanen, Y.; Kulmala, M.: *Homogeneous nucleation rates of higher n-alcohols measured in a laminar diffusion chamber.* J. Chem. Phys., 120 (2004) 24, S. 11621-11633.

[44] Jacobs, C.: *Neue Nanosuspensionen für verschiedene Applikationsformen.* Dissertation, FU Berlin, 2004.

[45] Jafari, S.M.; He, Y.; Bhandari, B.: *Nano-emulsion production by sonication and microfluidization – a comparison.* Int. J. Food Prop., 9 (2006), S. 475-485.

[46] Jagannathan, R.; Irvin, G.; Blanton, T.; Jagannathan, S.: *Organic nanoparticles: Preparation, self-assembly and properties.* Adv. Funct. Mat., 16 (2006), S. 747-753.

[47] Joshi, K.S.; Jeelani, S.A.K.; Blickenstorfer, C.; Naegeli, I.; Windhabe, E.J.: *Influence of fatty alcohol antifoam suspension on foam stability.* Coll. Surf. A: Physicochem. Eng. Aspects, 263 (2005), S. 239-249.

[48] Kane, D.; El-Shall, M.S.: *Condensation of supersaturated vapors of hydrogen bonding molecules: Ethylene glycol, propylene glycol, trimethylene glycol and glycerol.* J.Chem. Phys., 105 (1996) 17, S. 7617-7631.

[49] Kasper, G.: *Gas-Partikel-Systeme I.* Skriptum zur Vorlesung, MVM, Universität Karlsruhe (TH), 2001.

[50] Keck, C.M.; Müller, R.H.: *Drug nanocrystals of poorly soluble drugs produced by high pressure homogenisation.* Eurp. J. Pharm. Biopharm., 62 (2006), S. 3-16.

[51] Kharb, V.; Bhatia, M.; Dureja, H.; Kaushik, D.: *Nanoparticle technology for the delivery of poorly water-soluble drugs.* Pharm. Techn., 30 (2006) 2, S. 82-92.

[52] Kipp, J.E.: *The role of solid nanoparticle technology in the parental delivery of poorly water-soluble drugs.* Int. J. Pharm., 284 (2004), S. 109-122.

[53] Kocbek, P.; Baumgartner, S.; Kristl, J.: *Preparation and evaluation of nanosuspensions for enhancing the dissolution of poorly soluble drugs.* Int. J. Pharm., 312 (2006), S. 179-186.

[54] Krauss, R.: *Stoffwerte von Stickstoff.* In: VDI-Wärmeatlas, Springer-Verlag, 9. Auflage, Abschnitt Dbc, 2002.

[55] Kruis, F.E.; Fissna, H.; Peled, A.: *Synthesis of nanoparticles in the gas phase for electronic, optical and magnetic application – a review.* J. Aerosol Sci., 29 (1998) 5/6, S. 511-535.

[56] Kudela, L.; Sampson, M.J.: *Understanding sublimation technology.* Chem. Eng., 23 (1986), S. 93-98.

[57] Lagaly; G.; Schulz, O.; Zimehl, R.: *Dispersionen und Emulsionen.: eine Einführung in die Kolloidik feinverteilter Stoffe einschließlich der Tonmineralien.* Steinkopf, Darmstadt, 1997.

[58] LaMer, V.K.; Dinegar, R.H.: *Theory, Production and Mechanism of Formation of Monodispersed Hydrosols.* J. Am. Chem. Soc. 72 (1950) 11, S. 4847-4854.

[59] Lietzow, R.: *Herstellung von Nanosuspensionen mittels Entspannung überkritischer Fluide (RESSAS).* Dissertation, Universität Karlsruhe (TH), 2006.

[60] Liversidge, G.G.; Cundy, K.C.; Bishop, J.F.; Czekai, D.A.: *Surface modified drug nanoparticles.* Patent US5145684 , Sterling Drug Inc., 1992.

[61] Löffler, F.: *Möglichkeiten und Grenzen der Feinstaubabscheidung.* CIT, 48 (1976) 1, S. 26-34.

[62] Lucas, K.; M. Luckas: *Berechnungsmethoden für Stoffeigenschaften.* In: VDI-Wärmeatlas, Springer-Verlag, 9. Auflage, Abschnitt Da, 2002.

[63] Mahajan, A.J.; Kirwan, D.J.: *Micromixing effects in a two-impinging-jets precipitator.* AIChE Journal, 42 (1996) 7, S. 1801-1814.

[64] Mie, G.: *Beiträge zur Optik trüber Medien, speziell kolloidaler Metallösungen.* Annalen der Physik 25 (1908) S.377-445.

[65] Mollet, H.; Grubenmann, A.: *Formulierungstechnik – Emulsionen, Suspensionen, Feste Formen.* Wiley-VCH, Weinheim, 2000.

[66] Mosharraf, M.; Nyström, C.: *The effect of particle size and shape on the surface specific dissolution rate of microsited practically insoluble drugs.* Int. J. Pharm., 122 (1995), S. 35-47.

[67] Müller, R.H.; Becker, B.; Kruss, B.; Peters, K.: *Pharmaceutical nanosuspensions for medicament administration as systems with increased saturation solubility and rate of solution.* Patent US5858410 , Medac Gesellschaft für klinische Spezialpräparate, 1999.

[68] Müller, R.H.; Böhm, B.H.L.; Grau, M.J.: *Nanosuspensionen – Formulierungen für schwerlösliche Arzneistoffe mit geringer Bioverfügbarkeit. 1. Mitteilung: Herstellung und Eigenschaften.* Pharm. Ind., 61 (1999) 1, S. 74-78.

[69] Müller, R.H.; Böhm, B.H.L.; Grau, M.J.: *Nanosuspensionen – Formulierungen für schwerlösliche Arzneistoffe mit geringer Bioverfügbarkeit. 2. Mitteilung: Stabilität, biopharmazeutische Aspekte, mögliche Arzneiformen und Zulassungsfragen.* Pharm. Ind., 61 (1999) 2, S175-178.

[70] Murray, B.S.; Ettelaie, R.: *Foam stability: proteins and nanoparticles.* Curr. Opinion in Coll. Int. Sci., 9 (2004), S. 314-320.

[71] Nieendick, C.; Kublik, H.; Seipel, W.: *Konditionierendes Haarwaschmittel.* Patent WO 03032930, Cognis GmbH, 2003.

[72] Olujic, Ž.; Behrens, M.; Colli, L.; Paglianti, A.: *Predicting the efficiency of corrugated sheet structured packings with large specific surface area.* Chem. Biochem. Eng. Q., 18 (2004) 2, S. 89-92.

[73] Oswatitsch, K.: *Kondensationserscheinungen in Überschalldüsen.* Z. angew. Math. Mech., 22 (1942) 1, S. 1-14.

[74] Perlmutter, B.A.: *New techniques for solvent recovery and elimination of wastewater emissions during vacuum process operations.* Environmental Progress, 16 (1997) 2. S.132-136.

[75] Pfleiderer, C.: *Die Kreiselpumpen für Flüssigkeiten und Gase.* 3.Auflage, Springer, Berlin, 1949.

[76] Pich, J.: *Simultaneous brownian coagulation and diffusive deposition of monodisperse particles.* Atm. Environment, 11 (1977), S.989-994.

[77] Pozarnsky, G.A.; Hendrickson, W.A.; Walker, B.J.: *Process for the manufacture of nanoparticle organic pigments.* Avek, Inc.. United States Patent US6837918B2 - veröffentlicht 04.01.2005.

[78] Produktinformation, Bayer Technology Services, www.bayertechnology.com.

[79] Produktkatalog, Cognis GmbH, www.cognis.de.

[80] Rao, G.C.S.; Kumar, M.S.; Mathivanan, N.; Rao, M.E.B.: *Nanosuspensions as the most promising approach in nanoparticulate drug delivery systems.* Pharmazie, 59 (2004) 1, S. 5-9.

[81] Ruch, F.; Matijevic, E.: *Preparation of micrometer size Budesonide particles by precipitation.* J. Coll. Int. Sci., 229 (2000), S. 207-211.

[82] Rumpf, H: *Mechanische Verfahrenstechnik.* Carl Hanser Verlag, München-Wien, 1975.

[83] Rusyniak, M.; Abdelsayed, V.; Campbell, J.; El-Shall, M.S.: *Vapor phase homogeneous nucleation of higher alkanes: Dodecane, hexadecane and octadecane. 1. Critical supersaturation and nucleation rate measurement.* J. Phys. Chem., 105 (2001), S. 11866-11872.

[84] Schaber, K.: *Aerosolbildung durch spontane Phasenübergänge bei Absorptions- und Kondensationsprozessen.* CIT, 67 (1995) 11, S. 1443-1452.

[85] Schaber, K.; Sinanis, S.; Mall-Gleißle, S.: *Verfahren und Anlage zur Herstellung von Mirkopartikeln oder Nanopartikeln, Verwendung der Nanopartikel und damit hergestellte Suspensionen oder Emulsionen.* Patent DE102004049850(A1), Cognis IP Management GmbH, 2006.

[86] Schäffner, K.-H., Persönliche Mitteilung, 2007.

[87] Schenkel, A.: *Wachstum und Abscheidung von Aerosolen in naßarbeitenden Systemen.* Dissertation, Universität Karlsruhe (TH), 1996.

[88] Schuchmann, H.P.; Danner, T.: *Emulgieren: Mehr als nur Zerkleinern.* CIT, 76 (2004) 4, S. 364-375.

[89] Segebrecht, U.: *Flüssigkeitsringvakuumpumpen und Flüssigkeitsringkompressoren: Technik und Praxis.* Expert-Verlag, Renningen-Malmsheim, 1994.

[90] Seipel, W.; Hensen, H.; Boyxen, N.: *Verwendung von nanoskaligen Wachsen.* Patent DE19958521(A1), Cognis GmbH, 2001.

[91] Seipel, W.; Nieendick, C.: *Compound für Zubereitungen zur Behandlung keretinischer Fasern.* Patent DE10339760(A1), Cognis GmbH, 2005.

[92] Seipel, W.; Nieendick, C.: *Modern shampoo formulations for supple, glossy and easily manageable hair.* Household and Personal Care Today, (2005), S. 49-53.

[93] Shrestha, L.K.; Acharya, D.P.; Sharma, S.C.; Aramaki, K.; Asaoka, H.; Ihara, K.; Tsunehiro, T.; Kunieda, H.: *Aqueous foam stabilized by dispersed surfactant solid and lamellar liquid crystalline phase.* J. Coll. Int. Sci., 301 (2006), S. 274-281.

[94] Siminiceanu, I.; Friedl, A.; Dragan, M.: *A simple equation for effective mass transfer area of the Mellapak 750Y structured packing.* Scientific Conference Meeting "35 Years of Petroleum-Gas University Activity", Ploiesti, Rumänien, Nov. 2002.

[95] Solans, C.; Izquierdo, P.; Nolla, J.; Azemar, N.; Garcia-Celma, M.J.: *Nanoemulsions.* Curr. Opinion in Coll. Int. Sci., 10 (2005), S. 102-110.

[96] Spes, H.: *Chemische Reaktion in Flüssigkeitsringpumpen.* CIT., 38 (1966) 9, S.963-966.

[97] Spilker, R.; Waldhoff, H.; Schmitt, M.: *Gaschromatographische Bestimmung von freiem Fettalkohol in Alkylpolyglucosiden – Deutsche Einheitsmethoden zur Untersuchung von Fetten, Fettprodukten, Tensiden und verwandten Stoffen: Analyse von grenzflächenaktiven Stoffen XXXV.* In: Fett/Lipid 101 (1999) 3, S. 112-115.

[98] Stoffdatenbank, Cognis GmbH, Düsseldorf.

[99] Studart, A.R.; Gonzenbach, U.T.; Akartuna I.; Tervoort, E.; Gauckler, L.J.: *Materials from foams and emulsions stabilized by colloidal particles.* J. Mater. Chem., 17 (2007), S. 3283-3289.

[100] Tadros, T.; Kessell, L.: *Stabilizing nanodispersions in personal care and cosmetic applications.* Cosmetics and Toiletries, 119 (2004) 8, S. 41-46.